UTOMATION
TECHOA
教育部自动化类
教学指导委员会

全国高职高专院校机电类专业规划教材
教育部高职高专自动化技术类专业教学指导委员会推荐教材

PLC应用技术

韩承江 主 编
林 嵩 副主编

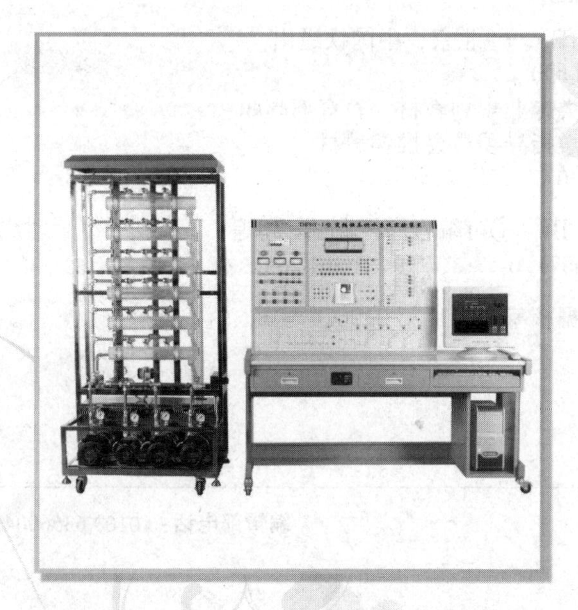

PLC YINGYONG JISHU

中国铁道出版社有限公司
CHINA RAILWAY PUBLISHING HOUSE CO., LTD.

内 容 简 介

本书为理论与实践一体化的实训教材，共设 15 个学习型的典型工作任务，通过这些典型工作任务的实施，使学生在任务的实施过程中体验学习的快乐，学会自主学习、目标管理，提升学习、与人交流、团队合作的能力，具备可编程序逻辑控制器（PLC）的核心应用能力。全书的“相关知识”中包含 PLC 应用的结构、原理、基本指令、高级指令、应用技巧、设计方法、工程应用、接口扩展、联机通信等核心知识点与核心技能点，基本能够满足学生自主学习的要求。

本书力求结合能力本位、工学结合、双证融通、目标管理、行动导向、任务驱动等 6 个方面的核心职业教育思想而编写，其独特设置的“任务目标”→“任务描述”→“任务实施”→“任务评价”→“相关知识”→“思考练习”六段式编写体例能有效引导学生自主学习，突出职业核心能力与专业技能的培养。

本书适合作为高职高专电气自动化技术专业、机电一体化技术专业、数控维修技术专业、机械制造及自动化技术专业等相关专业的教学用书，也可供相关专业的工程技术人员参考。

图书在版编目（CIP）数据

PLC 应用技术/韩承江主编. — 北京：中国铁道出版社，2012.2（2024.1 重印）

全国高职高专院校机电类专业规划教材　教育部高职高专自动化技术类专业教学指导委员会推荐教材

ISBN 978-7-113-13936-0

Ⅰ. ①P… Ⅱ. ①韩… Ⅲ. ①可编程序控制器-高等职业教育-教材 Ⅳ. ①TM571.6

中国版本图书馆 CIP 数据核字(2011)第 249674 号

书　　名：PLC 应用技术
作　　者：韩承江

策　　划：秦绪好　　　　编辑部电话：(010) 63560043
责任编辑：何红艳　彭立辉
封面设计：付　巍
封面制作：白　雪
责任印制：樊启鹏

出版发行：中国铁道出版社有限公司（100054，北京市西城区右安门西街 8 号）
网　　址：http://www.tdpress.com/51eds/
印　　刷：三河市宏盛印务有限公司
版　　次：2012 年 2 月第 1 版　　2024 年 1 月第 4 次印刷
开　　本：787mm×1092mm　1/16　印张：15.25　字数：360 千
书　　号：ISBN 978-7-113-13936-0
定　　价：28.00 元

出版说明

IMPRINT

随着我国高等职业教育改革的不断深入，我国高等职业教育的发展进入了一个新的阶段。教育部下发的《关于全面提高高等职业教育教学质量的若干意见》教高[2006]16号文件，旨在阐述社会发展对高素质技能型人才的需求，以及如何推进高职人才培养模式改革，提高人才培养质量。

教材的出版工作是整个高等职业院校教育教学工作中的重要组成部分，教材是课程内容和课程体系的载体，对课程改革和建设具有推动作用，所以提高课程教学水平和教学质量的关键在于出版高水平、高质量的教材。

出版面向高等职业教育的“以就业为导向，以能力为本位”的优质教材一直是中国铁道出版社的一项重要工作。我社本着“依靠专家、研究先行、服务为本、打造精品”的出版理念，于2007年成立了“中国铁道出版社高职机电类课程建设研究组”，并经过三年的充分调查研究，策划编写、出版了本系列教材。

本系列教材主要涵盖高职高专机电类的公共课、专业基础课，以及电气自动化专业、机电一体化专业、生产过程自动化专业、数控技术专业、模具设计与制造专业、数控设备应用与维护专业等六个专业的专业课。本系列教材作者包括高职高专自动化教指委委员、国家级教学名师、国家级和省级精品课负责人、知名专家教授、职教专家、一线骨干教师。他们针对相关专业的课程，结合多年教学中的实践经验，吸取了高等职业教育改革的最新成果，因此无论教学理念的导向、教学标准的开发、教学体系的确立、教材内容的筛选、教材结构的设计，还是教材素材的选择都极具特色和先进性。

本系列教材的特点归纳如下：

（1）围绕培养学生的职业技能这条主线设计教材的结构，理论联系实际，从应用的角度组织编写内容，突出实用性，并同时注意将新技术、新成果纳入教材。

（2）根据机电类课程的特点，对基本理论和方法的讲述力求简单、易于理解，以缓解繁多的知识内容与偏少的学时之间的矛盾。同时，增加了相关技术在实际生产、生活中的应用实例，从而激发学生的学习热情。

（3）将“问题引导式”、“案例式”、“任务驱动式”、“项目驱动式”等多种教学方法引入教材体例的设计中，融入启发式的教学方法，力求好教、好学、爱学。

（4）注重立体化教材的建设。本系列教材通过主教材、配套光盘、电子教案等教学资源的有机结合，来提高教学服务水平。

总之，本系列教材在策划出版过程中得到了教育部高职高专自动化技术类专业教学指导委员会以及广大专家的指导和帮助，在此表示深深的感谢。希望本系列教材的出版能为我国高等职业院校教育改革起到良好的推动作用，欢迎使用本系列教材的老师和同学们提出宝贵的意见和建议。书中如有不妥之处，敬请批评指正。

中国铁道出版社

2010年8月

FOREWORD

前言

课程介绍

"PLC 应用技术"课程是高职自动化技术类专业的一门核心课程。教材的"相关知识"中包含 PLC 应用的结构、原理、基本指令、高级指令、应用技巧、设计方法、工程应用、接口扩展、联机通信等核心知识点与核心技能点。

编写背景

传统教材是学科体系下的知识本位的教材，是从教师"教"的角度编写的，更多考虑的是教师"教"所需要的知识体系与逻辑结构，很少考虑学生"学"时应该建立的自主学习能力、自我评价能力、学习目标的管理能力及良好的学习习惯，致使教学"轻过程、重结果"，往往是一卷定学习成效，忽视了每次课堂教学对学生学习成长所起到的积淀作用、历练作用，导致课堂教学就是教师的"独角戏"，没有真正意义地达成"教"与"学"的双边互融活动，失去了课堂教学的意义。为此，教材编写团队为学生构架了以职业核心能力与专业技能培养为目标的能力本位的《PLC 应用技术》新型教材。本书以"任务目标" → "任务描述" → "任务实施" → "任务评价" → "相关知识" → "思考练习"六段式的任务驱动型的教材编写体例贯穿每一个学习任务，并以德国先进的职业技术教育教学法——行动导向教学法统领每一个学习任务，使教师与学生各有所为，各取所需，有效地提高了课堂教学的利用率，促进学生学习的方法能力和与人交流、团队合作的社会能力及专业技能的全面提升，促进学生的可持续发展。此外，为了验证本书在教学实践中的使用成效，本书的校本稿在浙江工业职业技术学院电气工程学院、机电工程学院进行了 3 年的试验，实践证明了教材的可行性与人才培养中所起的积极作用。

教材特色

本书的编写贯彻了以下原则：

第一，以 15 个典型工作任务为教学载体，以行动导向教学方法贯穿教材的始终，在实现对学生专业能力培养的同时，突出学生方法能力与社会能力的培养，促进学生职业行为能力的提升。

第二，坚持"双证融通"的编写原则，达成课程标准与职业标准的融通，在教学项目的设置上与职业技能鉴定国家题库《维修电工——国家职业资格三级操作技能考试手册》中对 PLC 应用技术的要求相融通，在培养学生的专业核心技能的同时，有效达成维修电工（三级）职业资格对应的应知应会的训练要求。

第三，坚持"理实一体化"的编写原则，将 PLC 应用技术的核心知识点有机融入到 15 个典型的工作任务中，并且以小组合作学习的方式在完成任务的过程中达成核心知识点与核心技能点的独立学习，培养自主学习能力，实现理论与实践的统一，目标与能力的统一。

第四，坚持创新能力培养的原则，按照教学规律和认知规律，合理编排教材内容。所有的训练任务都不提供参考答案或相似案例，力求解题答案的多样化、创新性，由个人或学习小组独立或共同完成 PLC 的编程训练、系统安装及综合调试。

第五，坚持“工学结合、校企合作”原则，注重高职教材与课程建设紧密结合，学校与行业企业紧密结合开发教材，突出教材的先进性，较多地编入新技术、新设备、新材料、新工艺的内容，缩短学校教育与企业需要的距离，更好地满足企业用人的需要。

第六，突出课程教学评价体系的构建，将专业能力、方法能力、社会能力融入评价要素进行训练与检测，构建职业核心能力、专业技能及职业素养相结合的评价标准，融入人力资源和社会保障部职业技能鉴定中心的职业核心能力评价体系，坚持“以生为本”，关注学生的可持续发展。

教学指南

教材的编写从“教”与“学”的双边需要出发，将教材设计成既是教师的“教”材，也是学生的“学”材。

1. 给教师的建议

由于培养目标与教学方法的创新，传统的“满堂灌”、“一言堂”的以教师为主的课堂教学已经不能在此适用，教师的作用要从传统的“授”转变为“导”，包括“引导”、“指导”、“辅导”、“提示”、“组织”、“主持”、“把握任务实施的进程节奏”、“及时开展教学评价”、“按需施教”等，教师成为教学活动的策划者、组织者、发起者、促进者。为此，教师在实施教学任务时，要坚持学生自主学习为主，集中授课为辅的原则。例如，学与教的课时比例为 7：3，甚至更大，课堂时间内更多看到的是学习个体的自主学习与团队学习的身影。

教学评价环节是任务实施过程中目标管理的关键环节，教师要充分发挥评价体系的作用及评价的意义，充分发挥评价的达标作用与导向作用，并且要积极采取教师评价和学生评价相结合、过程评价与结果评价相结合、课内评价和课外评价相结合、素养评价与专业技能评价相结合、专业能力评价与核心能力评价相结合的多元化课堂教学质量评价体系，使学生自评、互评成为习惯，真正意义达成学生的综合职业能力训练。

由于该教材为一体化的实训教材，考虑到实训教学的连贯性，建议排课采取课程周集中授课的方式，并以四周连排完成本课程训练目标。每个任务的课时分配如下表所示。

序号	教　学　任　务	课时	教学方法
1	任务一　认识PLC	6	行动导向教学方法
2	任务二　用PLC实现三相异步电动机的点动与连续控制	6	
3	任务三　用PLC实现彩灯的控制	6	
4	任务四　用PLC实现八段数码显示控制	6	
5	任务五　用PLC实现三相异步电动机的正反转控制	6	
6	任务六　用PLC实现三相异步电动机Y-△降压启动能耗制动控制	6	
7	任务七　用PLC实现三相异步电动机的双向启动双向反接制动控制	6	
8	任务八　用PLC实现三相异步电动机自动变速双速运转能耗制动控制	6	
9	任务九　用PLC实现十字路口交通信号灯的控制	6	
10	任务十　用PLC实现自控轧钢机的控制	6	
11	任务十一　用PLC实现步进电动机的控制	12	
12	任务十二　用PLC实现自动生产线材料分拣装置的控制	12	
13	任务十三　用PLC实现自动生产线滚珠丝杆机械手的控制	12	
14	任务十四　用PLC实现Z3040摇臂钻床的控制	12	
15	任务十五　用PLC实现变频恒压供水装置的控制	12	

2. 给学生的建议

要知道自己是学习的主体，主动学习、独立学习、自主学习是建立学习能力与方法能力的基本法宝，与人交流、合作学习是拥有社会能力的秘密武器，坚持训练及学习活动导向是拥有专业技能的唯一途径。每遇到要做的事情一定要做，如复习、预习、填表格、填空、画图、分析、阅读、设计、安装、调试、排故等，训练得越多收获就越多；每遇到限时的学习任务时，一定要心中有计划，做到咨询、计划、决策、实施、检查、评价六不误；当你无助的时候，一定要看到小组团队的力量，依靠团队的力量，你会发现没有完不成的事。慢慢你会发现，养成良好的学习习惯会让你终身受益！贵在坚持！祝你成功！

本书由浙江工业职业技术学院韩承江任主编，林嵩任副主编。教材共设15个学习型的典型工作任务，其中胡敏副教授负责编写任务一至任务三；林嵩高级实验师负责编写任务四至任务七；周永坤高级实验师负责编写任务八至任务十一；陈怀忠副教授负责编写任务十二至任务十五。

由于时间仓促，编者水平有限，书中若有不当之处，敬请指正！

编　者

2011年10月

CONTENTS

目 录

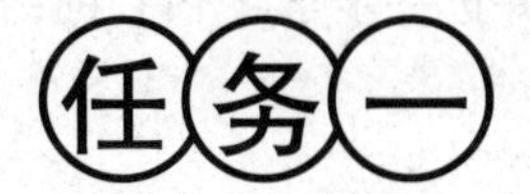

任务一 认识 PLC

任务目标

（1）了解可编程序逻辑控制器（PLC）的产生背景、发展过程及 PLC 在企业自动控制领域中的应用现状。

（2）理解 PLC 的定义、分类及特点，掌握 PLC 的组成及工作原理。

（3）提高自我学习、信息处理、数字应用等方法能力及与人交流、与人合作、解决问题等社会能力；自查 6S 执行力。

任务描述

一、阅读能力训练环节一

常见的可编程序逻辑控制器（PLC）如图 1-1 所示。

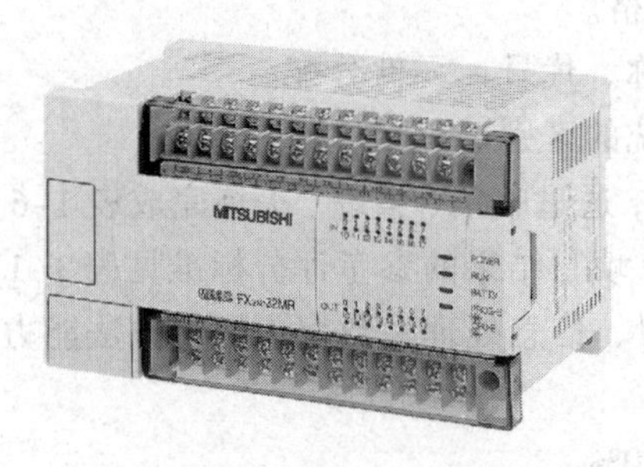

三菱 FX2N 系列

西门子 S7-300 系列

OMRON CP1H 系列

GE 公司 90-30 模块式 PLC

图 1-1　常见的几种可编程序逻辑控制器

任务要求：了解本课程的性质、内容、任务及学习方法，了解可编程序逻辑控制器（PLC）的产生背景，理解PLC的定义、分类、特点、应用范围及技术指标，并进一步学习PLC的结构和工作原理。

（1）通过查阅资料了解PLC的产生背景及其发展过程。

（2）收集市场上起主导地位的PLC的品牌、分类、系列、型号并配有相关图片。

（3）比较3种以上市场上常见PLC产品的性价比。

（4）理解并掌握PLC的定义、特点。

（5）从结构及规模上了解PLC的分类。

（6）按照上述任务要求，独立咨询相关信息，通过收集、整理、提炼完成表1-1～表1-4的知识填写训练，重点研究表1-4的相关内容。填写结果的参考评分标准见表1-13。

（7）职业核心能力训练目标：提高自主学习、信息处理、数字应用等方法能力。

（8）工时：90 min，每超时5 min扣5分。

（9）配分：本任务满分为100分，比重占30%。

二、阅读能力训练环节二

任务要求：理解并掌握PLC的结构组成及工作原理；了解PLC常用的3种编程语言的特点；熟悉FX系列PLC的编程元件。

（1）理解并掌握PLC的硬件组成及工作原理。

（2）熟悉目前常用的3种编程语言，即梯形图编程、指令表编程、状态功能图编程，比较各种方法的优缺点。

（3）了解FX_{2N}系列PLC的特点、型号与规格。

（4）了解PLC内部的编程“软元件”的名称、代号、元件分配。

（5）比较PLC控制系统与继电接触控制系统的区别。

（6）按照上述任务要求，独立咨询相关信息，通过收集、整理、提炼完成表1-6～表1-10的知识填写训练，重点研究表1-6的相关内容，填写结果的参考评分标准见表1-13。

（7）职业核心能力训练目标：提高自主学习、信息处理、数字应用等方法能力。

（8）工时：120 min，每超时5 min扣5分。

（9）配分：本任务满分为100分，比重占50%。

三、职业核心能力训练环节

以小组为单位总结以上两个任务的实施经验，并回答教师提出的问题。汇报要求如下：

（1）汇报小组成员及其分工,如图1-2所示。

（2）汇报的格式与内容要求。

① 汇报用PPT的第一页结构如图1-2所示。

② 汇报用PPT的第二页提纲的结构如图1-3所示。

③ PPT的底板图案不限，以字体与图片醒目、主题突出，字体颜色与背景颜色对比适当，视觉舒服为准。

④ 汇报内容由各小组参照汇报提纲自拟。

图 1-2　汇报用 PPT 格式第一页结构

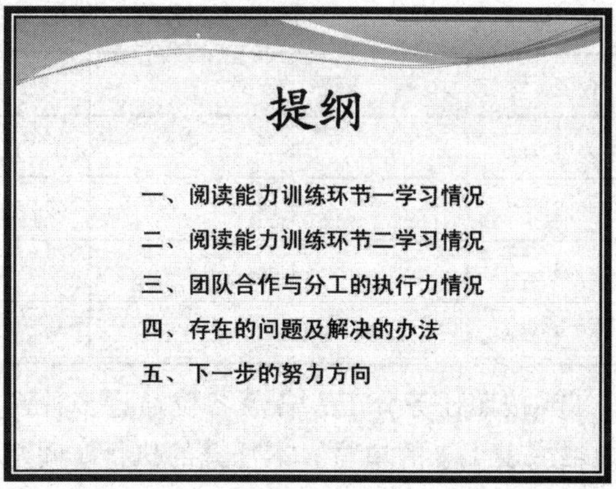

提纲

一、阅读能力训练环节一学习情况

二、阅读能力训练环节二学习情况

三、团队合作与分工的执行力情况

四、存在的问题及解决的办法

五、下一步的努力方向

图 1-3　汇报用 PPT 的第二页提纲

（3）汇报要求：声音洪亮、口齿清楚、语句通顺、体态自然、视觉交流、精神饱满。

（4）职业核心能力训练目标：通过本任务的训练提升各小组成员与人交流、与人合作、解决问题等社会能力。

（5）企业文化素养目标：自查 6S 执行力。

（6）工时：汇报用时每小组 5 min；学生点评用时每小组 1 ~ 2 min；教师点评用时 15 min 以上（包含学生学习过程中共性问题的讲解时间）。

（7）评价标准：参见表 1-14 ~ 表 1-17。

（8）配分：本任务满分为 100 分，比重占 20%。

一、训练器材

图书馆资料、网络、教师提供资料、PLC 实训室设备、计算机、投影仪、激光笔、翻页笔、一体化教室。

二、预习内容

（1）复习继电器、接触器等常用控制电器的电气结构、动作原理及用途用法。

（2）预习“相关知识”内容。

三、训练步骤

1. “阅读能力训练环节一”训练步骤

（1）首先对“阅读能力训练环节一”的要求进行简要说明后进行分组，并分配组内各成员的角色（各角色应进行轮换，以保证每个成员在不同的岗位上都体验过工作过程），选举产生的组长按要求对组内各成员分配任务，并分头行动，按规定的时间及预定目标完成收集、整理与编辑工作。工作流程如下：

① 明确“阅读能力训练环节一”的要求。

② 分组、分配角色，并填写任务分工表 1-1。

表 1-1　分组、分配角色、任务分工表　　　　组别：第一组

序　号	姓　名	角色（可自拟）	任　务　分　工
1	张三	主讲员	
2	李四	编辑员	
3	王五	点评员	
4	赵六	信息员（组长）	

③ 按照任务分工，各就各位通过多种途径多种方法收集、归纳并编辑所需资料，完成表 1-2～表 1-4 的填写。本任务的执行时间建议利用课余时间完成。

④ 全组成员集中，将表格填写过程中存在的问题进行收集、梳理与讨论，提出解决方案，确定问题的解决办法，同时考虑编辑本任务的 PPT 文件，准备用于学习成果的汇报。注意，在汇报中收集整理本组学习过程中的创新点与闪光点。

表 1-2　“阅读能力训练环节一”的信息填写

<table>
<tr><td colspan="2">自检
要求</td><td colspan="3">将合理的答案填入相应栏目</td><td>扣分</td><td>得分</td></tr>
<tr><td rowspan="2">了解PLC的产生背景及发展过程</td><td>背景</td><td colspan="3"></td><td></td><td></td></tr>
<tr><td>发展</td><td colspan="3"></td><td></td><td></td></tr>
<tr><td rowspan="5">理解并掌握 PLC 的定义、特点</td><td>定义</td><td colspan="3"></td><td></td><td></td></tr>
<tr><td>特点</td><td colspan="3"></td><td></td><td></td></tr>
<tr><td>应用场合</td><td colspan="3"></td><td></td><td></td></tr>
<tr><td rowspan="2">分类</td><td>按照 PLC 的结构分类</td><td colspan="2"></td><td></td><td></td></tr>
<tr><td>按照规模分类</td><td colspan="2"></td><td></td><td></td></tr>
<tr><td rowspan="4">了解目前市场上起主导地位的 PLC 产品</td><td rowspan="4">产品照片(占市场份额的2/3)</td><td>知名品牌</td><td>型号</td><td>产品照片</td><td></td><td></td></tr>
<tr><td>西门子（SIEMENS ）公司 PLC（德国）</td><td></td><td></td><td></td><td></td></tr>
<tr><td>A-B (Allen & Bradly)公司 PLC(美国)</td><td></td><td></td><td></td><td></td></tr>
<tr><td>施耐德（Schneider）公司 PLC (法国)</td><td></td><td></td><td></td><td></td></tr>
</table>

续表

<table>
<tr><td colspan="2">自检 / 要求</td><td colspan="3">将合理的答案填入相应栏目</td><td>扣分</td><td>得分</td></tr>
<tr><td></td><td></td><td>三菱（MITSUBISHI）公司 PLC(日本)</td><td></td><td></td><td></td><td></td></tr>
<tr><td></td><td></td><td>立石（OMRON）公司 PLC(日本)</td><td></td><td></td><td></td><td></td></tr>
<tr><td colspan="2" rowspan="2">初步认知三菱 FX_{2N} 系列 PLC</td><td>看到的实物型号</td><td>型号含义</td><td>照片</td><td></td><td></td></tr>
<tr><td></td><td></td><td></td><td></td><td></td></tr>
</table>

表 1-3　三种以上常用 PLC 的性价比比较

比较内容 比较对象	三种品牌的小型 PLC 性价比比较		
	型　号	性　能	价格（元）

表 1-4　信息获取方式自查表

信息获取自查表	手段（%）	整段复制	
		逐字录入	
		软件绘制	
		计算机编辑	
信息获取自查表	来源（%）	网络查询	
		书籍查询	
		咨询教师	
		咨询同学	
		其　他	

（2）指定的任务工时到点后，各小组停止任何学习活动，进入本任务的学习效果评价阶段，待指导教师对各小组的“阅读能力训练环节一”进行评价后，各小组成员简要小结本环节的训练经验并将其填入表 1-5，进入能力训练环节二。

表 1-5　“阅读能力训练环节一”经验小结

经验小结：

2. “阅读能力训练环节二”训练步骤

（1）根据“阅读能力训练环节二”中的要求，继续采用“阅读能力训练环节一”中的方法，对 PLC 的组成、原理、工作过程、编程语言及对 FX2N 系列 PLC 特点、型号、内部软元件等进行了解和学习，为任务二的开展打下基础。工作流程如下：

① 明确“阅读能力训练环节二”的要求。

② 按照前面的分组、重新分配角色，具体分工表参照表 1–1。

③ 根据分工，参照“阅读能力训练环节一”中方法收集所需资料，并按要求进行整理，完成表 1–6～表 1–10 的填写。本任务的执行时间建议利用课余时间完成。

表 1–6　PLC 的工作原理学习表

<table>
<tr><th colspan="2">自检 / 要求</th><th colspan="3">将合理的答案填入相应栏目</th><th>扣分</th><th>得分</th></tr>
<tr><td rowspan="22">掌握PLC的工作原理</td><td rowspan="7">PLC硬件组成</td><td colspan="2">PLC硬件组成的框图</td><td></td><td rowspan="22"></td><td rowspan="22"></td></tr>
<tr><td rowspan="6">硬件各部分主要功能</td><td>中央处理器</td><td></td></tr>
<tr><td>存储器</td><td></td></tr>
<tr><td>输入接口</td><td></td></tr>
<tr><td>输出接口</td><td></td></tr>
<tr><td>通信接口</td><td></td></tr>
<tr><td>内部电源</td><td></td></tr>
<tr><td rowspan="2">PLC的软件组成</td><td colspan="2">系统程序的组成和作用</td><td></td></tr>
<tr><td colspan="2">应用程序</td><td></td></tr>
<tr><td rowspan="4">PLC的常用外设</td><td colspan="2">控制用I/O设备</td><td></td></tr>
<tr><td colspan="2">现场操作/显示设备</td><td></td></tr>
<tr><td colspan="2">编程/调试设备</td><td></td></tr>
<tr><td colspan="2">数据输入/输出设备</td><td></td></tr>
<tr><td rowspan="4">PLC的等效工作电路及各部分含义</td><td colspan="2">PLC的等效工作电路</td><td></td></tr>
<tr><td rowspan="3">各部分含义</td><td>输入电路</td><td></td></tr>
<tr><td>内部控制</td><td></td></tr>
<tr><td>输出电路</td><td></td></tr>
<tr><td rowspan="4">PLC的输入输出接口电路</td><td colspan="2" rowspan="2">输入接口电路图及特点</td><td></td></tr>
<tr><td>含义：</td></tr>
<tr><td colspan="2" rowspan="2">输出接口电路图及特点</td><td></td></tr>
<tr><td>含义：</td></tr>
<tr><td colspan="3">PLC的工作过程</td><td></td></tr>
</table>

表 1-7 PLC 常用的编程语言

要求 \ 自检		将合理的答案填入相应栏目	扣分	得分
PLC的编程语言	梯形图编程的特点			
	指令表编程的特点			
	状态功能图编程的特点			

表 1-8 FX_{2N} 系列 PLC 的特点、型号与规格

要求 \ 自检		将正确的答案填入相应栏目	扣分	得分
FX_{2N} 系列PLC的特点型号与规格	主要特点			
	基本单元的型号及规格			
	扩展单元的型号及规格			
	扩展模块的型号及规格			

表 1-9 了解 FX_{2N} 系列 PLC 内部的编程软元件

要求 \ 自检		分类	字母代号	元件范围	扣分	得分
了解PLC内部的编程软元件	输入继电器					
	输出继电器					
	辅助继电器					
	状态寄存器					
	定时器					
	计数器					
	数据寄存器					
	指针					
	常数					

表 1-10 PLC 控制系统与继电接触器控制系统比较

自检 要求	PLC 控制系统	继电接触器控制系统	扣分	得分
控制逻辑				
工作方式				
可靠性和可维护性				
控制速度				
定时控制				
设计和施工				

（2）指定的任务工时到点后，各小组停止任何学习活动，进入本任务的学习效果评价阶段，待指导教师对各小组的“阅读能力训练环节二”进行评价后，各小组成员简要小结本环节的训练经验并将其填入表 1-11，进入职业核心能力训练环节。

表 1-11 “阅读能力训练环节二”经验小结

经验小结：

3.“职业核心能力训练环节”训练步骤

（1）以小组为单位，集中整理前两个任务中的学习内容，简要写出查找、收集、整理、学习 PLC 基础知识的经验总结报告，进行经验交流。（目的是分享经验，分享成果，发现问题，提高水平，完善自我，增强团队意识，提高协作能力与写作水平，提高语言表达能力，提高计算机应用能力、达成有效学习等）

（2）经验交流的汇报内容及要求参见“职业核心能力训练环节”的任务要求。

（3）制作 PPT 汇报内容的时间利用课余时间完成，按照教师指定的汇报开始时间进行汇报。各汇报人与点评人要注意表述时间的控制能力锻炼，做好汇报前的预演练。

（4）评价过程的组织，提供以下两种方案供各校自选。

方案一：小组汇报（5 min）→其余小组点评（1 min）→教师评价（15 min）→下一小组汇报（5 min）→其余小组点评（1 min）→教师评价（15 min）→直至全部汇报结束。

方案二：全部小组依次汇报（5 min×小组数）→其余小组点评（1 min×小组数）→教师评价（15 min）。

（5）评价方式：本任务训练环节的评价采用多元评价方式，即自我评价与互相评价相结合；学生评价与教师评价相结合；定性评价与定量评价相结合。

（6）汇报与点评人员的选派代表由各组组长负责落实，要求每个不同的任务每位学生轮流进行汇报或点评。

（7）评价标准：参见表 1-14～表 1-17。评价完毕由第一小组负责计算与登记本任务各学生的职业核心能力训练环节的成绩。

任务评价

（1）阅读能力训练环节一、环节二的评价标准见表 1–12。

表 1–12　阅读能力训练环节一、环节二的评价标准

序号	主要内容	考核要求及评分标准	配分	扣分		得分	
				一	二	一	二
1	资讯与计划	（1）明确任务要求，能独立进行信息资讯和学习计划的制订，有一日行事历。否则，酌情扣 2～6 分 （2）分解的学习目标制订合理，重点突出，任务安排体现“重要与紧急”四象限坐标原则。否则，酌情扣 2～6 分 （3）明确各知识点的难易程度和重要程度，合理地分配学习时间；否则，酌情扣 2～6 分 （4）明确现有的学习资源，能充分利用现有的学习资源。否则，酌情扣 2～6 分	30				
2	决策与实施	（1）能较快对任务的实施计划进行决策；行动计划落实到位。否则，酌情扣 2～6 分 （2）使用不同的行动方式进行学习、任务实施果断，时间利用效率高。否则，酌情扣 2～6 分 （3）能排除学习干扰，学会自我监督与控制。不能将主要精力投入到学习中，自我监控能力弱，学习成效低，任务完成较差，扣 5～10 分 （4）独立将所收集资料按要求分类、整理，并完成 Word 表格填写。任务完成量少，学习自觉性不高扣 2～6 分	30				
3	检查与评价	（1）团队学习过程专门安排时间讨论、检查各自学习结果的正确性；能统一学习成果。对不同的意见能通过其他途径加以解决。没有安排团队讨论与学习检查扣 10 分 （2）独立进行任务的深入学习，能基本完成学习目标，根据任务完成情况酌情扣 2～10 分 （3）能对任务实施之后的自我学习效果做正确评价。对存在的问题有相应的解决对策，面对问题积极乐观。否则，酌情扣 5～10 分 （4）按照自己制订学习计划有创新地开展学习，团队协作效果好，学习成效显著。否则，酌情扣 5～10 分	40				
安全文明生产		遵守实训室规章制度，执行 6S 管理，违者酌情扣 2～20 分（实行倒扣分）　合计	100				

注意：此表的设置侧重对学生学习能力的评价，对任务中要求填写的表格，如表 1–2～表 1–4 及表 1–6～表 1–10 的内容填写的正确与错误的程度不作直接评述，只做学习能力与学习态度评价的参考因素，表格填写的正确性主要采取学生自检与互检的方式，由学生在团队学习过程中相互讨论来得出相关知识提炼与总结的正确率。

（2）职业核心能力训练评价标准见表 1–13。

表 1-13　职业核心能力评价表

评价＼指标 组别	与人交流能力 20%	与人合作能力 20%	数字应用能力 10%	自我学习能力 20%	信息处理能力 10%	解决问题能力 10%	革新创新能力 10%	总评 （Σ）
第一组								
第二组								

注：（1）职业核心能力分 7 个评价指标,表 1-13 中各指标的配分仅供参考,教师可根据实际情况有侧重地进行配分。
（2）职业核心能力评价表 1-13 在使用过程中建议参照表 1-14～表 1-17 进行。

表 1-14　“PLC 应用技术”一体化实训课程职业核心能力评价表 1（学生用）

评价小组：________　点评员签名：________　评价时间：________

得分＼指标 组别		与人交流能力 20 分	与人合作能力 20 分	数字应用能力 10 分	自我学习能力 20 分	信息处理能力 10 分	解决问题能力 10 分	革新创新能力 10 分	总评 （Σ）
第一组	此处填写主讲员姓名								
第二组									
第三组									
第四组									
第五组									
第六组									

注：此表分发给各学习小组，由小组推荐一名点评员负责对各小组的汇报结果进行评价。

表 1-15　“PLC 应用技术”一体化实训课程职业核心能力总评表 2（学生用）占 30%

统计与结算小组：________　组长签名：________　统计与结算时间：________

得分＼项目 组别	第一组对各组的评价结果	第二组对各组的评价结果	第三组对各组的评价结果	第四组对各组的评价结果	第五组对各组的评价结果	第六组对各组的评价结果	总评 （Σ/n）
第一组总评							
第二组总评							
第三组总评							
第四组总评							
第五组总评							
第六组总评							

注：此表由各小组轮流进行统计，由组长负责审核，统计结果交给任课教师。

表 1-16 “PLC 应用技术”一体化实训课程职业核心能力评价表 3（教师用）占 70%

评价教师签名：________ 评价时间：________

得分/组别 \ 项目		与人交流能力 20分	与人合作能力 20分	数字应用能力 10分	自我学习能力 20分	信息处理能力 10分	解决问题能力 10分	革新创新能力 10分	点评员姓名	合计得分
第一组	此处填写主讲员姓名									
第二组										
第三组										
第四组										
第五组										
第六组										

注：此表由 1～2 位任课教师填写，通常一体化实训教学要求配备 2 名教师。表格填写完毕后交给统计分数的小组进行各小组的职业核心能力总分统计。

表 1-17 “PLC 应用技术”一体化实训职业核心能力综合评价表 4

统计与结算小组：______ 组长签名：______ 统计与结算时间：______

得分/组别 \ 对象	学生评价 占 30%		教师评价 70%					总评
	各组总评	30%	×××老师	50%	×××老师	50%	小计	
第一组总评								
第二组总评								
第三组总评								
第四组总评								
第五组总评								
第六组总评								

注：此表由各小组轮流进行统计，由组长负责审核，统计结果交给任课教师。

（3）个人单项任务总分评定建议：

单项任务总评成绩=阅读能力训练环节一 50%+阅读能力训练环节二 30%+核心能力 20%

个人单项任务总分评定见表 1-18。

表 1-18 个人单项任务总评成绩表

阅读能力成绩配分 80%				职业核心能力成绩配分 20%		单项任务总评成绩
阅读能力训练环节一		阅读能力训练环节二				
	50%		30%		20%	

相关知识

一、PLC 的产生和应用

可编程序逻辑控制器（PLC）是在传统的顺序控制的基础上引入了微电子技术、计算机技术、自动控制技术和通信技术而形成的一代新型工业控制装置，现已广泛用于工业控制的各个领域。

1. PLC 的产生

从 20 世纪 20 年代起，人们使用继电器接触控制系统，它结构简单，价格便宜，便于掌握，但也存在明显的缺点：如设备体积大、可靠性差，动作速度慢，功能少、通用性和灵活性差。

20 世纪 60 年代末期，美国的汽车制造业竞争激烈，产品更新周期越来越短，因此对生产流水线的自动控制系统更新也越来越频繁，原来的继电器控制需要经常重新设计和安装，从而延缓了新款汽车的更新时间。人们希望能有一种通用性和灵活性较强的控制系统来替代原有的继电器控制系统。

1968 年，美国通用汽车公司首先提出将继电接触器控制的简单易懂、使用方便、价格低廉的优点，与计算机的功能完善、灵活性、通用性好的优点结合起来，将继电接触器控制的硬连线逻辑转变为计算机的软件逻辑编程的设想。1969 年，美国数字设备公司根据这些要求研制开发出世界上第一台可编程序逻辑控制器 PDP-14，并在 GM 公司生产线上首次应用成功。以后，世界各国特别是日本和联邦德国也相继开发了各自的 PLC。20 世纪 70 年代中期出现了微处理器并被应用到可编程序控制器后,使 PLC 的功能日趋完善，特别是它的小型化、高可靠性和低价格，使它在现代工业控制中崭露头角。到 20 世纪 80 年代初，PLC 的应用已在工业控制领域中占主导地位，PLC 已经广泛地应用在各种机械设备和生产过程的自动控制系统中，PLC 在其他领域，例如在民用和家庭自动化设备中的应用也得到了迅速发展。

2. PLC 的定义

国际电工委员会(IEC)在 1987 年的 PLC 标准草案第 3 稿中，对 PLC 作了如下定义：可编程序逻辑控制器是一种数字运算操作的电子系统，专为在工业环境下应用而设计。它采用可编程序的存储器，用来在其内部存储执行逻辑运算、顺序控制、定时、计数和算术运算等操作的指令，并通过数字式、模拟式的输入和输出，控制各种类型的机械或生产过程。可编程序控制器及其有关设备，都应按易于使用工业控制系统形成一个整体，易于扩充其功能的原则设计。

3. PLC 的应用

PLC 的主要应用有以下几个方面：

（1）顺序控制：这是 PLC 应用最广泛的领域，也是最适合 PLC 使用的领域，用以取代传统的继电器顺序控制。PLC 可用于单机控制、多机群控、生产自动线控制等。例如，机床电气控制、电动机控制、注塑机控制、电镀流水线控制、电梯控制等。

（2）运动控制：PLC 制造商目前已提供了拖动步进电动机或伺服电动机的单轴或多轴位置控制模块，在多数情况下，PLC 把描述目标位置的数据送给模块，其输出移动一轴或数轴到目标位置。每个轴移动时，位置控制模块保持适当的速度和加速度，确保运动平滑。

（3）过程控制：PLC 能控制大量的过程参数，如温度、压力、液位和速度等。PID 模块的提供使 PLC 具有闭环逻辑控制功能，当控制过程中某一变量出现偏差时，PID 控制算法会计算出正确的输出结果，把变量保持在设定值上。

（4）数据处理：在机械加工中，出现了把支持顺序控制的 PLC 和计算机数值控制设备紧密结合的趋向。

（5）通信网络：PLC 的通信包括 PLC 与远程 I/O 之间的通信、多台 PLC 之间的通信、PLC 与其他智能控制设备(例如计算机、变频器、数控装置)之间的通信。PLC 与其他智能控制设备一起，可以组成"集中管理、分散控制"的分布式控制系统。

二、PLC 的基本结构

PLC 的种类繁多，但其基本结构和工作原理相同。PLC 的基本结构由中央处理器（CPU）、存储器、输入/输出接口、电源、扩展接口、编程工具等组成，如图 1-4 所示。

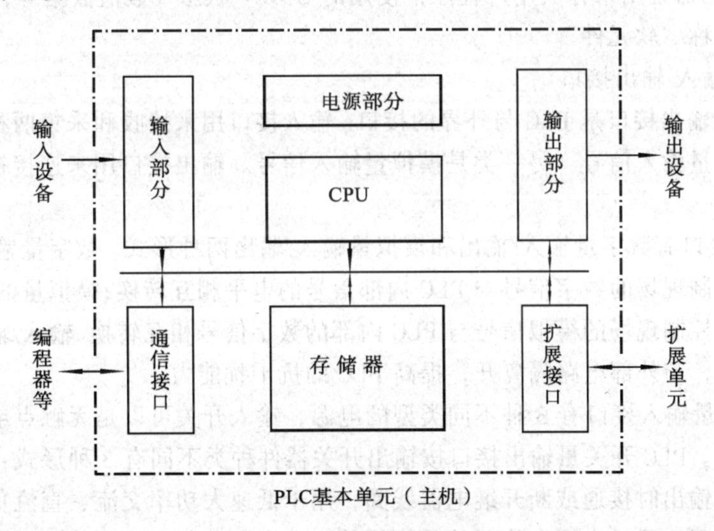

图 1-4　PLC 的结构图

1. 中央处理器（CPU）

CPU 是 PLC 的核心，它按 PLC 中系统程序赋予的功能指挥 PLC 有条不紊地进行工作。其主要作用如下：

（1）接收并存储从编程器输入的用户程序和数据。

（2）诊断 PLC 内部电路的工作故障和编程中的语法错误。

（3）用扫描的方式通过 I/O 部件接收现场的状态或数据，并存入输入映像存储器或数据存储器中。

（4）PLC 进入运行状态后，从存储器中逐条读取用户指令，解释并按指令规定的任务进行数据传送、逻辑或算术运算；根据运算结果，更新有关标志位的状态和输出映像存储器的内容，再经输出部件实现输出控制、制表打印或数据通信功能。

2. 存储器

PLC 的存储器用来存放系统程序、用户程序和运行数据单元，按其作用分为系统存储器和用户存储器两部分。

（1）系统存储器：用来存放由 PLC 生产厂家编写的系统程序，用户不能直接更改。系统

存储器在类型上属于只读存储器（ROM），其内容只能读出，不能写入，具有非易失性：它的电源消失后，仍能保存存储的内容。系统程序由以下三部分组成：

① 系统管理程序：控制 PLC 的运行，使整个 PLC 按部就班地工作。

② 用户指令解释程序：通过用户解释程序，将 PLC 的编程语言变为机器语言指令，再由 CPU 执行该指令。

③ 标准程序模块与系统调用：包括许多不同功能的子程序及其调用管理程序，如完成输入、输出及特殊运算等的子程序。

（2）用户存储器：包括用户程序存储器（程序区）和功能存储器（数据区）两部分。

① 用户程序存储器用来存放用户针对具体控制任务用规定的 PLC 编程语言编写的各种用户程序。

② 功能存储器是用来存放用户程序中使用的 ON/OF 状态、数值数据等，构成 PLC 的各种内部器件，也称“软元件”。

3. 开关量输入/输出接口

PLC 的输入/输出接口是 PLC 与外界的接口。输入接口用来接收和采集两种类型的输入信号，一类是开关量输入信号，另一类是模拟量输入信号。输出接口用来连接被控对象中各种执行元件。

输入/输出接口有数字量输入/输出和模拟量输入/输出两种形式。数字量输入/输出接口的作用是将外部控制现场的数字信号与 PLC 内部信号的电平相互转换；模拟量的输入/输出接口的作用是将外部控制现场的模拟信号与 PLC 内部的数字信号相互转换。输入/输出一般都具有光电隔离和滤波，与外部电路隔离开，提高 PLC 的抗干扰能力。

PLC 的开关量输入接口有 3 种不同类型的电源，输入开关可以是无触点或传感器的集电极开路的晶体管。PLC 开关量输出接口按输出开关器件种类不同有 3 种形式：第一种是继电器输出型，CPU 输出时接通或断开继电器线圈，用于低速大功率交流、直流负载控制；第二种是晶体管输出型，通过光耦合使开关晶体管截止和饱和导通以控制外部电路，用于高速小功率直流负载；第三种是双向晶体管输出型，采用的是光触发型双向晶体管，仅适用于高速大功率交流负载。

（1）开关量输入接口电路如图 1–5～图 1–7 所示。

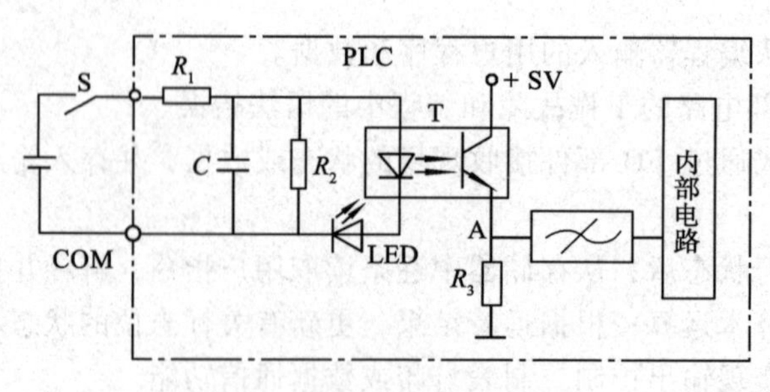

图 1–5　直流输入接口电路

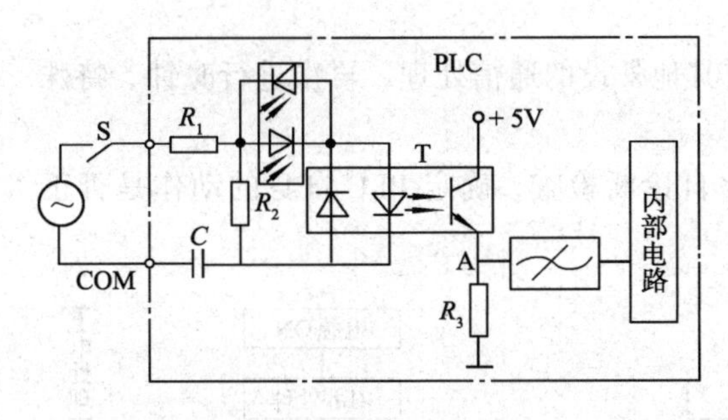

图 1-6　交流输入接口电路

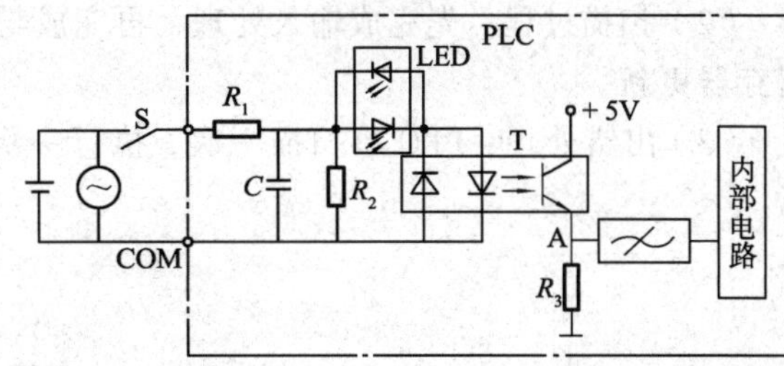

图 1-7 交、直流输入接口电路

（2）开关量输出接口电路如图 1-8～图 1-10 所示。

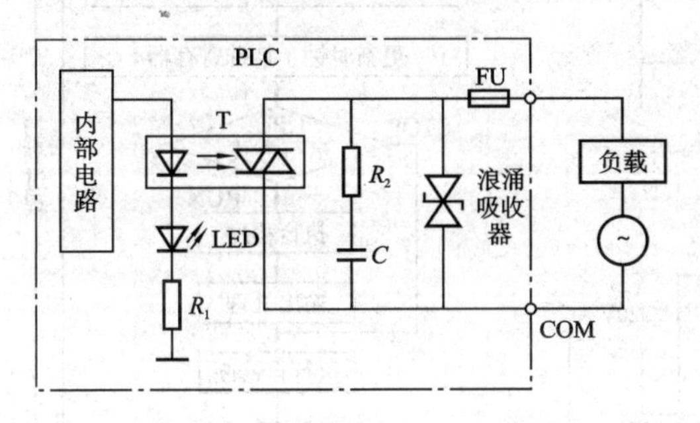

图 1-8　晶体管输出接口电路

图 1-9　晶闸管输出接口电路

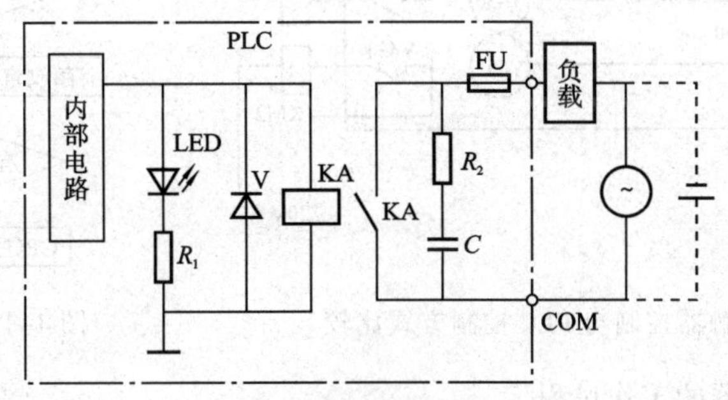

图 1-10　继电器输出接口电路

三、PLC 的工作原理

1. 可编程序逻辑控制器的工作方式与运行框图

可编程序逻辑控制器的工作方式与运行框图如图 1-11 所示。

PLC 的工作方式是一个不断循环的顺序扫描工作方式，每一次扫描所用的时间称为扫描周期。CPU 从第一条指令开始，按顺序逐条地执行用户程序直到用户程序结束，然后返回第一条指令开始新的一轮扫描。PLC 就是这样周而复始地重复上述循环扫描工作的。

概括而言，PLC 是按集中输入、集中输出，周期性循环扫描的方式进行工作的。CPU 从第一条指 6 令执行开始，按顺序逐条地执行用户程序直到用户程序结束，然后返回第一条指令开始新的一轮扫描。整个过程可分为 3 个部分，如图 1-12 所示。

（1）上电处理：对 PLC 系统进行初始化，包括硬件初始化，I/O 模块配置检查，停电保持范围设定及其他初始化处理等。

（2）扫描过程：先完成输入处理，再完成与其他外设的通信处理，再次进行时钟、特殊寄存器更新。

（3）出错处理：PLC每扫描一次，执行一次自诊断检查，确定PLC自身的动作是否正常。

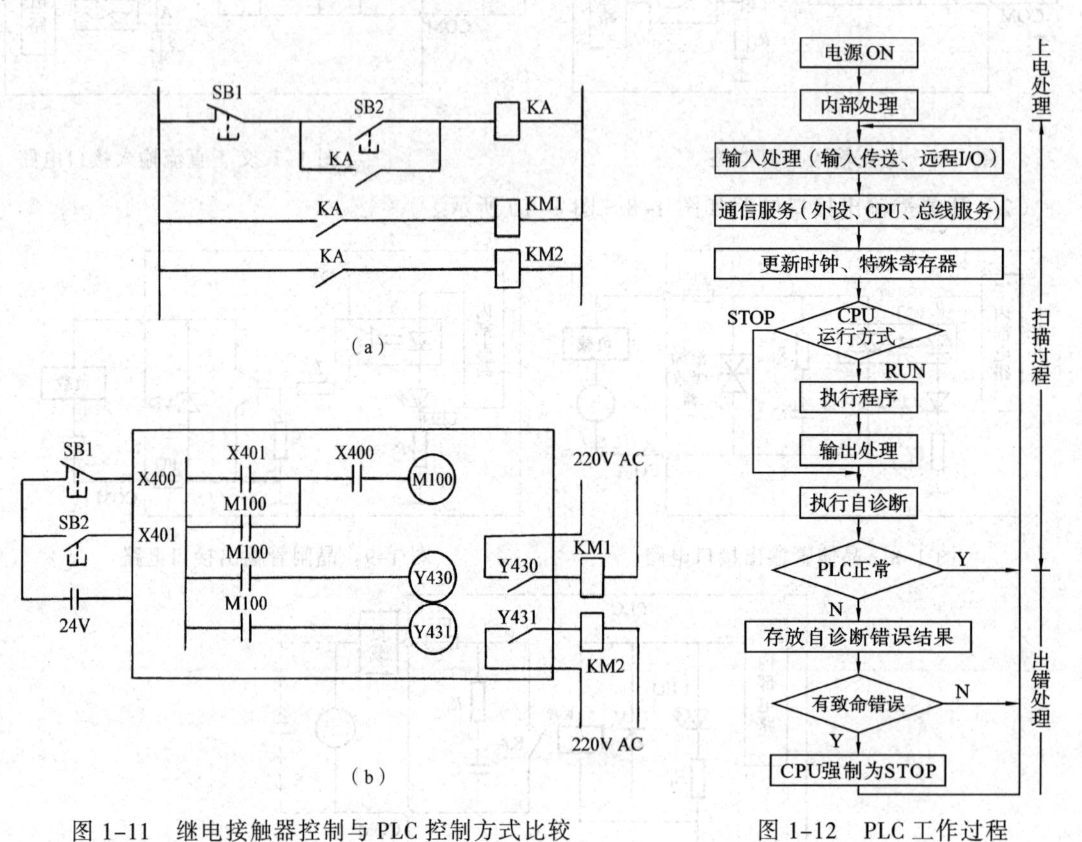

图1-11　继电接触器控制与PLC控制方式比较　　　　图1-12　PLC工作过程

2. 可编程序控制器的工作过程

当PLC处于正常运行时，它将不断循环扫描。这个过程可分为“输入采样”、“程序执行”、“输出刷新”3个阶段，如图1-13所示。

（1）输入采样阶段：首先扫描所有输入端子，并将各输入状态存入相对应的输入映像寄存器中，输入映像寄存器被刷新。接着进入程序执行阶段。

（2）程序执行阶段：根据PLC梯形图程序扫描原则，一般按从左到右，从上到下的原则顺序执行程序。

（3）输出刷新阶段：在所有指令执行完毕后，元件映像器中所有输出继电器的状态在输出刷新阶段转存至输出锁存器中，通过一定的方式输出，最后经过输出端子驱动外部负载。

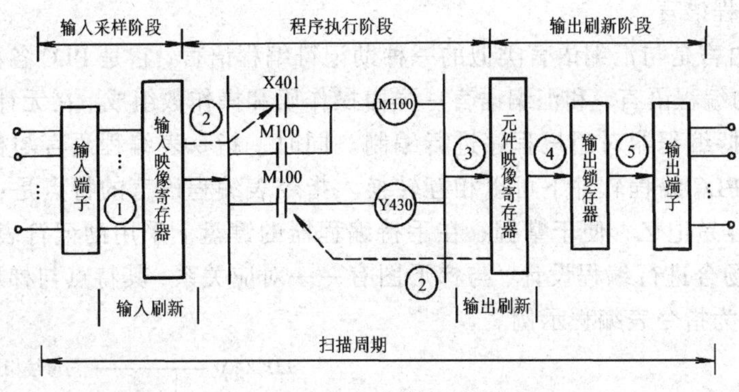

图 1-13　PLC 扫描工作过程

四、PLC 的编程语言

PLC 为用户提供了完整的编程语言，PLC 的编程语言主要有：

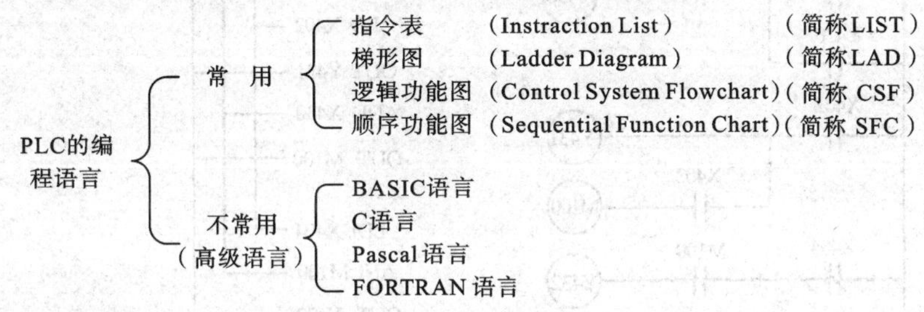

下面简要介绍常用的 PLC 编程语言：

1. 梯形图编程（LAD）语言

PLC 的梯形图在形式上沿袭了传统的继电器电气控制图，是在原继电器控制系统的继电器梯形图基础上演变而来的一种图形语言。它将 PLC 内部的各种编程元件(如继电器的触点、线圈、定时器、计数器等)和各种具有特定功能的命令用专用图形符号、标号定义，并按逻辑要求及连接规律组合和排列，从而构成了表示 PLC 输入、输出之间控制关系的图形。它是目前用得最多的 PLC 编程语言。梯形图编程语言的特点是：与电气操作原理图相对应，具有直观性和对应性；与原有继电器控制相一致，电气设计人员易于掌握。梯形图编程语言与原有的继电器控制的不同点是，梯形图中的能流不是实际意义的电流，内部的继电器也不是实际存在的继电器，应用时，需要与原有继电器控制的概念区别对待。图 1-14 所示为物理继电器和 PLC 继电器的符号对照图，图 1-15 所示为典型的梯形图示意图。

项　目	物理继电器	PLC 继电器
线　圈		
常开触点		
常闭触点		

图 1-14　符号对照

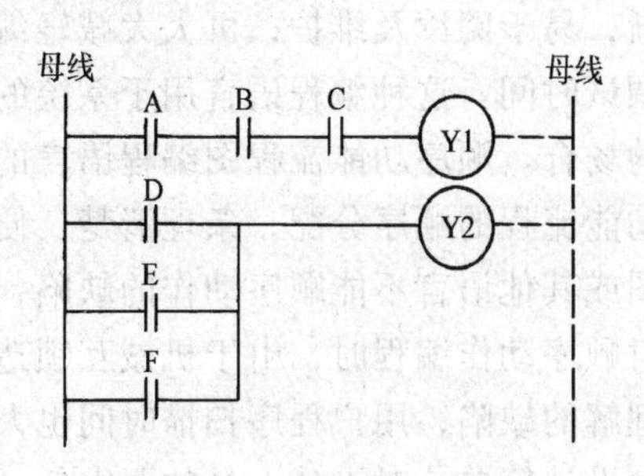

图 1-15　典型梯形图示意

2. 指令表编程语言

指令表编程语言是与汇编语言类似的一种助记符编程语言，它是 PLC 各种编程语言中应用最早、最基本的编程语言，和汇编语言一样由操作码和操作数组成。在无计算机的情况下，适合采用 PLC 手持编程器对用户程序进行编制。同时，指令表编程语言与梯形图编程语言图一一对应，在 PLC 编程软件下可以相互转换。指令表编程语言的特点是：采用助记符来表示操作功能，容易记忆，便于掌握；在手持编程器的键盘上采用助记符表示，便于操作，可在无计算机的场合进行编程设计，与梯形图有一一对应关系，其特点与梯形图语言基本一致。图 1-16 所示为指令表编程示例。

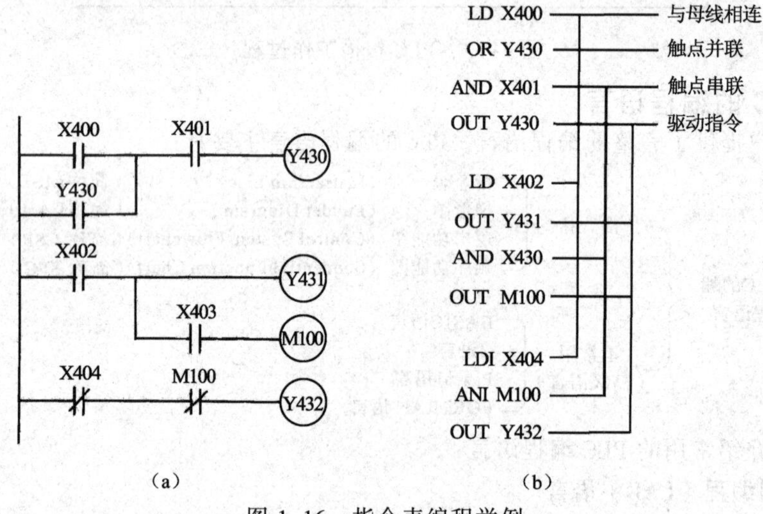

图 1-16　指令表编程举例

3. 顺序功能图编程语言

顺序功能图又称功能表图、步进图、状态流程图或状态转移图。它是一种新颖的、按照工艺流程图进行编程、IEC 标准推荐的首选编程语言，是为了满足顺序逻辑控制而设计的编程语言。设计者只需要熟悉对象的动作要求与动作条件，即可完成程序的设计，而无须像梯形图编程那样去过多地考虑种种“互锁”要求与条件。编程时将顺序流程动作的过程分成步并转换条件，根据转移条件对控制系统的功能流程顺序进行分配，一步一步地按照顺序动作。每一步代表一个控制功能任务，用方框表示。在方框内含有用于完成相应控制功能任务的梯形图逻辑。这种编程语言使程序结构清晰，易于阅读及维护，可大大减轻编程的工作量，并缩短编程和调试时间。这种编程语言用于系统的规模校大，程序关系较复杂的场合。顺序功能流程图编程语言的特点：以功能为主线，按照功能流程的顺序分配，条理清楚，便于用户理解程序；避免梯形图或其他语言不能顺序动作的缺陷，同时也避免了用梯形图语言对顺序动作编程时，由于机械互锁造成用户程序结构复杂、难以理解的缺陷；用户程序扫描时间也大大缩短。顺序功能图编程程序设计简单，对设计人员的要求低，近年来已经开始普及与推广。图 1-17 为顺序流程图示意图。

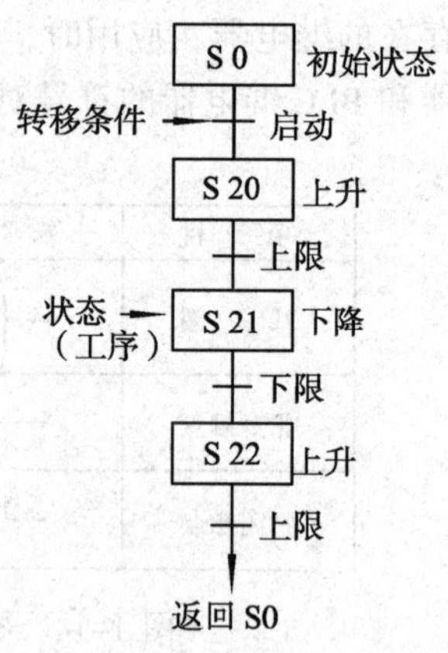

图 1-17　顺序流程图示意图

4. 逻辑功能图编程语言

逻辑功能图编程语言是一种沿用了数字电子线路的“与”、“或”、“非”等逻辑门电路、触发器、连线等图形与符号的图形编程语言。它可以用触发器、计数器、比较器等数字电子线路的符号表示其他图形编程语言（如梯形体）无法表示的 PLC 基本指令与应用指令。其特点是程序直观、形象、设计方便，程序逻辑关系清晰、简洁，特别是对于开关量控制系统的逻辑运算控制，使用逻辑功能图编程比其他编程语言更为方便。但目前可以使用逻辑功能图编程的 PLC 种类相对较少。

5. 高级语言编程语言

随着软件技术的发展，为增强 PLC 的运算功能和数据处理能力并方便用户使用，许多大、中型 PLC 已采用类似 BASIC、Pascal、FORTRAN、C 等高级语言的 PLC 专用编程语言，实现程序的自动编译。

目前，各种类型的 PLC 一般都能同时使用两种以上的语言，且大多数都能同时使用梯形图和指令表。虽然不同的厂家梯形图、指令表的使用方式有差异，但基本编程原理和方法是相同的。三菱 FX_{2N} 产品同时支持梯形图、指令表和顺序功能图 3 种编程语言。

五、FX_{2N} 系列 PLC 的型号、规格及内部软元件

1. FX_{2N} 系列 PLC 的型号及规格（见表 1-19）

表 1-19　FX_{2N} 系列 PLC 的型号及规格

类型	型　号	输入点数 24V DC	输　出　点　数
基本单元	FX_2-16MR(T)	8	8
	FX_2-24MR(T)	12	12
	FX_2-32MR(T)	16	16 (继电器或晶体管输出)
	FX_2-48MR(T)	24	24
	FX_2-64MR(T)	32	32
	FX_2-80MR(T)	40	40
	FX_2-120MR(T)	64	64
扩展单元	FX-32ER	16	16（继电器输出）
	FX-48ER	24	24（继电器输出）
	FX-48ET	24	24（晶体管输出）
扩展模块	FX-8EX	8	–
	FX-16EX	16	–
	FX-8EYR	–	8（继电器输出）
	FX-8EYT	–	8（晶体管输出）
	FX-8EYS	–	8（晶闸管输出）
	FX-16EYR	–	16（继电器输出）
	FX-16EYT	–	16（晶体管输出）
	FX-16EYS	–	16（晶闸管输出）
	FX-8ER	4	4（继电器输出）

2. FX_{2N}系列 PLC 内部软元件（见图 1-18）

	FX_{2N}-16M	FX_{2N}-32M	FX_{2N}-48M	FX_{2N}-64M	FX_{2N}-80M	FX_{2N}-128M	带扩展	
输入继电器X	X000～X007 8点	X000～X017 16点	X000～X027 24点	X000～X037 32点	X000～X047 40点	X000～X077 64点	X000～ X267(X177) 184点（128点）	输入输出合计256点
输入继电器Y	Y000～Y007 8点	Y000～Y017 16点	Y000～Y027 24点	Y000～Y037 32点	X000～X047 40点	Y000～Y077 64点	Y000～ Y267(Y177) 184点（128点）	

辅助继电器M	M000～M499 500点 通用※1	【M500～M1023】 524点保存用※2 继电器用 主→从［M800～M899］ 从→主［M900～M999］	【M1024～M3071】 2048点 保存用※3	M8000～M8255 156点 特殊用
状态S	S000～S499 500点 ※1 初始用S0～S9 返回原点用S10～S19	【S500～S899】 400点 掉电保持用※2	【S900～S999】 100点 报警用※3	
定时器T	T000～T199 200点100ms 子程序用… T192～T199	T200～T245 46点10ms	【T246～T249】 4点 1ms积算※3	【T250～T255】 6点 100ms积算※3

	16位向上		32位可逆		32位高速可逆计数 最大6点		
计数器C	C000～C099 100点 通用※1	【C100～C199】 100点 保持用※2	C200～C219 20点 通用※1	【C220～C234】 掉电15点 保持用※2	【C235～C245】 1相单向计数输入 ※2	【C246～C250】 1相双向计数输入 ※2	【C251～C255】 2相计数输入 ※2

数据寄存器 D、V、Z	D000～D199 200点 通用※1	【D200～D511】 312点 保持用※2	【D512～D7999】 7488点 保持用※3	D8000～D8195 106点 特殊用	V7～V0 Z7～Z0 16点 变址用
嵌套指针	N0～N7 8点 主控用	P0～P63 64点 跳转子程序用分支指针	100□～150□ 6点 输入中断指针	16□□～18□□ 3点 定时中断指针	1010～1060 6点 计数中断指针

常数			
K	16位 -32768～32767	32位 -2147483648～2147483647	
H	16位 0～FFFFH	32位 0～FFFFFFFFH	

注：【 】内的原件为电池备用区。

※1：非备用区：根据参数设定，可以变更备用区。

※2：电池备用区：有停电保持作用。根据参数设定，可以变更非电池备用区。

※3：电池备用固定区：是固定的停电保持领域。区域特性不能变更。

图 1-18 FX_{2N}系列 PLC 内部软元件

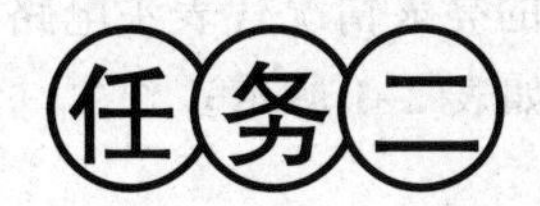

用 PLC 实现三相异步电动机的点动与连续控制

任务目标

（1）初步应用 PLC 的基本逻辑指令进行程序的编程，掌握输入、输出、辅助继电器的使用。

（2）掌握梯形图的绘制原则及 PLC 设计原则、步骤和方法。

（3）初步进行三菱 PLC 的 MELSOFT 编程软件的使用，学会 FX_{2N} 系列 PLC 与计算机的连接和通信方法。

（4）熟练按照控制要求设计 PLC 的输入/输出（I/O）地址分配表及接线图的设计，熟练按照控制要求进行 PLC 梯形图程序及指令程序的设计。

（5）提高自我学习、信息处理、数字应用等方法能力及与人交流、与人合作、解决问题等社会能力；自查 6S 执行力。

任务描述

一、专业能力训练环节一

图 2-1 为我们已经学习过的三相异步电动机点动与连续控制电路。现采用 PLC 进行控制，设计要求如下：

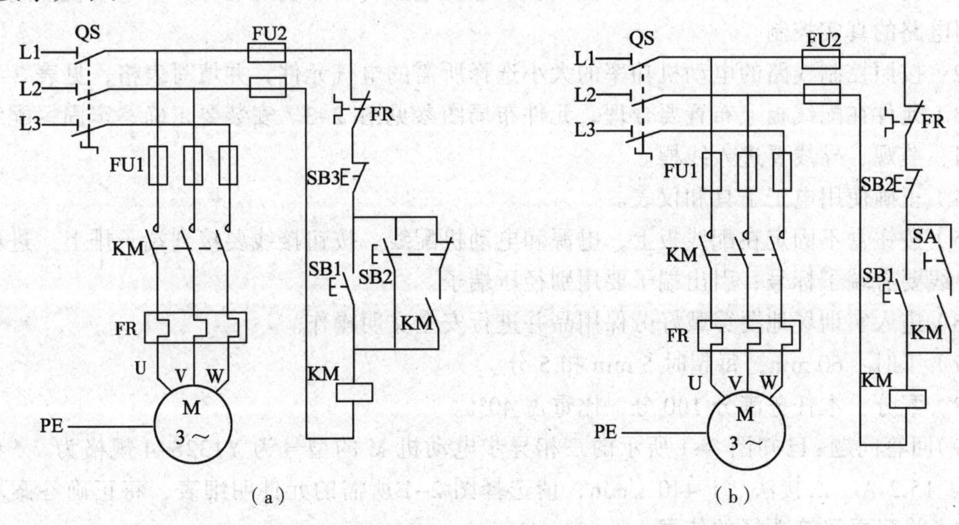

图 2-1　三相异步电动机点动与连续控制电路

分析图 2-1（a）所示电路工作原理，用 PLC 实现电动机点动与连续的控制要求，并在 PLC 学习机上用发光二极管模拟调试程序，即用发光二极管（LED）的亮灭情况代表主电路的接触器 KM 的分合动作情况。发光二极管模拟调试动作分合对照表如表 2-1 所示。

表 2-1 发光二极管模拟调试动作分合对照表

功能 执行	电动机连续控制	电动机点动控制	电动机停止控制
按下 SB1	LED 持续亮 （即 KM 持续吸合）	/	/
按下 SB3	/	/	LED 灭 （即 KM 断电）
按下 SB2	/	LED 点动亮 （即 KM 点动吸合）	/
操作 FR	在发光二极管（LED）连续发亮的前提下操作 FR，此时相当于过载而熄灭	/	/

（1）按照控制要求设计 PLC 的输入/输出（I/O）地址分配表。

（2）按照控制要求进行 PLC 的输入/输出（I/O）接线图的设计。

（3）按照控制要求进行 PLC 梯形图程序的设计。

（4）按照控制要求进行 PLC 指令程序的设计。

（5）程序调试正确后，笔试回答表 2-3 的核心问题，评价标准见表 2-9。

（6）工时：90 min，每超时 5 min 扣 5 分。

（7）配分：本任务满分为 100 分，比重占 40%。

二、专业能力训练环节二

用 PLC 实现的三相异步电动机点动与连续控制电路的程序设计、调试及电气控制线路的安装。具体要求如下：

（1）要求采用 PLC、低压电器、配线板、相关电工材料等实现三相异步电动机点动与连续控制电路的真实控制。

（2）按照控制线路的电动机功率的大小选择所需的电气元件，并填写表格，见表 2-2。

（3）元件在配线板上布置要合理，元件布局图参见图 2-3。安装要正确、牢固，配线要求紧固、美观、导线要进入线槽。

（4）正确使用电工工具和仪表。

（5）按钮盒不固定在配线板上，电源和电动机配线、按钮接线要接到端子排上，进出线槽的导线要有端子标号，引出端子要用别径压端子。

（6）进入实训场地要穿戴好劳保用品并进行安全文明操作。

（7）工时：60 min，每超时 5 min 扣 5 分。

（8）配分：本任务满分 100 分，比重占 40%。

（9）回答问题：已知图 2-1 所示的三相异步电动机 M 的型号为 Y132S-4 规格为 7.5 kW、380 V、15.2 A、△接法、1 440 r/min，请选择图 2-1 所需的元件明细表，将正确答案填入表 2-2，并简要回答选择的依据。

用 PLC 实现三相异步电动机点动与连续控制电路布局图如图 2-2 所示。

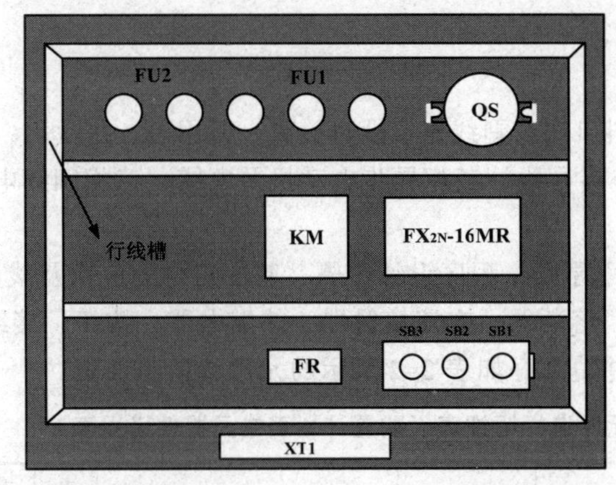

图 2-2 用 PLC 实现三相异步电动机点动与连续控制电路布局图

三、职业核心能力训练环节

以小组为单位总结以上两个任务的实施经验，并回答教师提出的问题。经验汇报要求与任务一的职业核心能力训练环节的要求相同。

配分：本任务满分为 100 分，比重占 20%。

四、专业能力拓展训练环节

图 2-3 所示为三相异步电动机的连续控制电路图，是由 SB1 与 SB2 两个按钮分别控制电动机的启动与停止控制的。下面利用 PLC 分别实现由两个按钮与一个按钮来实现同一功能的电路控制，并完成表 2-7 的填写。

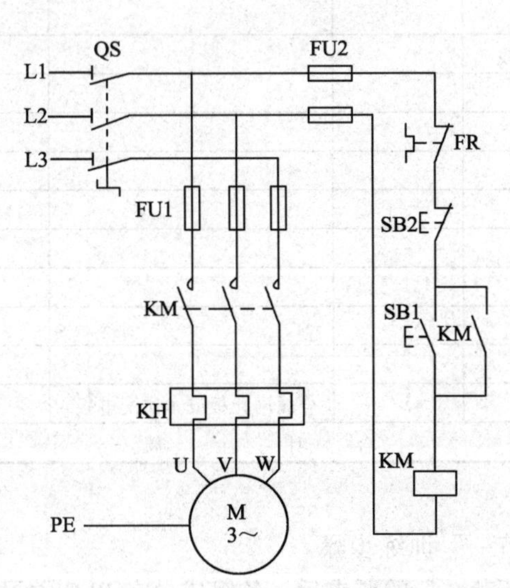

图 2-3 三相异步电动机连续控制电路

一、训练器材

验电笔、尖嘴钳、斜口钳、剥线钳、螺钉旋具、万用表、兆欧表、钳形电流表、配线板、一套低压电器、PLC、连接导线、三相异步电动机及电缆、三相四线电源插头与电缆。

二、预习内容

（1）预习 PLC 的选用原则、程序设计步骤、基本指令的应用及线路的连接。

（2）复习组合开关、熔断器、交流接触器、热继电器、按钮、接线端子排等低压电器、配电导线的选用方法，并填写好如表 2-2 所示的元件选择明细表。

表 2-2　元件选择明细表（购置计划表或元器件借用表）　　单价（金额）单位：元

代号	名称	型号	规格	单位	数量	单价	金额	用途	备注
M	三相异步电动机	Y132S-4	7.5 kW、380 V、15.2 A、△接法、1 440 r/min	台	1				
QS									
FU1									
FU2									
KM									
FR									
SB1 ~ SB3									
PLC									
XT1（主电路）									
XT2（控制电路）									
	主电路导线								
	控制电路导线								
	电动机引线								
	电源引线								
	按钮线								
	接地线								
	自攻螺钉								
	编码套管								
	U 形接线鼻								
	行线槽								
	配线板		金属网孔板或木质配电板						
合计金额									

三、训练步骤

1. “专业能力训练环节一”训练步骤

明确“专业能力训练环节一”的要求后，各组成员在 PLC 学习机上进行点动与连续控制电路的模拟调试。程序设计及调试过程如下：

（1）按照控制要求设计 PLC 的输入/输出（I/O）地址分配表，并将合理的答案填入表 2-3。

（2）按照控制要求进行 PLC 的输入/输出（I/O）接线图的设计，并将合理的答案填入表 2-3。

（3）运行三菱 PLC 的 MELSOFT 编程软件并进行程序的录入。

（4）根据表 2-3 已经设计好的 PLC 输入/输出（I/O）接线图进行 PLC 外围电路的连接。

表 2-3　笔试回答核心问题

<table>
<tr><td>自检
要求</td><td colspan="3">将合理的答案填入相应栏目</td><td>扣分</td><td>得分</td></tr>
<tr><td rowspan="2">PLC 的输入/输出（I/O）地址分配表</td><td colspan="2">图（a）</td><td>图（b）</td><td rowspan="2"></td><td rowspan="2"></td></tr>
<tr><td colspan="2"></td><td></td></tr>
<tr><td rowspan="2">PLC 的输入/输出（I/O）接线图</td><td>图（a）</td><td colspan="2">FU1
~220 V
N
L
SB1　X0　Y0　R　LED（KM）
SB2　X1　Y1
SB3　X2　PLC　Y2
SB4（FR）　X3　Y3
X4　Y4　FU2　24V
COM　COM1</td><td rowspan="2"></td><td rowspan="2"></td></tr>
<tr><td>图（b）</td><td colspan="2"></td></tr>
<tr><td rowspan="2">PLC 梯形图程序的设计</td><td>图（a）</td><td colspan="2"></td><td rowspan="2"></td><td rowspan="2"></td></tr>
<tr><td>图（b）</td><td colspan="2"></td></tr>
<tr><td rowspan="2">PLC 指令程序的设计</td><td>图（a）</td><td colspan="2"></td><td rowspan="2"></td><td rowspan="2"></td></tr>
<tr><td>图（b）</td><td colspan="2"></td></tr>
</table>

（5）程序调试：

① 在 PLC 学习机上接通 PLC 的工作电源与发光二极管的驱动电源。

② 按下微型启动按钮 SB1、SB2，观察发光二极管的亮灭情况是否符合点动与连续控制的功能要求。

③ 按下微型停止按钮 SB3，观察发光二极管的亮灭情况是否符合停机控制要求。

④ 若不符合控制要求则进行程序的修改，若符合要求，则将正确的答案填入表 2-3。

⑤ 进行程序调试即试车环节的学生要注意以下几点：

- 在断开电源的情况下独自进行 PLC 外围电路的连接，如连接 PLC 的输入接口线、连接 PLC 的输出接口线。
- 检查熔断器的管状熔丝是否安装可靠，溶体的额定电流选择是否恰当。
- 程序调试完毕拆除 PLC 的外围电路时，要断电进行。

（6）程序调试成功后按照正确的断电顺序与拆线顺序进行 PLC 外围线路的拆除，并整理好工位，填写好表 2–3，对“专业能力训练环节一”进行评价后，简要小结本环节的训练经验并填入表 2–4，进入“专业能力训练环节二”的能力训练。

表 2–4　“专业能力训练环节一”经验小结

经验小结：

2. “专业能力训练环节二”训练步骤

（1）因本训练环节要求采用 PLC、低压电器、配线板、相关电工材料等实现三相异步电动机点动连续运转的真实控制，PLC 的输出控制对象由“专业能力训练环节一”的发光二极管变为驱动电压为交流 220V 的交流接触器，PLC 的输入控制电器由微型按钮改为防护式三挡按钮，热继电器也为真实的热继电器。因此，表 2–3 中的相关信息需要作适当的修改，将修改的结果填入表 2–5。

表 2–5　笔试回答核心问题

要求＼自检	将合理的答案填入相应栏目	扣分	得分
PLC 的输入/输出（I/O）地址分配表			
LC 的输入/输出（I/O）接线图（即主电路与控制电路设计图）	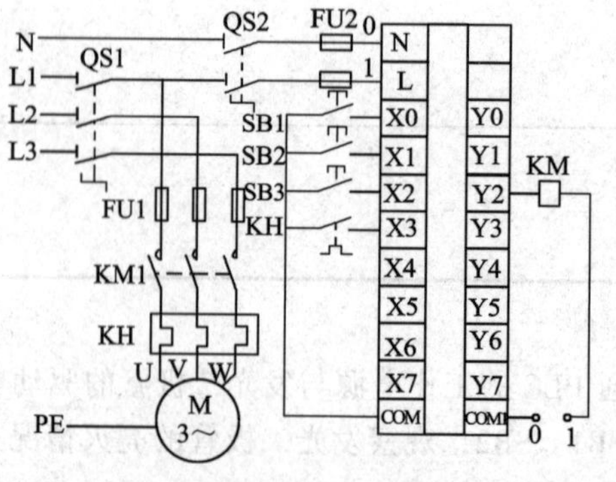		

（2）将数据线可靠地连接在 PLC 与计算机的串口之间，将 PLC 的 L 与 N 端口连接到 220 V 交流电源，将“专业能力训练环节一”中保存在计算机中的程序写入 PLC。

（3）程序进行模拟调试无误后，将 PLC 安装在配线板上，电器布局图如图 2-2 所示。

（4）元件在配线板上布置要合理，安装要正确紧固，配线要求紧固、美观。

（5）由 PLC 组成的控制电路及由接触器控制电动机的主电路全部安装完毕后，用万用表的电阻检测法进行控制线路安装正确性的自检。

（6）自检完毕后进行控制电路板的试车。

（7）进行试车环节的学生要注意以下几点：

① 独自进行通电所需的配线板外围电路的连接，如连接电源线、连接负载线及电动机，并注意正确的连接顺序，同时要做好熔断器的可靠安装。

② 正确连接好试车所需的外围电路后，注意正确的通电试车步骤，并在实训指导教师的监护下进行试车。

③ 插上电源插头→合上组合开关 QS→按下起动按钮 SB1 与停止按钮 SB3 后，注意观察各低压电器及电动机的动作情况，并仔细记录故障现象，以作为故障分析的依据，并及时回到各自工位独自进行故障排除训练，而后再次排故，直到试车成功为止。（注意本故障排除时间仍然在 120 min 之内，超时按规定扣技能分）

④ 试车成功后按照正确的断电顺序与拆线顺序进行配线板外围线路的拆除，对“专业能力训练环节二”进行评价后，简要小结本环节的训练经验并填入表 2-6，进入职业核心能力训练环节的能力训练。（回到工位后不要拆除电路。）

表 2-6　“专业能力训练环节二”经验小结

经验小结：

（8）实训指导教师对本任务的实施情况进行评价。

3. “职业核心能力训练环节”训练步骤

职业核心能力的训练步骤与训练要求同任务一。

4. “专业能力拓展训练环节”训练步骤

训练步骤参照“专业能力训练环节一”的训练步骤。重点填写表 2-7 的内容。

表 2-7　笔试回答核心问题

自检 / 要求	将合理的答案填入相应栏目	
	两个按钮控制	单按钮控制
设计 PLC 的输入/输出（I/O）地址分配表		

续表

自检 要求	将合理的答案填入相应栏目	
	两个按钮控制	单按钮控制
设计PLC的输入/输出(I/O)接线图	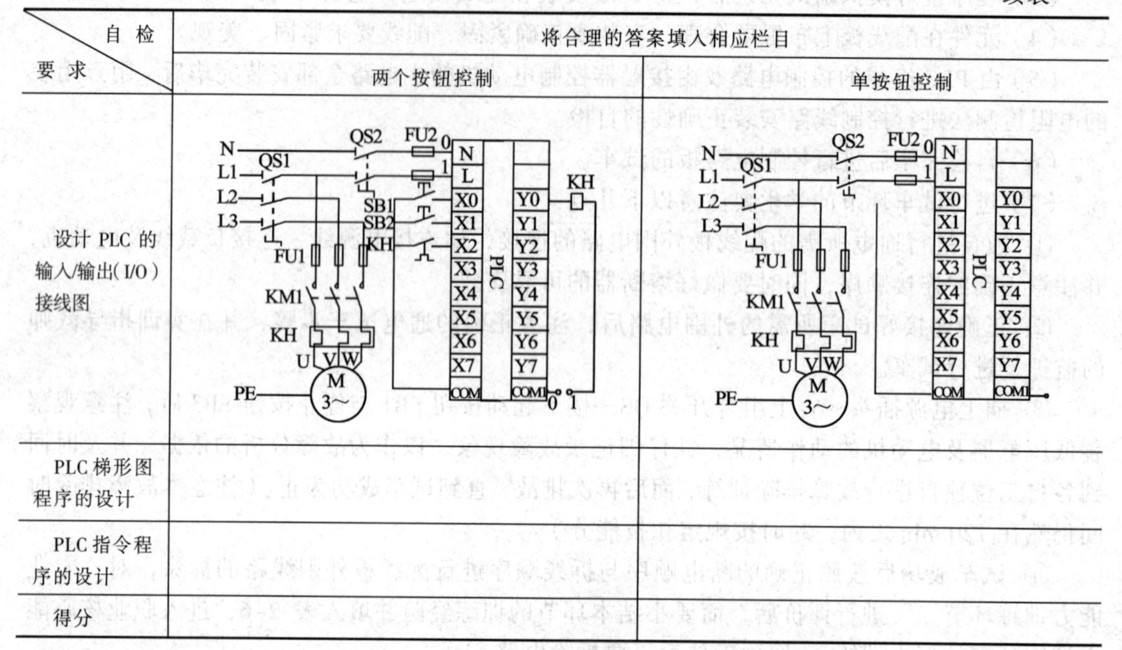	
PLC梯形图程序的设计		
PLC指令程序的设计		
得分		

（1）专业能力训练环节一的评价标准见表2-8。

表2-8 "专业能力训练环节一"的评价标准

序号	主要内容	考核要求	评分标准	配分	扣分	得分
1	电路及程序设计	① 根据给定的继电接触系统电路图，列出PLC输入/输出（I/O）口元器件地址分配表设计PLC输入/输出（I/O）口的接线图 ② 根据控制要求设计PLC梯形图程序和对应的指令表程序	① PLC输入/输出（I/O）地址遗漏或搞错，每处扣6分 ② PLC输入/输出（I/O）接线图设计不全或设计有错，每处扣6分 ③ 梯形图表达不正确或画法不规范，每处扣6分 ④ 接线图表达不正确或画法不规范，每处扣6分 ⑤ PLC指令程序有错，每条扣6分	50		
2	程序输入及调试	① 熟练操作PLC键盘，能正确地将所编写的程序输入PLC ② 按照被控设备的动作要求进行模拟调试，达到设计要求	① 不熟练PLC键盘输入指令，每次扣3分 ② 不会用删除、插入、修改等命令，每次扣3分 ③ 缺少功能，每项扣5分	30		
3	通电试验	在保证人身和设备安全的前提下，通电试验一次成功	① 热继电器整定值错误扣5分 ② 主、控电路配错熔体，每个扣5分 ③ 一次试车不成功扣5分 二次试车不成功扣10分 三次试车不成功扣20分	20		

续表

序号	主要内容	考核要求	评分标准	配分	扣分	得分
4	安全要求	① 安全文明生产 ② 自觉在实训过程中融入6S管理理念 ③ 有组织，有纪律，守时诚信	① 违反安全文明生产规程 扣5～40分 ② 乱线敷设，加扣不安全，扣10分 ③ 工位不整理或整理不到位，酌情扣10～20分 ④ 随意走动，无所事事，不刻苦钻研酌情扣5～10分 ⑤ 不思进取，无理取闹，违反安规，取消实训资格，当天实训课题计0分	倒扣		
备注	除了定额时间外，各项内容的最高分不应超过配分数		合计	100		
额定时间150 min	开始时间		结束时间	考评员签字		年 月 日

（2）“专业能力训练环节二”的评价标准见表2-9。

表2-9 “专业能力训练环节二”的评价标准

序号	主要内容	考核要求	评分标准	配分	扣分	得分
1	元件选择	① 元件选择的型号和规格正确、合理、经济 ② 元件选择的数量正确 ③ 元件选择的品名齐全，所需的配置考虑周全 ④ 元件选择的单价咨询合理。	① 选错型号和规格，每个扣5分 ② 选错元件数量，每个扣2分 ③ 规格没有写全，每个扣2分 ④ 型号没有写全，每个扣2分 ⑤ 漏选非主流元件，每个扣1分 ⑥ 单价咨询不合理 每个扣1分	10		
2	元件安装	① 按图纸的要求，正确使用工具和仪表，熟练安装电气元器件 ② 元件在配电板上布置要合理，安装要准确、紧固 ③ 按钮盒不固定在板上	① 元件布置不整齐、不匀称、不合理，每只扣3分 ② 元件安装不牢固，每只扣4分 ③ 安装元件时漏装木螺钉，每只扣1分 ④ 损坏元件，每只扣5～15分 ⑤ 走线槽安装不符合要求，每处扣2分	15		
3	电气布线	① 接线要求美观、紧固、无毛刺，导线要进行线槽 ② 电源和电动机配线、按钮接线要接到端子排上，进出线槽的导线要有端子标号，引出端要用别径压端子	① 电动机运行正常，如不按图接线，每处扣5分 ② 布线不进行线槽，不美观，主电路、控制电路每根扣1分 ③ 接点松动、露铜过长、反圈、压绝缘层，标记线号不清楚、遗漏或误标，引出端无别径端子每处扣1分 ④ 损伤导线绝缘或线芯，每根扣1分	35		
4	通电试验	在保证人身和设备安全的前提下，通电试验一次成功	① 热继电器整定值错误扣5分 ② 主、控电路配错熔体，每个扣5分 ③ 一次试车不成功扣20分 二次试车不成功扣30分 三次试车不成功扣40分	40		
5	安全文明生产		① 违反安全文明生产规程，扣5～40分 ② 乱线敷设，加扣不安全，扣50分	倒扣		
备注	除了定额时间外，各项内容的最高分不应超过配分数		合计	100		
额定时间120 min	开始时间	结束时间		考评员签字		年 月 日

（3）职业核心能力评价表同任务一的表 1-14～表 1-17。

（4）个人单项任务总分评定建议按照表 2-10 进行。

表 2-10　单项任务总评成绩汇总表

学号	姓名	专业能力 80%		职业核心能力 20%							附加及监控						课题总评
		专业能力训练一 100 分比重 40	专业能力训练二 100 分比重 40	与人合作 20 分	与人交流 10 分	数字应用 10 分	自我学习 30 分	信息处理 10 分	解决问题 10 分	创新革新 10 分	专业拓展	6S 执行力	违纪情况	修旧利废	时间节点	备注	
001	张三																
002	李四																
003	王五																
004	赵六																

注：（1）“专业拓展”为激励分，加分范围为 1～5 分；

（2）“修旧利废”为激励分，加分范围为 1～5 分；

（3）“违纪情况”为倒扣分，扣分范围为 1～5 分；

（4）“6S 执行力”为倒扣分，扣分范围为 1～5 分；

（5）“时间节点”为倒扣分，不能按时完成实训任务，不能按时交笔试作业，不能按时汇报的小组酌情扣 3～9 分，小组中有一人没完成，同组的其他成员与该生的“时间节点”扣分值相同。

一、FX_{2N} 系列内部资源（一）

1．输入继电器 X（X0～X177）

输入继电器是PLC用来接收用户设备发来的输入信号。输入继电器与PLC的输入端相连，其地址编号采用八进制。输入继电器的线圈由外部信号来驱动，不能在程序内部用指令来驱动。因此，输入继电器只有触点，没有线圈。

2．输出继电器 Y（Y0～Y177）

输出继电器是 PLC 用来将输出信号传给负载的元件。输出继电器的外部输出触点接到PLC 的输出端子上。输出继电器的地址编号采用八进制。外部信号无法直接驱动输出继电器，只能在程序内部用指令驱动。

3．辅助继电器 M

辅助继电器可分为通用型、断电保持型和特殊辅助继电器 3 种，辅助继电器按十进制编号。

（1）通用辅助继电器 M0～M499（500 点）：

特点：通用辅助继电器和输出继电器一样，在 PLC 电源断开后，其状态将变为 OFF。当电源恢复后，除因程序使其变为 ON 外，它仍保持 OFF。

用途：中间继电器（逻辑运算的中间状态存储、信号类型的变换）。

（2）断电保持辅助继电器 M500~M1023（524 点）：在 PLC 电源断开后，断电保持辅助继电器具有保持断电前瞬间状态的功能,并在恢复供电后继续断电前的状态。断电保持是由 PLC 机内的电池支持。

（3）特殊辅助继电器 M8000~M8255（256 点）：特殊辅助继电器是具有某项特定功能的辅助继电器。

PLC 内的特殊辅助继电器各自具有特定的功能：

① 只能利用其触点的特殊辅助继电器，线圈由 PLC 自动驱动，用户只利用其触点。例如：

M8000：运行监控用，PLC 运行时 M8000 接通。

M8002：仅在运行开始瞬间接通的初始脉冲特殊辅助继电器。

M8011-M8014 ：产生 10 ms、100 ms、1 s、1 min 时钟脉冲的特殊辅助继电器。

② 可驱动线圈型特殊继电器，用于驱动线圈后，PLC 作特定动作。

M8030：锂电池电压指示灯特殊继电器。

M8033：PLC 停止时输出保持特殊辅助继电器。

M8034：禁止全部输出特殊辅助继电器。

M8039：定时扫描特殊辅助继电器

二、FX_{2N} 系列 PLC 基本指令（一）

1. 逻辑取和输出线圈指令 LD、LDI、OUT

LD：取指令，用于常开触点与母线的连接指令。

LDI：取反指令，用于常闭触点与左母线连接。

OUT：线圈驱动指令，又称输出指令。

LD、LDI、OUT 指令的使用说明见表 2-11。

表 2-11　LD、LDI、OUT 指令的使用说明

梯形图	指令	功能	操作元件	程序步
─┤├─	LD	读取第一个常开触点	X、Y、M、S、T、C	1
─┤/├─	LDI	读取第一个常闭触点	X、Y、M、S、T、C	1
─○	OUT	驱动输出线圈	Y、M、S、T、C	Y、M：1；特 M：2；T：3；C：3~5

图 2-4 所示为 LD、LDI、OUT 指令使用的示例。

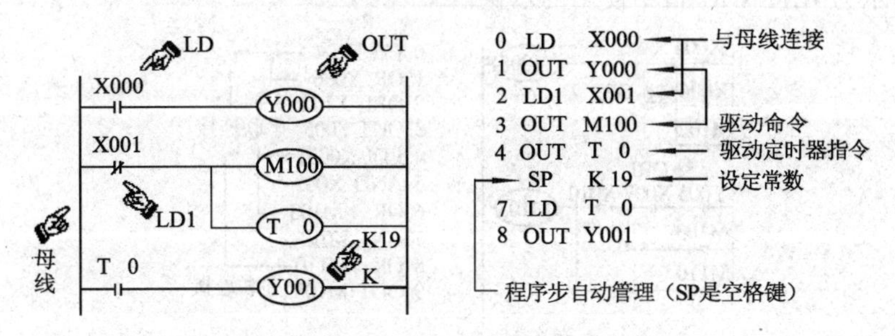

图 2-4　LD、LDI、OUT 指令的使用

2. 触点串联指令 AND、ANI

AND：与指令，用于单个常开触点的串联，完成逻辑“与”运算。

ANI：与非指令，用于单个常闭触点的串联，完成逻辑“与非”运算。

AND、ANI 指令的使用说明见表 2-12。

表 2-12 AND、ANI 指令的使用说明

梯形图	指令	功能	操作元件	程序步
	AND	串联一个常开触点	X、Y、M、S、T、C	1
	ANI	串联一个常闭触点	X、Y、M、S、T、C	1

注：触点串联次数不受限制，但受到外围设备输出的限制，最好做到 1 行不超过 10 个触点和一个线圈，总共不超过 24 行。

图 2-5 所示为 AND、ANI 指令使用和示例。

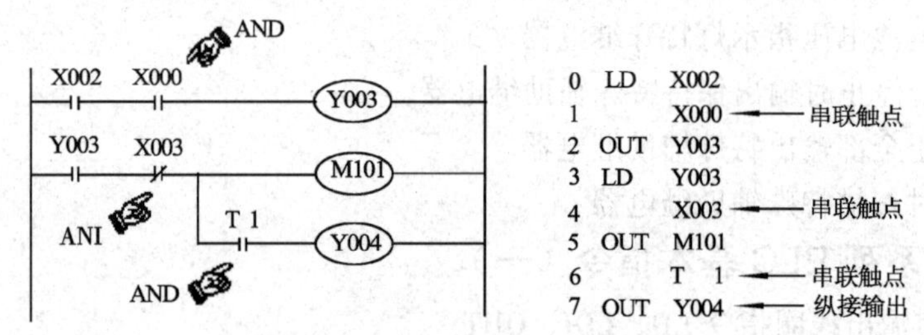

图 2-5 AND、ANI 指令的使用

3. 触点并联指令 OR、ORI

OR：或指令，用于单个常开触点的并联，完成逻辑“或”运算。

ORI：或非指令，用于单个常闭触点的并联，完成逻辑“或非”运算。

OR、ORI 指令的使用说明见表 2-13。

表 2-13 OR、ORI 指令的使用说明

梯形图	指令	功能	操作元件	程序步
	OR	与一个常开触点并联	X、Y、M、S、T、C	1
	ORI	与一个常闭触点并联	X、Y、M、S、T、C	1

图 2-6 所示为 OR、ORI 指令使用的示例。

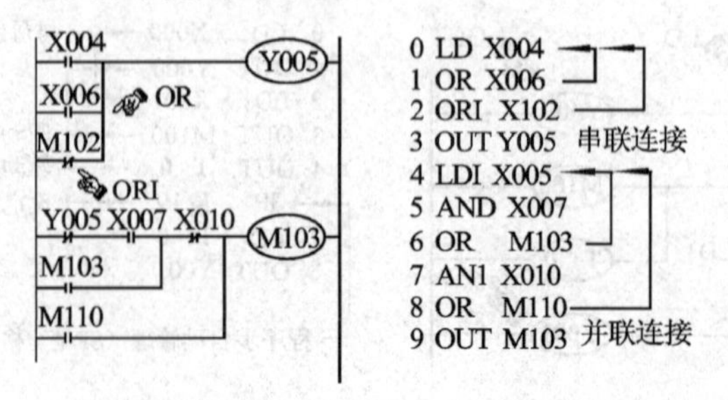

图 2-6 OR、ORI 指令的使用

4. LDP、LDF、ANDP、ANDF、ORP、ORF 指令

LDP：取脉冲上升沿指令，上升沿检测运算开始。

LDF：取下降沿脉冲指令，下降沿检测运算开始。

ANDP：与脉冲上升沿指令，上升沿检测串联连接指令。

ANDF：与脉冲下降沿指令，下降沿检测串联连接指令。

ORP：或脉冲上升沿指令，上升沿检测并联连接指令。

ORF：或脉冲下降沿指令，下降沿检测并联连接指令。

LDP、LDF、ANDF、ORP、ORF 指令的使用说明见表 2-14。

表 2-14　LDP、LDF、ANDP、ANDF、ORP、ORF 指令的使用说明

梯形图	指令	功能	操作元件	程序步
	LDP	上升沿检出运算开始	X、Y、M、S、T、C	2
	LDF	下降沿检出运算开始	X、Y、M、S、T、C	2
	ANDP	上升沿检出串联连接	X、Y、M、S、T、C	2
	ANDF	下降沿检出串联连接	X、Y、M、S、T、C	2
	ORP	上升沿检出并联连接	X、Y、M、S、T、C	2
	ORF	下降沿检出并联连接	X、Y、M、S、T、C	2

注：(1) LDP、ANDP、ORP 指令是用来进行上升沿检测的指令，仅在指定位软元件的上升沿时（由 OFF→ON 变化时接通一个扫描周期，又称上升沿微分指令。

(2) LDF、ANDF、ORF 指令是用来进行下降沿检测的指令，仅在指定位软元件的下降沿时（由 ON →OFF 变化时）接通一个扫描周期，又称下降沿微分指令。

图 2-7 所示为 LDP、LDF、ANDP、AND、ORP、ORF 指令使用的示例。

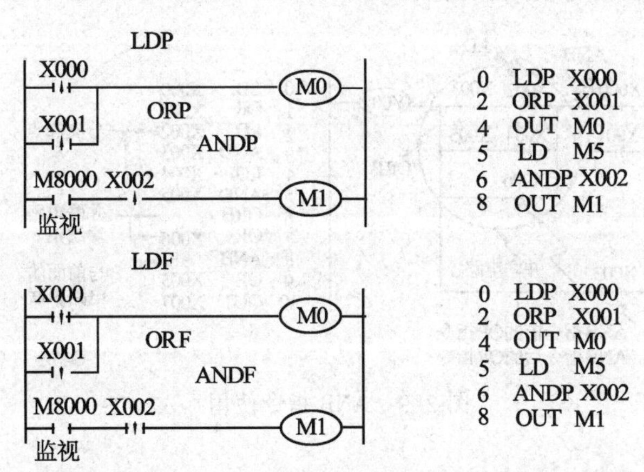

图 2-7　LDP、LDF、ANDP、ANDF、ORP、ORF 使用

5. 串联电路块的并联指令 ORB

ORB：块或指令。用于两个或两个以上的触点串联连接的电路之间的并联，称之为串联电路块的并联连接，没有操作元件。

ORB 指令的使用说明见表 2-15。

表 2-15　ORB 指令的使用说明

梯形图	指　令	功　能	操作元件	程序步
	ORB	串联电路块的并联	无	1

图 2-8 所示为 ORB 指令使用的示例。

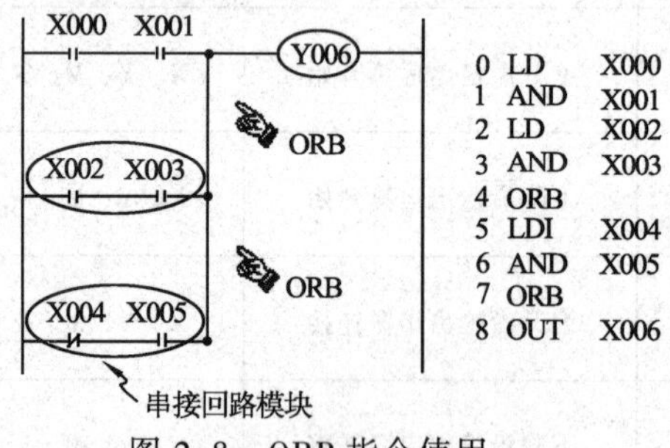

图 2-8　ORB 指令使用

注：几个串联电路块并联时，串联电路块开始用 LD 或 LDI 指令，结束时用 ORB 指令。

6. 并联电路块的串联指令 ANB

ANB：块与指令。用于两个或两个以上触点并联连接的电路之间的串联，称为并联电路块的串联连接，没有操作元件。

ANB 指令使用说明见表 2-16。

表 2-16　ANB 指令使用说明

梯形图	指　令	功　能	操作元件	程序步
	ANB	并联电路块的串联	无	1

图 2-9 所示为 ANB 指令使用示例。

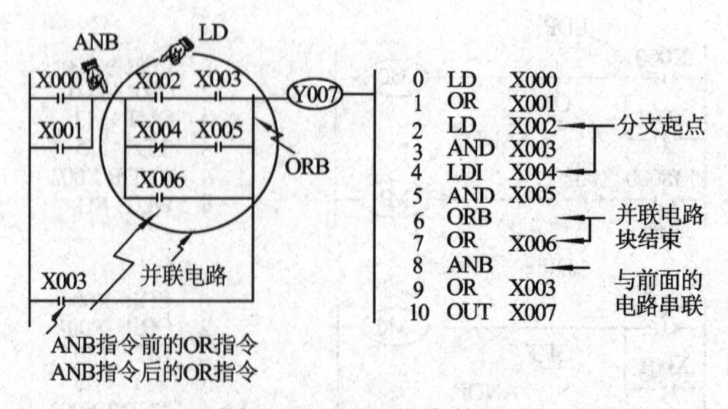

图 2-9　ANB 指令使用

注意：

（1）几个并联电路块串联时，并联电路块开始用 LD 或 LDI 指令，结束时用 ANB 指令。

（2）单个触点与前面电路并联或串联时不能用电路块指令。

7. NOP 空操作指令与 END 结束指令

NOP：一条无动作、无目标元件、仅占 1 个程序步的指令，故称空操作指令。NOP 指令的作用有两个：一是在 PLC 的执行程序全部清除后，用 NOP 显示；二是用于修改程序。其具体的操作是：在编程的过程中，预先在程序中插入 NOP 指令，则修改程序时，可以使步序号的更改减少到最少。此外，还可以用 NOP 来取代已写入的原指令，从而修改电路。

END：用于程序的结束，是一条无目标元件的 1 个程序步指令。在程序调试过程中，按段插入 END 指令，可以顺序扩大对各种程序动作的检查。

NOP 及 END 指令的使用说明见表 2-17。

表 2-17 NOP 及 END 指令使用说明

梯形图	指 令	功 能	操作元件	程序步
├─┤├─[NOP]┤	NOP	无动作	无	1
├─┤├─[END]┤	END	输入输出处理及返回 0 步	无	1

三、PLC 控制系统设计

1. PLC 控制系统设计的一般原则

任何一种电气控制系统都是为了实现被控对象的工艺要求，以提高生产效率和产品质量。因此，在设计 PLC 控制系统时，应遵循以下基本原则：

（1）最大限度地满足被控对象的控制要求。

（2）在满足控制要求的前提下，力求使控制系统简单、经济、实用，维修方便。

（3）保证控制系统的安全、可靠。

（4）考虑到生产发展和工艺改进，在选择 PLC 容量时，应适当留有余量。

2. PLC 控制系统设计的基本内容

PLC 控制系统是由 PLC 与用户输入/输出设备连接而成。因此，PLC 控制系统的基本内容包括以下几点：

（1）选择用户输入设备、输出设备以及由输出设备驱动的控制对象。

（2）PLC 的选择。选择 PLC 应包括机型、容量、I/O 点数的选择、电源模块以及特殊功能模块的选择等。

（3）分配 I/O 点，绘制电气连接接口图，考虑必要的安全保护措施。

（4）设计控制程序，包括梯形图、语句表或控制系统流程图。

（5）必要时还需设计控制台。

（6）编制系统的技术文件，包括说明书、电气图及电气元件明细表等。

3. PLC 控制系统设计的一般步骤

（1）流程图功能说明：

① 根据生产的工艺过程分析控制要求。

② 根据控制要求确定所需的用户输入、输出设备，据此确定 PLC 的 I/O 点数。

③ 选择 PLC。

④ 分配 I/O 点，设计 I/O 电气接口连接图。

⑤ 进行 PLC 程序设计，同时可进行控制台的设计和现场施工。

（2）PLC 程序设计的步骤：

① 对于复杂的控制系统，需绘制系统流程图。

② 设计梯形图。

③ 根据梯形图编制程序清单。

④ 用编程器将程序输入到 PLC 的用户存储器中，并检查输入的程序是否正确。

⑤ 对程序进行调试和修改。

⑥ 待控制台及专场现场施工完成后，进行联机调试。

⑦ 编制技术文件。

⑧ 交付使用。

四、FX_{2N} 系列 PLC 编程软件及使用

不同类型的 PLC，其使用的编程软件是不一样的。这些软件一般都具有编程及程序调试等多种功能，是 PLC 用户不可缺少的开发工具。以下介绍三菱 FX_{2N} 系列 PLC 使用的 GX Developer Ver.7 编程软件，该软件具有丰富的工具箱和直观的视窗界面。支持比它版本低的所有三菱系列的 PLC 进行软件编程。

（一）软件的安装

GX Developer Ver.7 是基于 Windows 的应用软件，可在 Windows 95/98/2000 及其以上操作系统下运行。运行 GX Developer Ver.7，可通过梯形图符号、指令表语句和 SFC 符号创建及编辑程序，也可以在程序中加入中文、英文注释，还能够监控 PLC 运行时各编程元件的状态及数据变化，而且还具有程序和监控结果的打印功能。

安装时，打开 PLC 编程软件文件夹，再打开 EnvMEL 文件，安装 SETUP 应用文档，安装完后返回，打开 Update 文档解压。若是 Windows 98/2000 系统，则解压 AXDIST，Windows 95 系统解压 dcom95，解压完后返回，双击 SETUP 安装即可。之后，则可按照软件提示，输入姓名和公司名称，再输入产品序列号，在选择部件过程中直接进行下一步的操作，完成安装工作。软件安装路径可以使用默认子目录，也可以单击“浏览”按钮弹出对话框选择或新建子目录。在安装结束时，向导会提示安装过程的完成。安装好后可以在“开始”程序中打开 GX Developer 文件。利用软件编好程序后，必须传给 PLC 才能执行相应的动作，传送的过程需要用专用通信电缆进行连接，电缆的一头接计算机的 RS-232 口，另一头接在“PLC”的 RS-422 通信口上。同时 PLC 要打在“RUN”位置才能正常工作。安装过程如图 2-10 所示。

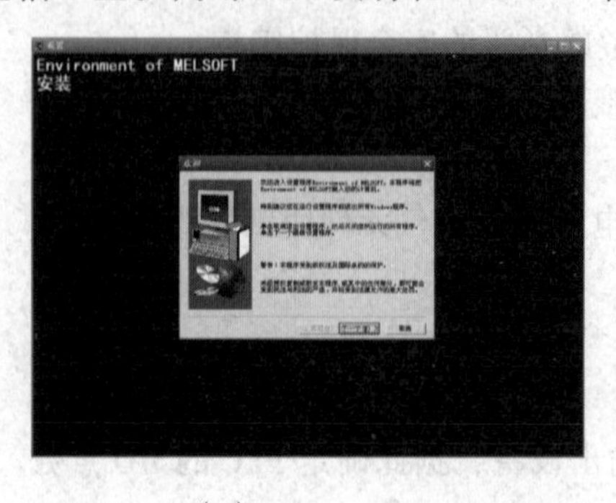

（a）

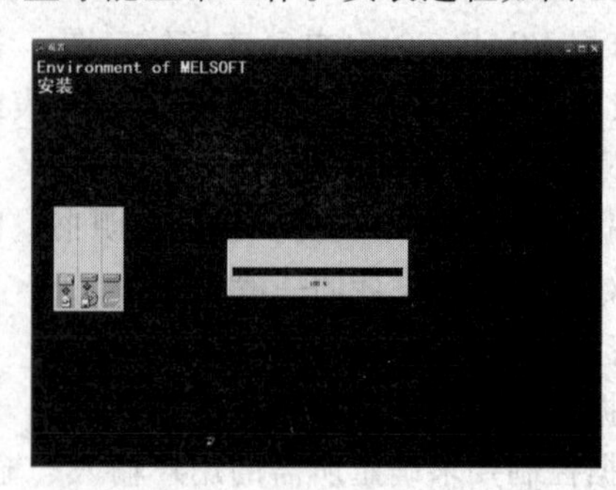

（b）

图 2-10　GX Developer Ver.7 软件的安装

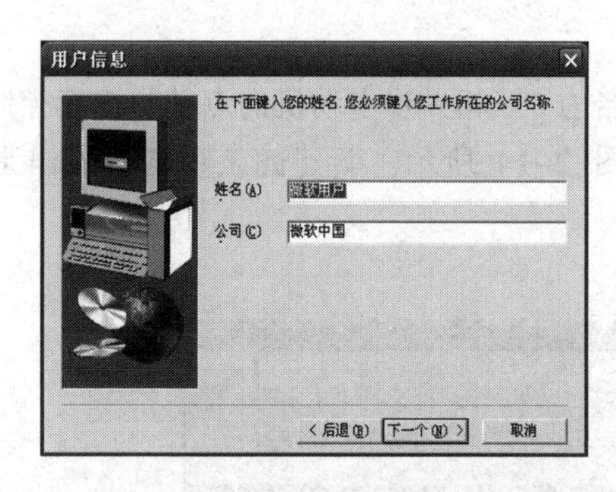

(c)

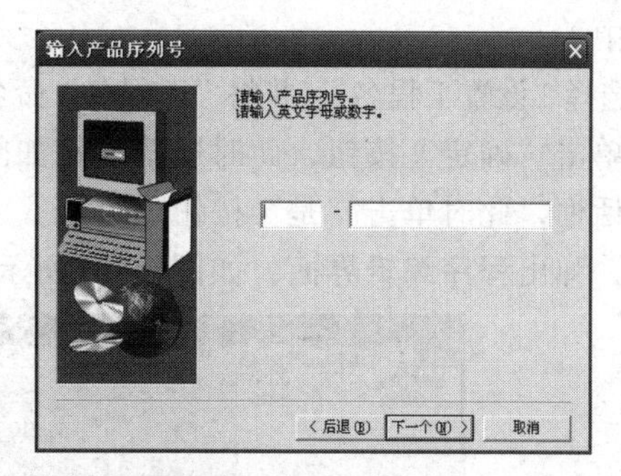

(d)

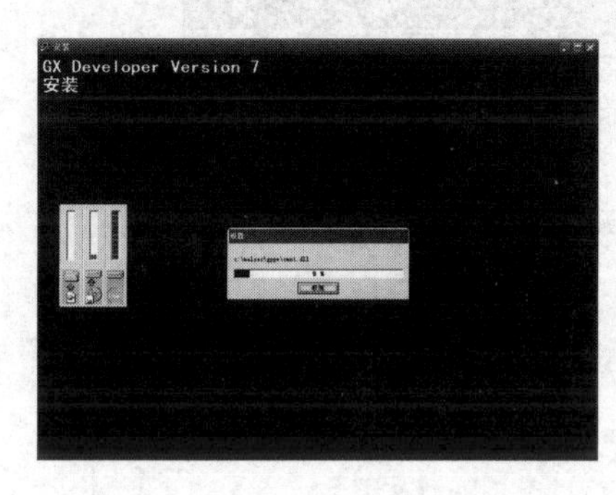

(e)

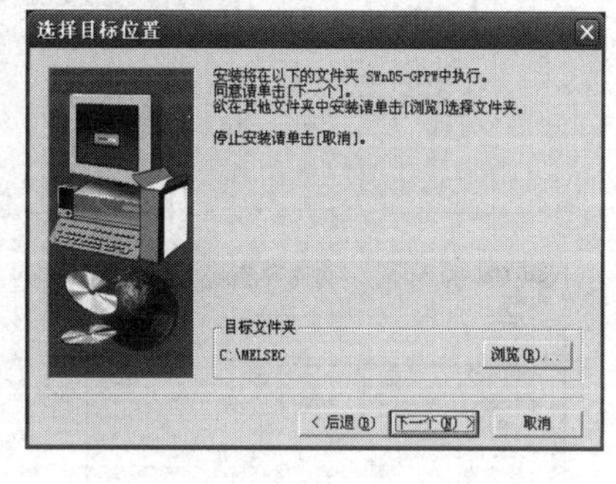

(f)

图 2-10　GX Developer Ver.7 软件的安装（续）

（二）软件的使用

1. 打印编程软件窗口

启动计算机后，双击桌面上三菱 PLC 的应用程序 MELSOFT 系列的编程软件图标 GX Developer，弹出如图 2-11 所示的未生成工程的编程软件窗口。

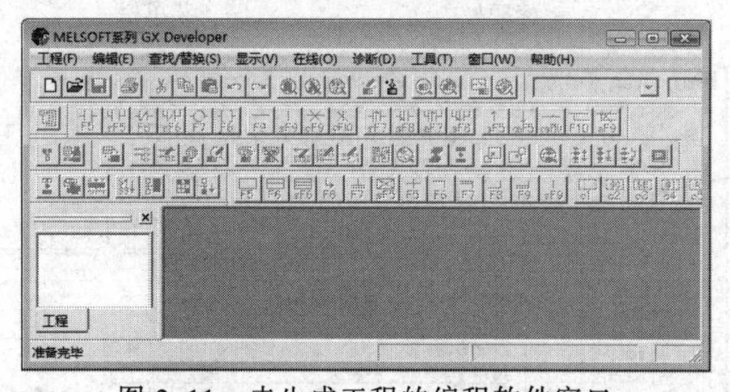

图 2-11　未生成工程的编程软件窗口

2. 新建一个用户程序

选择“工程”菜单中的“创建新工程”命令（见图 2-12），创建一个新的用户程序。在弹出的“创建新工程”对话框（见图 2-13）中进行如下设置：

（1）选择“PLC 系列”为 FXCPU。

（2）选择“PLC 类型”为 FX2N(C)。

（3）选择“程序类型”为“梯形图”。

（4）选择“驱动器/路径”为“D：/三菱 PLC 用户程序”（建议将用户程序保存在 C 盘以

外的分区中）。

（5）选择“设置工程名”，并将“工程名”命名为“三相异步电动机的点动与连续控制程序”。

（6）单击“确定”按钮，此时屏幕显示如图 2–14 所示。新建的工程均会跳出是否新建工程的对话框，此时单击“是”按钮即可。

然后，弹出程序编辑界面，如图 2–15 所示。

图 2–12　创建新工程

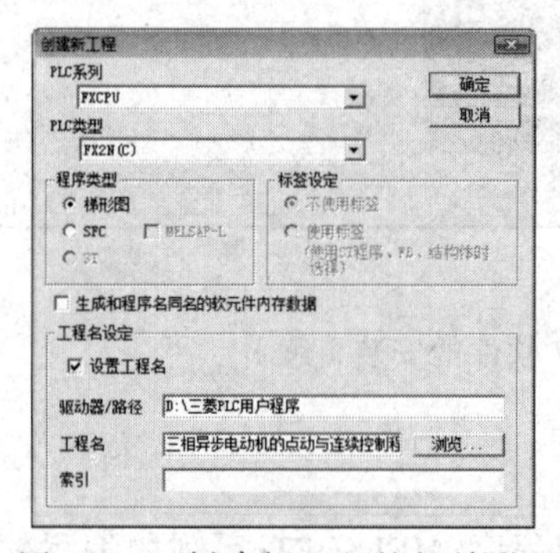

图 2–13　创建新工程的相关设置

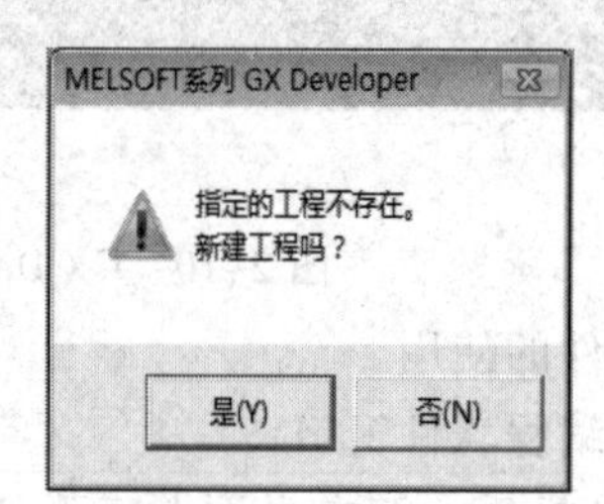

图 2–14　新建工程

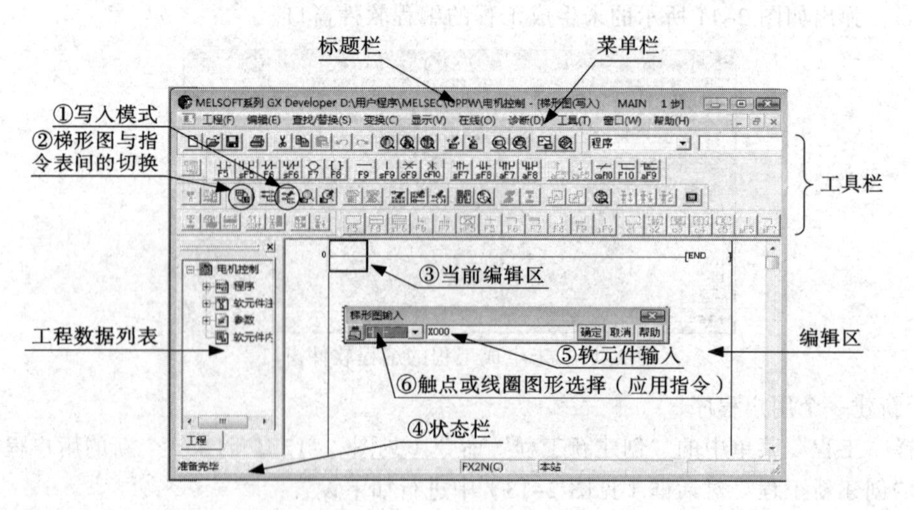

图 2–15　程序编辑界面

3. 梯形图程序的录入与编辑

图 2–16 所示为图 2–3 三相异步电动机的连续控制线路梯形图。

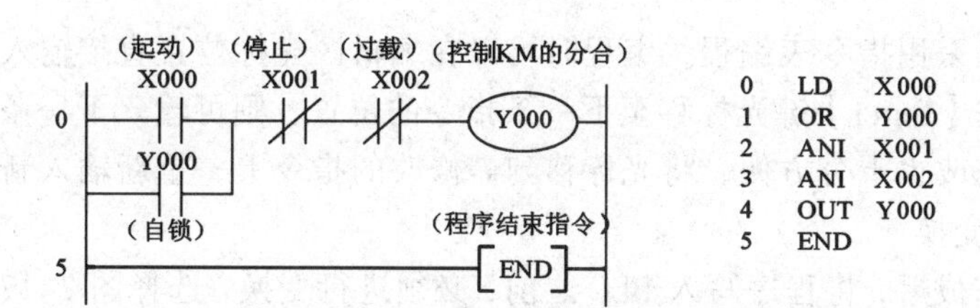

图 2-16　三相异步电动机连续控制电路的梯形图程序与指令表程序

下面以此为例说明用 GX Developer 软件录入程序的方法。

（1）单击图 2-15 所示程序编辑界面的①位置的按钮，使其为写入模式。

（2）单击图 2-15 所示程序编辑界面的②位置的按钮，选择梯形图显示。

（3）在图 2-15 所示程序编辑界面的③位置的当前编辑区进行梯形图的录入。

（4）梯形图的录入有两种方法：

① 鼠标操作+键盘操作：用鼠标选择工具栏中的图形符号 $\frac{\dashv\vdash}{F5}$ 或按【F5】键，打开梯形图输入窗口（见图 2-15），然后在⑥和⑤位置输入其软元件与元件编号，输入完毕后单击“确定”按钮或按【Enter】键即可。

② 键盘操作：通过键盘输入完整的指令。例如，在图 2-15 所示的当前编辑区的位置直接输入：LD→空格→X000→Enter，则 X000 的常开触点在当前编辑区显示出来。然后再输入：OR→空格→Y000→Enter、ANI→空格→X001→Enter、ANI→空格→X002→Enter、OUT→空格→Y000→Enter，即完成图 2-16 梯形图的录入。图 2-17 所示为变换前的梯形图。

需输入功能指令时，单击应用指令弹出如图 2-18 所示的对话框。在对话框中写入功能指令的助记符及操作数并单击“确定”按钮，输入时助记符与操作数间要有空格。如果执行脉冲指令，P 直接加在助记符后；对于 32 位指令，D 直接加在指令助记符前。

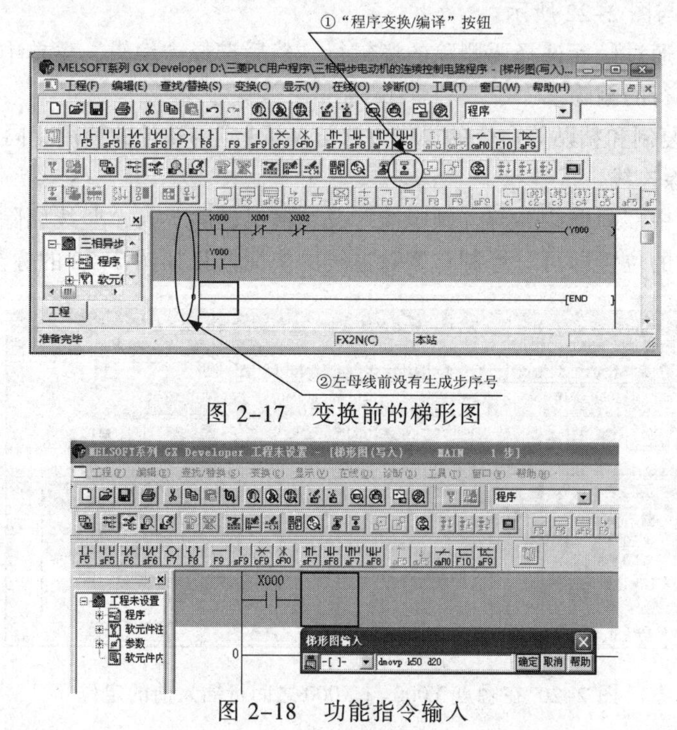

图 2-17　变换前的梯形图

图 2-18　功能指令输入

另外，也可以采用指令表编程，编程时可以在编辑区光标位置直接输入指令表，一条指令输入完毕后，按【Enter】键光标移至下一条指令的位置，则可输入下一条指令。指令表编辑方式中指令的修改也十分方便，将光标移到需修改的指令上，重新输入新指令即可。

4. 梯形图的变换

梯形图录入完成后，将程序写入 PLC 之前，必须进行变换，选择图 2-17 菜单栏中的“变换”→“变换”命令或按键盘上的【F4】键或单击①位置所示的按钮，此时编辑区不再是灰色状态（见图 2-19），可以存盘或向 PLC 传送数据。

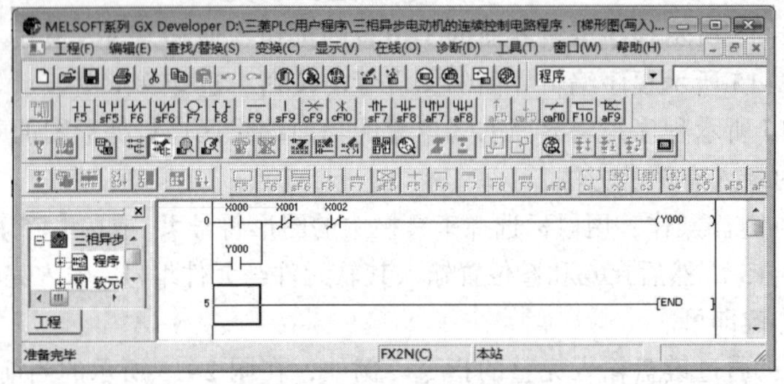

图 2-19　变换后的梯形图

5. 程序的插入与删除

梯形图编程时，经常用到插入和删除一行、一列、一逻辑行等命令，下面分别进行介绍。

（1）插入：将光标定位在要插入的位置，然后选择“编辑”→“行插入”命令，就可以输入编程元件，从而实现逻辑行的输入。在并联触头 Y000 与 X000 之间行插入的演示过程如图 2-20、图 2-21 与图 2-22 所示。

（2）删除：先通过鼠标选择要删除的逻辑行，然后选择“编辑”菜单中的“行删除”命令就可以实现逻辑行的删除。

元件的剪切、复制和粘贴等命令的操作方法与 Word 应用软件的使用相同，这里不再赘述。

6. 绘制与删除连线

需要在梯形图中“画横线”与“画竖线”及“横线删除”与“竖线删除”时，只需将光标定位在需要操作的位置即可。绘制与删除连线的快捷按钮如图 2-22 的标注所示。

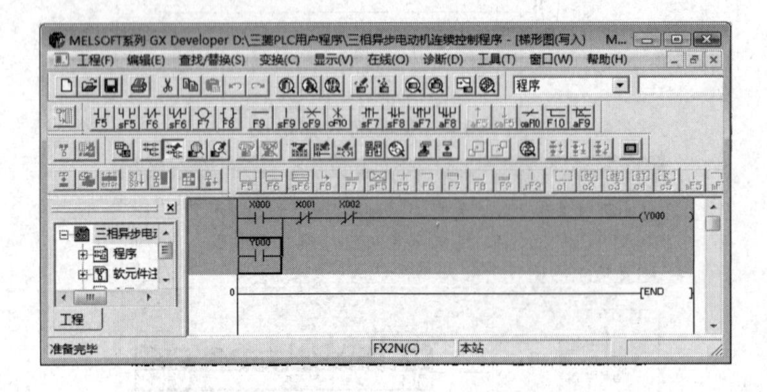

图 2-20 在触点 Y000 与 X000 之间行插入前的定位

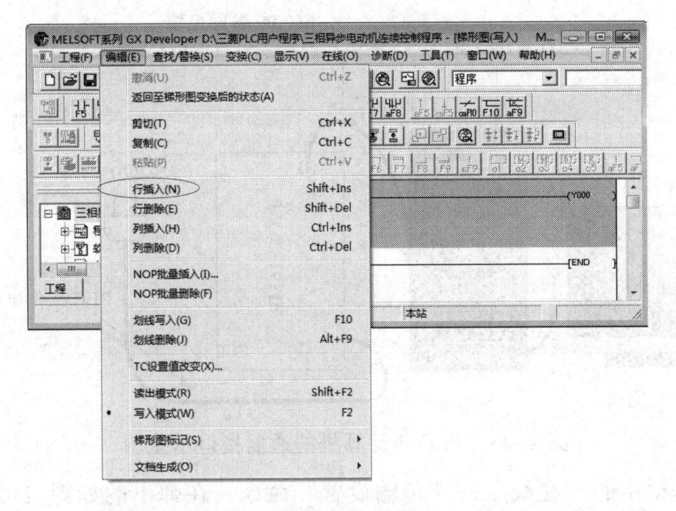

图 2-21　选择“编辑”菜单中的“行插入”命令

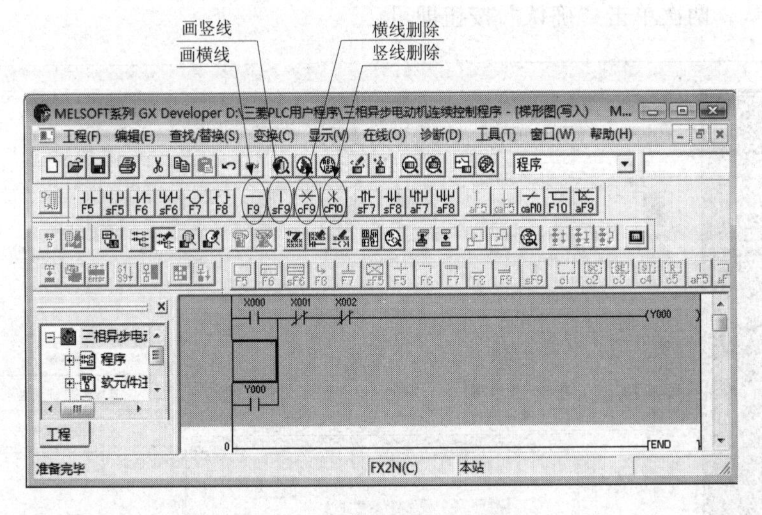

图 2-22　等待要插入的指令

7. 修改

若发现梯形图的某处有错误，可进行修改操作，例如，将图 2-22 中的 X002 改为常开触点。首先在“写入模式”下，将光标放在需要修改的位置，直接从键盘输入指令即可。也可以双击需要修改的位置，在弹出的“梯形图输入”对话框中完成编辑。

8. 程序传送

要将用 GX 软件编号的程序写入 PLC 中或将 PLC 中的程序读到计算机的显示器中显示，需要进行以下操作：

(1) 用专用编程电缆将计算机的 RS-232 接口（9 针端口）和 PLC 的 RS-422 接口（7 针端口）连接好，也可以采用三菱 PLC 配套的 SC-09 编程电缆进行通信，如图 2-23 所示。

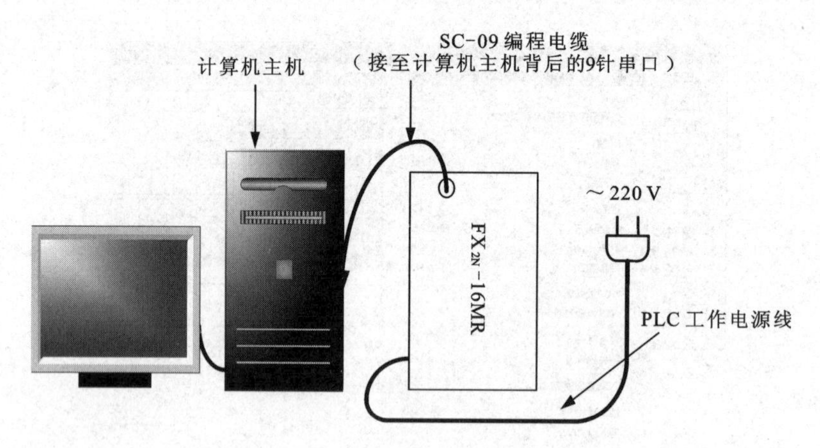

图 2-23　PLC 与计算机的通信接口示意图

（2）选择菜单栏中的“在线”→“传输设置”命令。在弹出的如图 2-24 所示的对话框中双击“串行” 按钮，弹出“PC I/F 串口详细设置”对话框，选择计算机串口及通信速率，其他项保持默认，两次单击“确认”按钮即可。

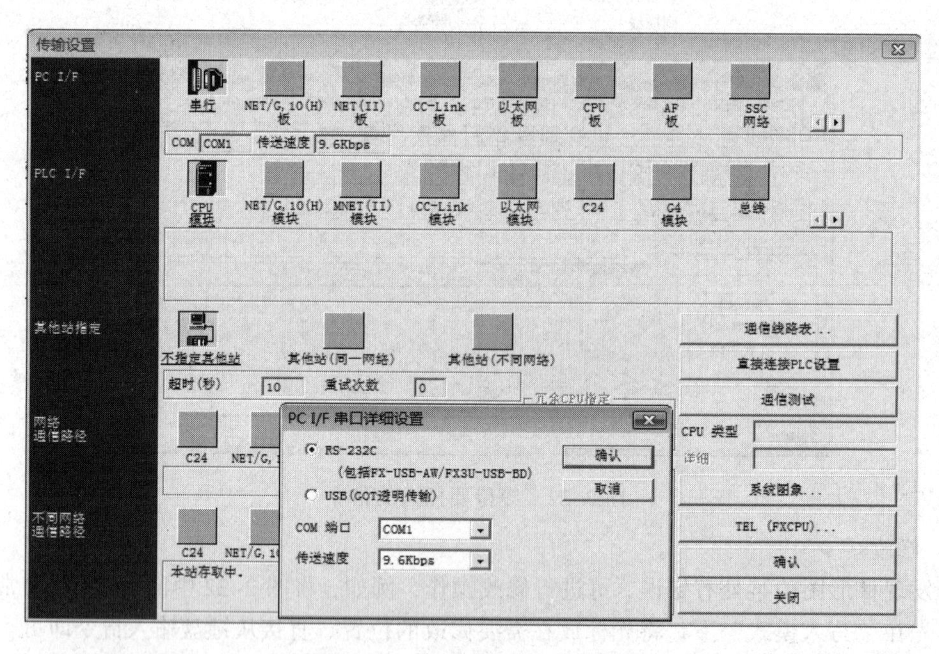

图 2-24 “传输设置”对话框

（3）程序传送：

选择“在线”菜单中的“PLC 读取（R）”命令,可将 PLC 中的程序传送到计算机中。

选择“在线”菜单中的“PLC 写入（W）”命令,可将计算机中的程序下载到 PLC 中。

“PLC 读取”与“PLC 写入”两个命令的位置如图 2-25 所示。

（4）程序下载到 PLC：程序编辑完成后，如果没有变换保存就关闭工程，编写好的梯形图将丢失。只有经过变换后才能下载到 PLC 中运行。这时需选择菜单栏中的“在线”→“PLC 写入”命令，弹出图 2-26 所示的对话框，在“文件选择”选项卡中选中程序下的 MAIN，单击“执行”按钮，弹出如图 2-27 所示的“是否执行 PLC 写入”对话框后单击“是”按钮，然后弹出如图 2-28 所示的对话框，程序写好之后出现如图 2-29 所示的对话框，确定之后关闭图 2-15 所示的界界面即将完成了程序下载到 PLC 中的过程。

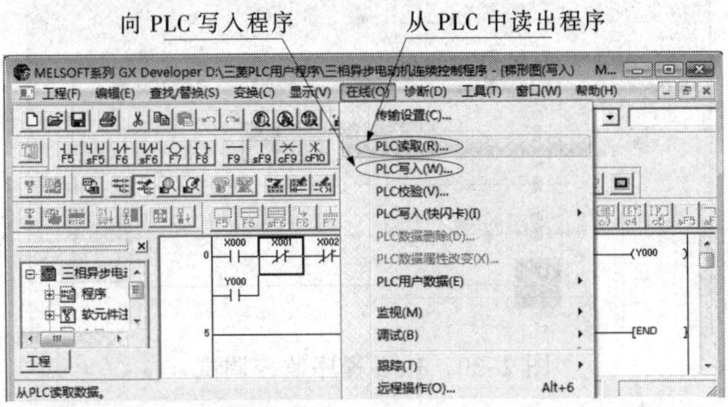

向 PLC 写入程序　　从 PLC 中读出程序

图 2-25　“PLC 读取”与“PLC 写入”命令

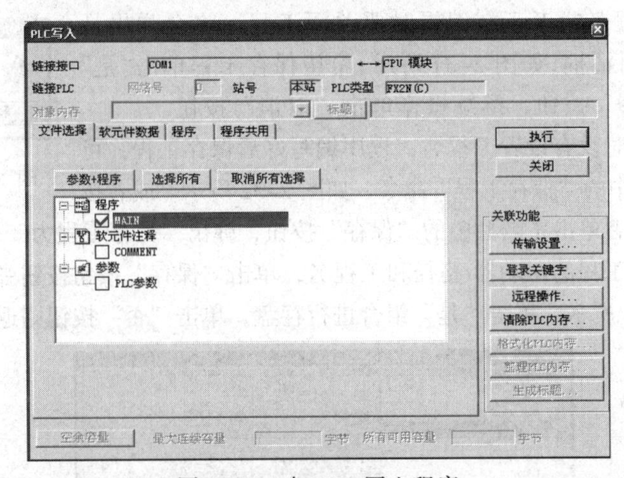

图 2-26　向 PLC 写入程序

图 2-27　是否执行 PLC

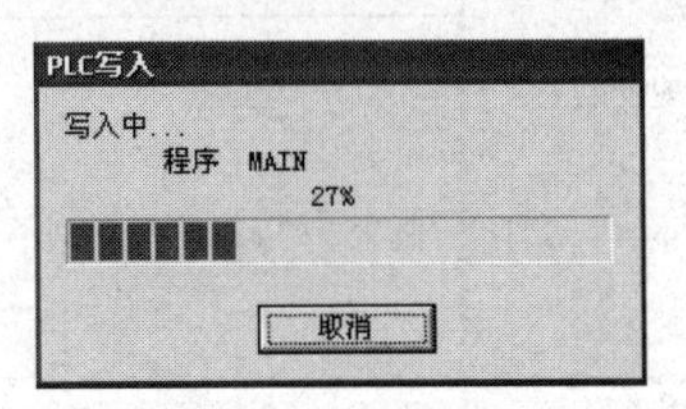

图 2-28　PLC 写入中

图 2-29　PLC 写入完成

9. 程序运行及调试

程序编完之后，经过变换，可以选择菜单栏中的“诊断”→“PLC 诊断”命令对程序进行检查，如果有违反编程规则的问题，软件会提示程序存在的错误。如果没有违反编程规则，需要运行及调试才能发现程序中不合理的地方并且进行修改完善，使其用于现场控制。利用 GX Developer 编程软件的监控功能，可实现程序的模拟运行和调试。

程序下载后保持编程计算机与 PLC 的正常连接，选择菜单栏中的“在线”→“监视”→“监控模式”命令即可进入元件监控状态。这时，梯形图上将显示 PLC 中各触点的状态及各数据存储单元的数值变化，如图 2-30 所示，图中有长方形光标显示的位元件处于接通状态。根据控制要求可以判断所编写程序的动作是否符合要求，不正确时再进行修改直到符合要求为止。

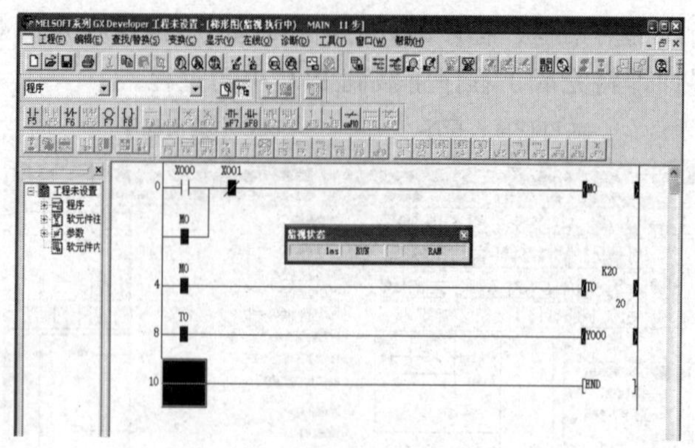

图 2-30　PLC 程序监控调试

10. 保存工程

如果未设定工程名或者正在编辑时要关闭工程，将会弹出是否保存当前工程的对话框，如图 2-31 所示。希望保存工程单击“是”按钮，否则单击“否”按钮，继续操作单击“取消”按钮。

图 2-31　是否保存工程

如果创建新工程时没有设置工程名，程序编写好后保存工程，可以选择“工程”菜单中的“保存工程”命令，如图 2-32 所示。或者按【Ctrl+S】组合键，或者单击工具栏中的“保存”按钮，弹出“另存工程为”对话框，如图 2-33 所示。选择所要保存工程的驱动器/路径和工程名，单击“保存”按钮按钮弹出“新建工程”确认对话框，如图 2-34 所示。单击“是”组合进行存盘，单击“否”按钮则返回到上一层。

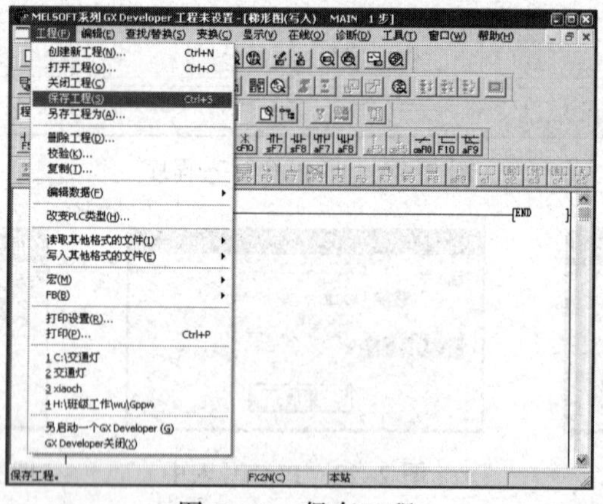

图 2-32　保存工程

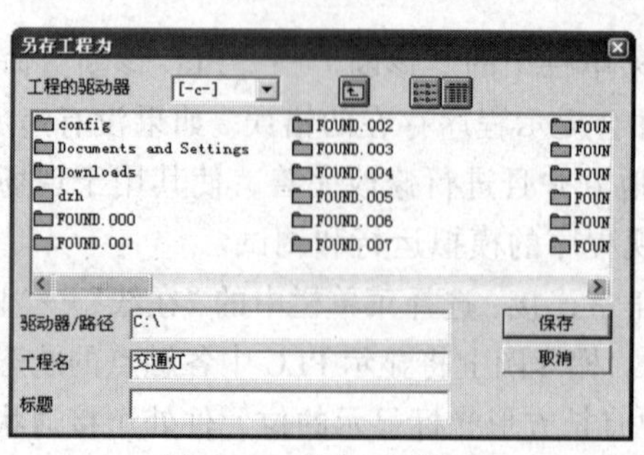

图 2-33 另存工程

图 2-34　新建工程的确认

另外，该软件可以读取已保存的工程；不需要的程序也可以进行工程的删除；可以进行同一 PLC 类型的 CPU 工程中的数据校验；还可以进行梯形图与 SFC 程序的相互转变；或者读取其他格式的文件等。

思考练习

1. 指出表 2-3 与表 2-5 中信息的相同点与不同点。

2. 在专业能力拓展环节中，两种不同控制逻辑电路在接线上有何异同？进一步体会 PLC “软”控制逻辑的特点。

3. 前面的梯形图所用的触点都是电平触发，可以改为边沿触发吗？试着修改并进行调试。

任务三 用 PLC 实现彩灯的控制

任务目标

（1）掌握编程元件定时器与计数器的使用方法及其应用。

（2）能用块并指令 ORB 与块串指令 ANB，堆栈指令 MPS、MRD、MPP，主控指令 MC、MCR，上升沿微分输出指令 PLS 与下降沿微分输出指令 PLF 等编写彩灯控制的梯形图并能进行线路的安装与调试。

（3）会利用所学指令编写梯形图完成脉冲发生器、振荡电路、分频电路等常用的逻辑功能电路设计。

（4）掌握用编程器对用户程序的编辑及监视程序运行状态。

（5）提高自我学习、信息处理、数字应用等方法能力及与人交流、与人合作、解决问题等社会能力；自查 6S 执行力。

任务描述

一、专业能力训练环节一

随着社会市场经济的不断繁荣和发展，各种装饰彩灯、广告彩灯越来越多地出现在城市中。在大型晚会的现场，彩灯更是成为不可缺少的一道景观。小型的彩灯多为采用霓虹灯管做成各种各样和多种色彩的灯管，或是以日光灯、白炽灯作为光源，另配大型广告语、宣传画来达到效果。这些灯的控制设备多为数字电路。而在现代生活中，大型楼宇的轮廓装饰或大型晚会的灯光布景，由于其变化多、功率大，数字电路则不能胜任。针对 PLC 日益得到广泛应用的现状，不同变化类型的彩灯控制中，如灯的亮灭、闪烁时间及流动方向的控制均可通过 PLC 来达到控制要求。

图 3-1 所示为彩灯电路实验板面板模型，彩灯应用在日常生活中十分常见，它既可以实现灯光的发射型、收缩型效果，也可以实现灯光的循环流动型效果，不同的组合与不同的设计要求能得到不同的灯光效果。

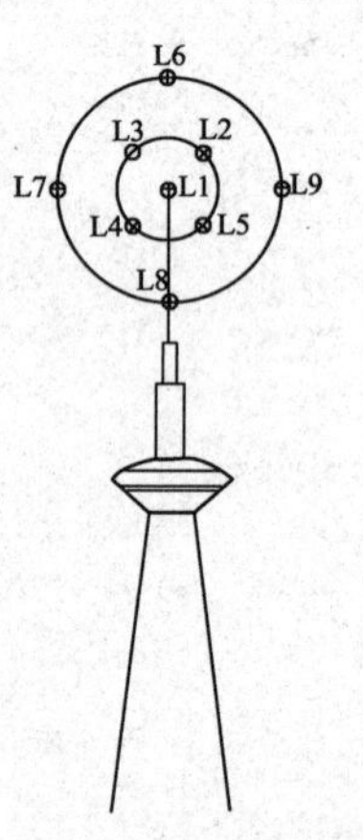

图 3-1 彩灯实验板

控制要求：按下启动按钮，L1 亮 1s 后灭，接着 L2、L3、L4、L5 亮，1s 后灭，再接着 L6、L7、L8、L9 亮 1s 后灭，L1 又亮，如此循环下去。

要求如下：

（1）分析上述电路工作过程，并在 PLC 学习机上用实验板模拟调试程序。

（2）按照控制要求设计 PLC 的输入/输出（I/O）地址分配表。

（3）按照控制要求进行 PLC 的输入/输出（I/O）接线图的设计。

（4）按照控制要求进行 PLC 梯形图程序的设计。

（5）按照控制要求进行 PLC 指令程序的设计。

（6）程序调试正确后，笔试回答表 3-1 的核心问题，评分标准见表 2-8。

（7）工时：60 分钟，每超时 5 分钟扣 5 分。

（8）配分：本任务满分为 100 分，比重占 40%。

二、专业能力训练环节二

对彩灯进行控制时，除了可利用定时器进行控制，还可利用计数器来完成对彩灯控制系统的设计。

控制要求：用一个按钮开关（X0）控制 3 个灯（Y1、 Y2、Y3），按三下按钮 1 # 灯亮，再按三下按钮 2 # 灯亮，再按三下按钮 3#灯亮，再按一下按钮全灭，以此反复。

要求如下：

（1）分析上述控制要求，并在 PLC 学习机上用实验板模拟调试程序。

（2）按照控制要求采用四步设计法进行 PLC 程序的设计。

（3）程序调试正确后，笔试回答表 3-1 的核心问题，评分标准见表 2-8。

（4）工时：90min，每超时 5 min 扣 5 分。

（5）配分：本任务满分为 100 分，比重占 40%。

三、职业核心能力训练环节

以小组为单位总结以上两个任务的实施经验，并回答教师提出的问题。经验汇报要求与任务一的职业核心能力训练环节相同。

配分：本任务满分为 100 分，比重占 20%。职业核心能力评价表同任务一的表 1-14～表 1-17。

四、专业能力拓展训练环节

进一步加强定时器与计数器的灵活应用。

1. 控制要求

（1）脉冲电路：设计周期为 50 s 的脉冲发生器，将其断开 30 s，接通 20 s，时序图如图 3-2 所示。其中，X0 外接的是带自锁的按钮。

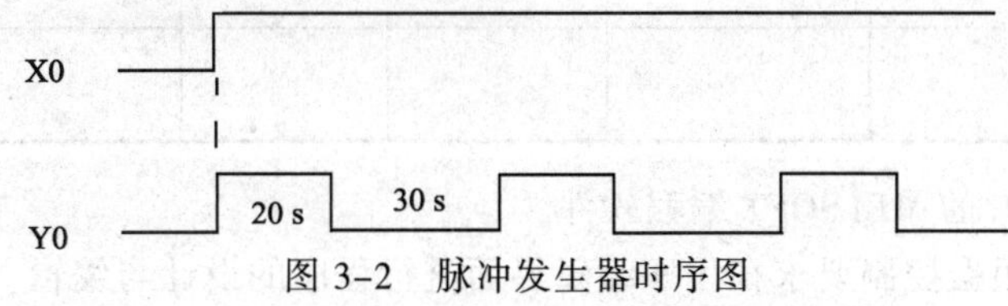

图 3-2 脉冲发生器时序图

（2）分频电路：图 3-3 所示为二分频电路时序图，X0 为要分频的输入信号，Y0 为分频后的脉冲信号，利用微分指令设计 PLC 梯形图。

2. 设计要求

（1）分析上面两个时序图，并在 PLC 学习机上用实验板模拟调试程序。

（2）按照控制要求采用四步设计法进行 PLC 程序的设计。

（3）程序调试正确后，笔试回答表 3-4 的核心问题，评分标准见表 2-8。

X0

M0

Y0

图 3-3　二分频电路时序图

任务实施

一、训练器材

PLC 实训设备、连接导线、彩灯模拟实验板、投影仪、激光笔、翻页笔。

二、预习内容

（1）复习基本指令，并进一步学习本任务相关知识中 PLC 的基本指令。

（2）了解并熟悉 PLC 定时器和计数器的使用方法。

（3）复习 PLC 程序设计的原则、步骤和方法。

三、训练步骤

1. “专业能力训练环节一”训练步骤

（1）简要说明“专业能力训练环节一”的要求后，先对相关知识中的相关指令进行说明，解决在预习过程中遇到的困难，并对定时器和计数器的使用方法进行分析，结合本任务要求讲解分析，之后各自在 PLC 学习机上进行彩灯控制的发光二极管的模拟调试，并填写表 3-1。

表 3-1　笔试回答核心问题

自检 要求	将合理的答案填入相应栏目		扣　分		得　分	
	专业能力训练环节一	专业能力训练环节二	一	二	一	二
PLC 的输入/输出（I/O）地址分配表						
PLC 的输入/输出（I/O）接线图						
PLC 梯形图序的设计						
PLC 指令程序的设计						

① 运行三菱 PLC 的 MELSOFT 编程软件。

② 程序录入。根据控制要求在程序编辑界面进行程序的设计与编辑。

③ 根据表 3-1 已经设计好的 PLC 输入/输出（I/O）接线图进行 PLC 外围电路的连接。

④ 在 PLC 学习机上接通 PLC 的工作电源与发光二极管的驱动电源。

⑤ 按下启动按钮，观察发光二极管的亮灭情况是否符合彩灯控制的功能要求。

⑥ 按下停止按钮，观察发光二极管的亮灭情况是否符合停机控制要求。

⑦ 若不符合控制要求则进行程序的修改，若符合要求，则对程序设计的 4 个基本要素进行整理与总结，并修改表 3-1。

⑧ 注意事项同任务二中要求。

（2）程序调试成功后按照正确的断电顺序与拆线顺序进行 PLC 外围线路的拆除，并整理好工位，待对自己的“专业能力训练环节一”进行评价后，简要小结本环节的训练经验并填入表 3-2，进入能力训练环节二的能力训练。

表 3-2 “专业能力训练环节一”经验小结

经验小结：

（3）实训指导教师对本任务的实施情况进行小结与评价。

2. “专业能力训练环节二”训练步骤

（1）在“能力训练环节一”的基础上，利用计数器对电路进行设计，由于前面已基本具备了简单 PLC 控制系统的输入/输出（I/O）地址分配和输入/输出（I/O）接线能力，因此本环节不再强调，重点是对程序设计方法的掌握。

具体步骤如下：

① 具体说明训练要求，强调计数器的应用，引导成员设计利用计数器实现彩灯控制的电路。

② 要求每个成员独立完成本环节中的设计，填入表 3-1 中。

③ 其他要求同“专业能力训练环节一”训练步骤中的要求类似，完成后简要小结本环节的训练经验并填入表 3-3。

表 3-3 “专业能力训练环节二”经验小结

经验小结：

（2）实训指导教师对本任务的实施情况进行小结与评价。

3. “职业核心能力训练环节”训练步骤

职业核心能力的训练步骤与训练要求同任务一。

4. “专业能力拓展训练环节”训练步骤

在前面任务完成的基础上，部分成员可以进行以下的练习，采用不同的思路及方法设计

脉冲电路及分频电路以拓展思维。

（1）明确训练要求，强调计数器的应用，分析时序图，并可先对其一的设计方法进行分析讲解，以引导设计的思路

（2）要求每个成员独立完成本环节中几个时序图的设计，填入表 3-4 中。

表 3-4　笔试回答核心问题

自检 序号	将合理的答案填入相应栏目		扣分	得分
	梯形图	指令表		
图 3-2 题				
图 3-3 题				

（3）其他要求同“专业能力训练环节一”训练步骤中的要求类似。

（1）专业能力训练环节一、环节二的评价标准见任务二中表 2-8。

（2）职业核心能力评价表同任务一的表 1-14～1-17。

（3）个人单项任务总分评定建议按照表 2-10 进行。

一、FX_{2N} 系列内部资源（二）

三菱 FX_{2N} 系列 PLC 的编程软元件除了前面任务二所介绍的以外，还有常数 K/H、定时器 T、计数器 C 等，下面继续介绍 PLC 常用的编程软元件的名称、编号、数量和使用方法。

1. 常数 K/H

常数也作为一种软器件处理，因为无论在程序中或 PLC 内部存储器中它都占有一定的存储空间。十进制常数用 K 表示，如十进制常数 234 表示成 K234；十六进制则用 H 表示，如十六进制常数 234 表示成 H234。

2. 定时器 T

各种 PLC 都设有数量不等的定时器，其作用相当于时间继电器。所有定时器都是通电延时型，可以用程序编制成具有断电延时功能的时间继电器。在程序中，定时器总是与一个定时设定值常数一起使用，并根据时钟脉冲累加计时。当所计时间达到设定值时，其输出动合或动断触点动作。定时器输出触点可供编程使用，使用次数不限。

FX_{2N} 系列 PLC 中共有 256 个定时器，见表 3-5。

表 3-5　FX_{2N} 系列 PLC 的定时器

定时器名称	定时器软元件编号	数量/个	计 时 范 围/s
100 ms 普通定时器	T000 ~ T199	200	0.1 ~ 3276.7
10 ms　普通定时器	T200 ~ T245	46	0.01 ~ 327.67

续表

定时器名称	定时器软元件编号	数量/个	计 时 范 围/s
1 ms 积算定时器	T246 ~ T249	4	0.001 ~ 32.767
100 ms 积算定时器	T250 ~ T255	6	0.1 ~ 3276.7

它们的使用方法如下：

（1）普通定时器：可编程序逻辑控制器中的定时器是对机内 1 ms、10 ms、100 ms 等不同规格时钟脉冲累加计时的。

普通定时器的工作原理与动作时序如图 3-4 所示。当 X000 接通时，普通定时器 T000 线圈被驱动，T000 的当前值计数器对 100 ms 脉冲进行累计（加法）计数，该值与设定值 K20 不断进行比较，当两值相等时，输出触点接通。即定时线圈得电后，其触点延时 2 s（20 × 0.1 s）后动作。驱动 T000 定时器工作的输入软继电器常开触头 X000 复位或输入继电器 X000 断电时，T000 定时器立即复位，T000 延时闭合输出触点也立即复位，等待下一次驱动信号的到来再重新开始定时工作。

值得注意的是：

① 在计时中，计时条件 X000 断开或 PLC 电源停电，计时过程中止且当前值寄存器复位（置 0）。

② 若 X000 断开或 PLC 电源停电发生在计时过程完成且定时器的触点已动作，触点的动作也不能保持。

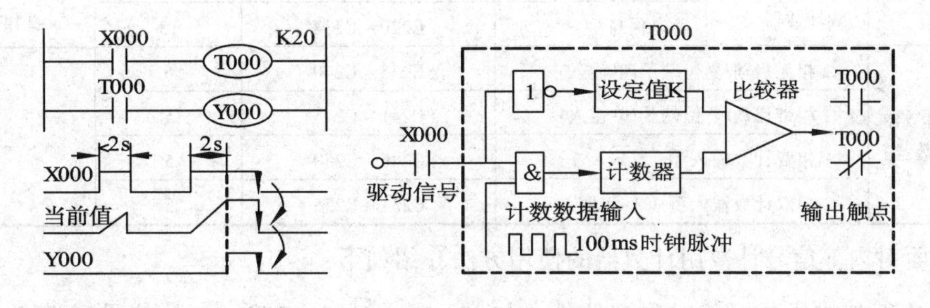

图 3-4　普通定时器工作原理

（2）积算定时器：积算定时器具有断电保持功能，因此也称保持型定时器。

积算定时器的工作原理与动作时序如图 3-5 所示。积算定时器在计时条件失去或 PLC 断电时，其当前值寄存器的内容及触点状态均可保持，可在多次断续的计时过程中“累计”计时时间，所以称为“积算”。因积算定时器的当前值寄存器及触点都有记忆功能，必须在程序中加入专门的复位指令。图中 X001 是复位条件，当 X001 接通执行“RST　T250”指令时，T250 的当前值寄存器及触点同时置 0。

一般情况下，从计时条件采样输入到定时器延时输出控制，其延时最大误差为 2*T*，*T* 为一个程序扫描时间，通常在十几毫秒到几十毫秒之间。

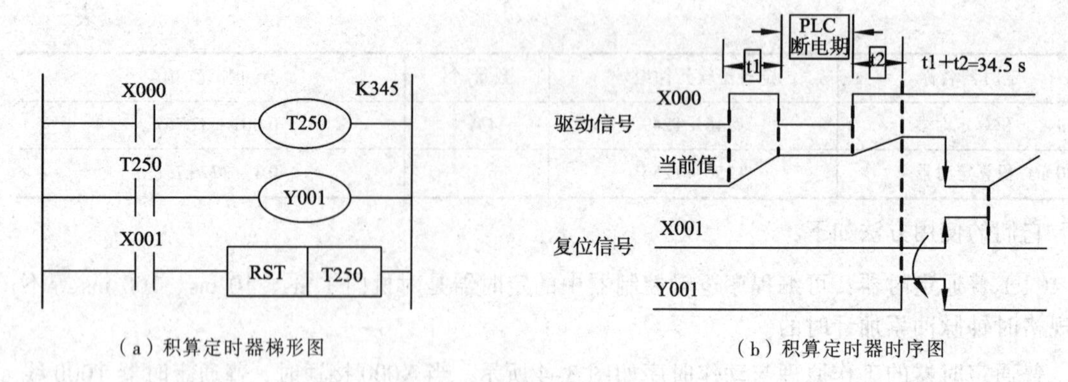

（a）积算定时器梯形图　　（b）积算定时器时序图

图 3-5　积算定时器工作原理

3. 计数器 C

计数器是 PLC 实现逻辑运算和算术运算及其他各种特殊运算必不可少的重要器件，它是由一系列电子电路组成。根据不同用途、工作方式和工作特点，计数器有多种类型。

FX_{2N} 系列 PLC 中共有 256 个计数器，见表 3-6。

表 3-6　FX_{2N} 系列 PLC 的计数器

计数器分类及名称			计数器软元件编号	数量（个）	计数设定值范围
内部信号计数用计数器（内部计数器）	16 位单向增计数器	通用型	C000 ~ C099	100	K1 ~ K32767
		掉电保持型	C100 ~ C199	100	
	32 位双向增/减计数器	通用型	C200 ~ C219	20	–2 147 483 648 ~ +2 147 483 647
		掉电保持型	C220 ~ C234	15	
高速计数器（外部计数器）	1 相无启动/复位端子(单输入)		C235 ~ C240	6	
	1 相带启动/复位端子(单输入)		C241 ~ C245	5	
	1 相双计数输入型		C246 ~ C250	5	
	2 相双计数输入型（A–B 型）		C251 ~ C255	5	

下面对内部信号计数用计数器的使用方法介绍如下：

在执行扫描操作时，对内部器件（如 X、Y、M、S、T 和 C）的信号通/断进行计数的计数器称为信号计数器。为保证信号计数的准确性，要求其接通和断开时间比 PLC 的扫描周期稍长，即机内信号的频率低于扫描频率。因此，内部计数器是低速计数器，也称普通计数器。

（1）16 位增计数器：

从表 3-6 可见，16 位增计数器有“通用型”和“掉电保持型”两种。这两种计数器设定值都在 K1 ~ K32767 范围内，输出触点动作。

16 位增计数器的梯形图与动作时序如图 3-6 所示。X011 为计数输入信号，每接通一次，计数器当前值加 1，达到设定值时计数器输出触点动作。此时，即使 X011 接通，计数器当前值也保持不变。当复位输入 X010 接通（ON）时,执行 RST 指令，计数器复位，当前值变为 0，其输出触点也断开（OFF）。

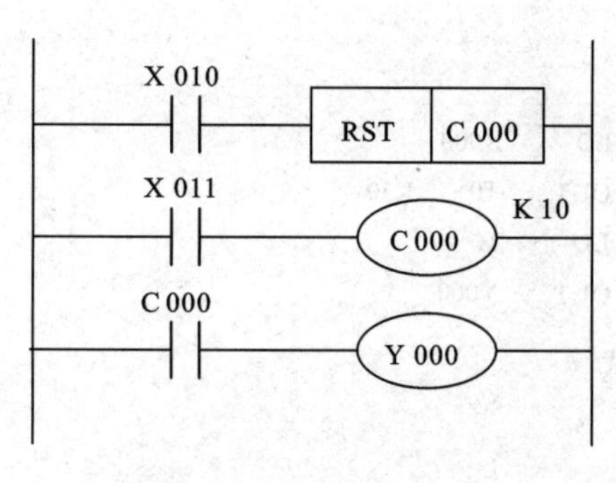

（a）16 位增计数器梯形图

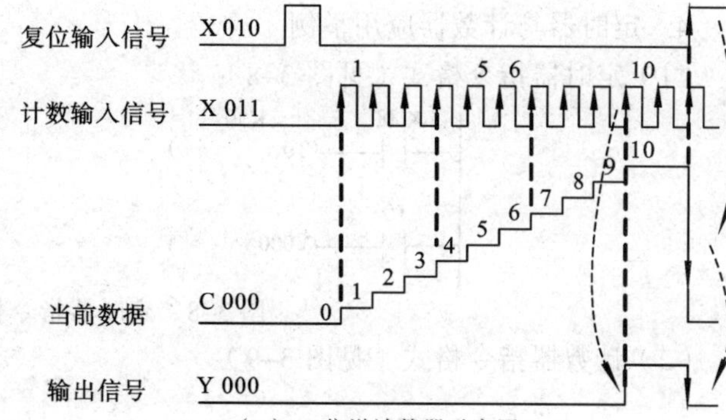

（b）16 位增计数器时序图

图 3-6　16 位增计数器工作原理

计数器的设定值，除了可用常数 K 设定外（在规定设定范围内），也可以间接通过指定数据寄存器来设定，其设定值可超出规定范围。例如，将一个大于规定最大设定值的数用 MOV 指令送入指定数据寄存器，当计数输入达到最大值后，仍能继续读数。

（2）32 位增/减计数器：

从表 3-6 可见，32 位增/减计数器也有“通用型”和“掉电保持型”两种。这两种计数器设定值都在-2 147 483 648 ~ +2 147 483 647 范围内，且在计数器计数值的设定方法上也分直接设定与间接设定两种方法。

- 直接设定：用常数 K 在上述设定范围内任意设定。
- 间接设定：指定某两个地址号紧连在一起的数据寄存器 D 的内容为设定值。

32 位增/减计数器的设定值寄存器为 32 位。由于双向计数，32 位的首位为符号位。设定值的最大绝对值为 31 位二进制数所表示的十进制数。设定值可直接用常数或间接用数据寄存器 D 的内容。间接设定时，要用元件号紧连在一起的两个数据寄存器。

计数的方向（增计数器或减计数器）由特殊辅助继电器 M8200 ~ M8234 设定。

对于C□□□ { 当M8□□□接通（置1）时为减法计数
当M8□□□断开（置0）时为加法计数 }

32 位增/减计数器的梯形图与动作时序如图 3-7 所示。图中 X014 作为计数输入驱动 C200 线圈进行加计数或减计数。X012 为计数方向选择。计数值为-5。当计数器的当前值由-6 增加为-5 时，输出信号 Y001 触点置 1，由-5 减少为-6 时，输出信号 Y001 触点置 0。

32 位增/减计数器为循环计数器。当前值的增减虽与输出触点的动作无关，但从+2 147 483 647 起再进行加计数，当前值就变成-2 147 483 648。从-2 147 483 648 起再进行减计数，则当前值变为+2 147 483 647。

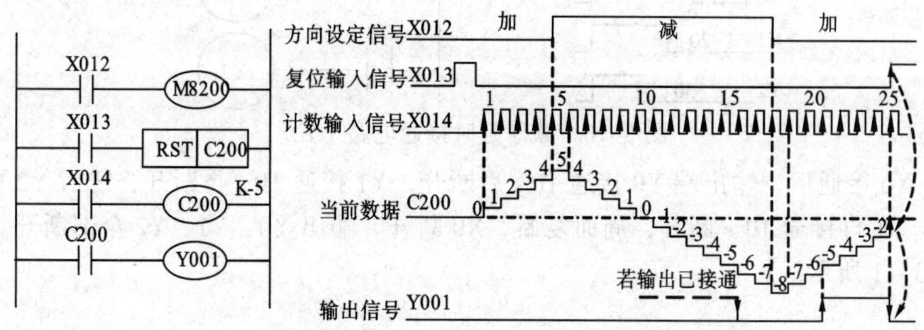

图 3-7　32 位增/减计数器工作原理

4. 定时器与计数器应用举例

（1）定时器指令格式（见图 3-8）：

```
X000          K30
─┤ ├────────(T0        )
T0
─┤ ├────────(Y000      )
```

```
0  LD    X000
1  OUT   T0    K30
4  LD    T0
5  OUT   Y000
```

图 3-8　定时器指令格式

（2）计数器指令格式（见图 3-9）：

```
X000
─┤ ├──[RST    C0    ]
X001              K5
─┤ ├────────────(C0     )
C0
─┤ ├────────────(Y000   )
```

```
0  LD    X000
1  RST   C0
3  LD    X001
4  OUT   C0    K5
7  LD    C0
8  OUT   Y000
```

图 3-9　计数器指令格式

（3）定时器与计数器应用举例：

【例 3-1】延时接通与延时断开功能程序（详见任务六相关知识）。

【例 3-2】长时间延时电路程序（详见任务相关知识）。

【例 3-3】顺序延时接通程序。

① 当 X0 接通后，输出端 Y0、Y1、Y2 按顺序每隔 10 s 输出接通，用 3 个定时器 T0、T1、T2 设置不同的定时时间，可实现按顺序先后接通，当 X0 断开后同时停止，如图 3-10 所示。

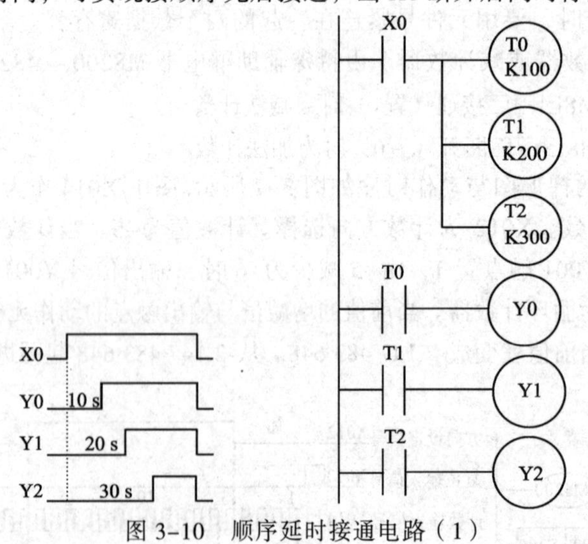

图 3-10　顺序延时接通电路（1）

② 当 X0 接通后，输出端 Y0 接通 10 s 后断开，Y1 接通 10 s 再断开，之后 Y2 接通 10 s 后又断开，Y1 再接通 10 s 断开，周而复始，X0 断开，输出 Y0、Y1、Y2 全部断开。相关电路图如图 3-11 所示。

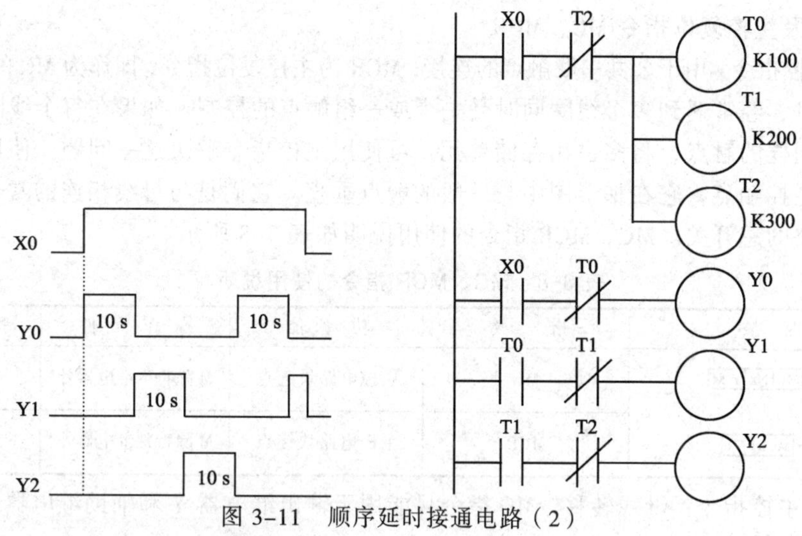

图 3-11　顺序延时接通电路（2）

二、FX2 系列 PLC 基本指令（二）

1. 栈指令：MPS、MRD、MPP

MPS、MRD、MPP 这 3 条指令分别为进栈、读栈、出栈指令，用于多重输出电路，指令说明见表 3-7。

表 3-7　MPS、MRD、MPP 指令的使用说明

梯　形　图	指　　令	功　　能	操 作 元 件	程　序　步
MPS	MPS	进栈	无	1
MRD	MRD	读栈	无	1
MPP	MPP	出栈	无	1

（1）MPS、MRD、MPP 指令的功能是将连接点的结果（位）按堆栈的形式存储。

MPS 进栈指令：将 MPS 指令前的运算结果送入栈中。

MRD 读栈指令：读出栈的最上层数据。

MPP 出栈指令：读出栈的最上层数据并清除。

（2）用于带分支的多路输出电路。

（3）MPS 和 MPP 必须成对使用，且连续使用次数应少于 11 次。

（4）进栈和出栈指令遵循先进后出或后进先出的次序。

MPS、MRD、MPP 栈指令使用示例如图 3-12 所示。

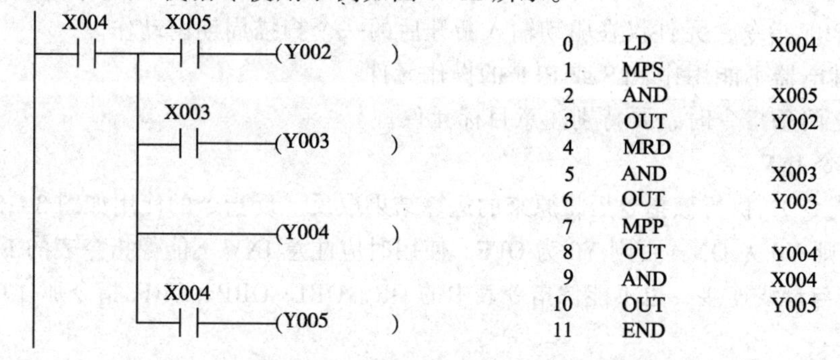

图 3-12　MPS/MRD/MPP 栈指令使用

2. 主控及主控复位指令 MC、MCR

MC 为主控指令，用于公共串联触点的连接；MCR 为主控复位指令，即作为 MC 的复位指令。

在编程时，经常遇到多个线圈同时受一个或一组触点的控制。如果在每个线圈的控制电路中都串入同样的触点，将多占用存储单元，可使用主控指令解决这一问题。使用主控指令的触点称为主控触点，它在梯形图中与一般的触点垂直。它们是与母线相连的常开触点，是控制一组电路的总开关。MC、MCR 指令的使用说明如表 3-8 所示。

表 3-8　MC、MCR 指令的使用说明

梯形图	指令	功能	操作元件	程序步
MC Nx Y M	MC	主控电路块起点	M 除特殊继电器外	3
MCR Nx	MCR	主控电路块终点	M 除特殊继电器外	2

（1）MC 主控指令：母线转移，MC 指令只能用于输出继电器 Y 和辅助继电器 M（不包括特殊辅助继电器）。

MCR 主控复位指令：母线复位，主控区结束。

MC/MCR 指令：用于许多线圈同时受一个或一组触点控制，以节省存储单元。

主控触点在梯形图中与一般触点垂直。

（2）与主控指令 MC 相连的触点必须用 LD 或 LDI 指令，使用 MC 指令后，母线移到主控触点的后面，MCR 使母线回到原来的位置。

（3）在 MC 指令内再使用 MC 指令时，嵌套级 N 的编号（0~7）顺次增大，返回用 MCR 指令，从大的嵌套级开始解除。特殊辅助继电器不能用作 MC 的操作。

3. 脉冲输出指令 PLS、PLF

PLS：在输入信号上升沿产生脉冲输出。

PLF：在输入信号下降沿产生脉冲输出。

PLS、PLF 的指令说明见表 3-9。

表 3-9　PLS、PLF 指令的使用说明

梯形图	指令	功能	操作元件	程序步
PLS	PLS	上升沿微分输出	Y、M	2
PLF	PLF	下降沿微分输出	Y、M	2

注：特殊辅助继电器不能作目标元件。

（1）使用 PLS 指令，元件 Y、M 仅在驱动输入接通后的一个扫描周期内动作（置 1）。

（2）使用 PLF 指令，元件仅在驱动输入断开后的一个扫描周期内动作。

（3）特殊继电器不能用作 PLS 或 PLF 的操作元件。

（4）使用这两条指令时，要特别注意目标元件。

4. 取反指令 INV

INV：（反指令） 执行该指令后将原来的运算结果取反。反指令的使用如图 3-13 图所示，如果 X0 断开，则 Y0 为 ON，否则 Y0 为 OFF。使用时应注意 INV 不能像指令表的 LD、LDI、LDP、LDF 那样与母线连接，也不能像指令表中的 OR、ORI、ORP、ORF 指令那样单独使用。

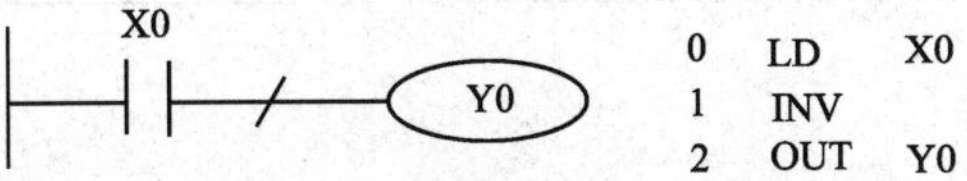

X0 —| |—/—(Y0)

0	LD	X0
1	INV	
2	OUT	Y0

图 3-13　取反指令使用说明

思 考 练 习

1. 比较 OUT、SET 和 RST、PLS 和 PLF 指令在执行结果上的不同，如图 3-14 所示。

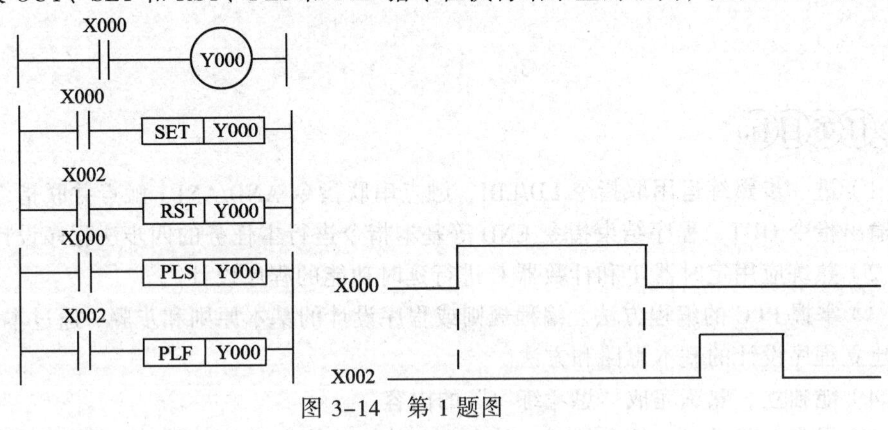

图 3-14　第 1 题图

2. 在“专业能力训练环节一”之后，可完成下面练习：

（1）隔两灯闪烁：L1、L4、L7、亮，1s 后灭，接着 L2、L5、L8 亮，1s 后灭，接着 L3、L6 亮，1s 后灭，接着 L1、L4、L7 亮，1s 后灭……如此循环。编制程序，并上机调试运行。

（2）发射型闪烁：L1 亮 0.05 s 后灭，接着 L2、L3、L4 亮 0.05s 后灭，接着 L6、L7、L8 亮 2s 后灭，接着 L1 亮，0.05s 后灭……如此循环。编制程序并上机调试运行。

（3）比较前面两个电路在定时器的选用中有何不同？

3. 设计利用定时器实现电子钟的控制电路，并试车运行、调试。

4. 设计利用计数器实现电子钟的控制电路，并试车运行、调试，比较与使用定时器电路的异同。

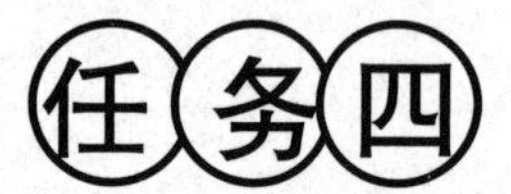

任务四

用 PLC 实现八段数码显示控制

任务目标

（1）进一步熟练运用取指令 LD/LDI、触点串联指令 AND/ANI、触点并联指令 OR/ORI、线圈输出指令 OUT、程序结束指令 END 等基本指令进行本任务的四步法程序设计。

（2）熟练应用定时器 T 和计数器 C 进行延时功能的程序设计。

（3）掌握 PLC 的编程方法、编程规则或程序设计的基本原则和步骤，通过本任务的训练逐步建立程序设计的基本思路和方法。

（4）能独立、熟练完成“思考练习”的内容。

（5）提高自我学习、信息处理、数字应用等方法能力及与人交流、与人合作、解决问题等社会能力；自查 6S 执行力。

任务描述

一、专业能力训练环节一

图 4–1 所示为八段数码管的外形图，它实质上是由 7 只发光二极管组成的阿拉伯数字及数字后的小数点显示器，其工作原理如图 4–2 与图 4–3 所示。下面请按照下列要求进行 PLC 的程序设计与调试。

图 4–1　八段数码管实物外形图

图 4–2　八段数码显示阿拉伯数字“1”、“2”、“3”的示意图

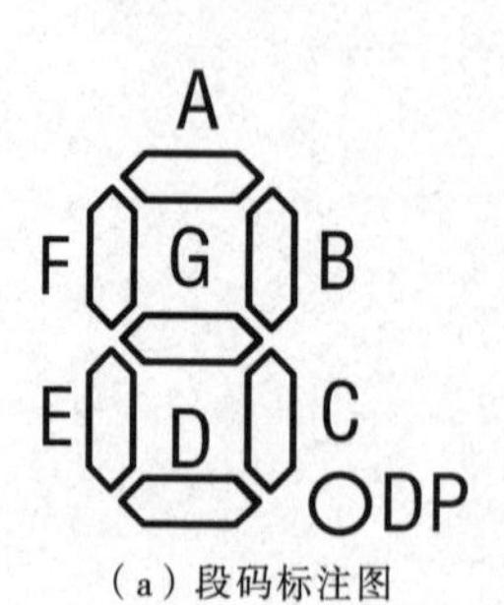

（a）段码标注图

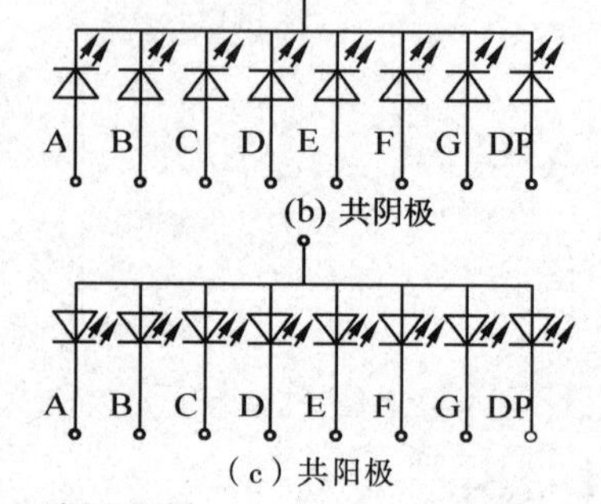

（c）共阳极

图 4–3　八段数码显示电路原理图

设计要求如下：

用 PLC 实现输出控制对象——八段数码显示器从 0~9 共 10 个阿拉伯数字的升序连续显示，要求升序显示的阿拉伯数字间的时间间隔为 1 s，并且用两个按钮分别实现数字显示的启动与停止。

（1）按照控制要求设计 PLC 的输入/输出（I/O）地址分配表。

（2）按照控制要求进行 PLC 的输入/输出（I/O）接线图的设计。

（3）按照控制要求进行 PLC 梯形图程序的设计。

（4）按照控制要求进行 PLC 指令程序的设计。

（5）按照以上 4 个步骤，笔试回答表 4-2 中所列的问题。

（6）按照设计要求和笔试设计结果进行程序的模拟调试。

（7）工时：120 min，每超时 5 min 扣 5 分。

（8）配分：本任务满分为 100 分，比重占 40%，评分标准见表 4-6。

二、专业能力训练环节二

设计要求如下：

用 PLC 构成抢答器系统并编制控制程序。

一个 4 组抢答器如图 4-4 所示，任一组抢先按下按键后，显示器能及时显示该组的编号并使蜂鸣器发出响声，同时锁住抢答器，使其他组按下按键无效，抢答器有复位开关，复位后可以重新抢答。

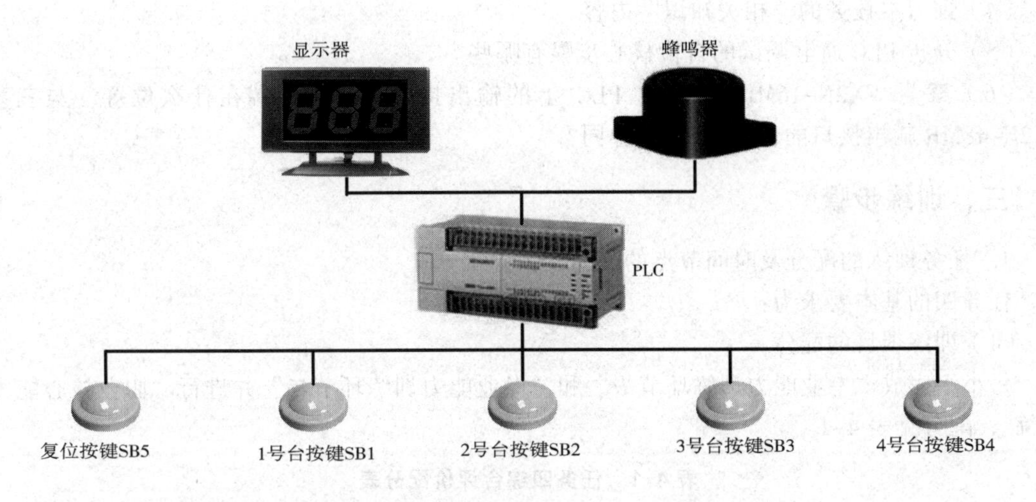

图 4-4　四组抢答器的结构示意图

（1）按照控制要求设计 PLC 的输入/输出（I/O）地址分配表。

（2）按照控制要求进行 PLC 的输入/输出（I/O）接线图的设计。

（3）按照控制要求进行 PLC 梯形图程序的设计。

（4）按照控制要求进行 PLC 指令程序的设计。

（5）按照以上 4 个步骤，笔试回答表 4-4 中所列的问题。

（6）按照设计要求和笔试设计结果进行程序的模拟调试。

（7）工时：120 min，每超时 5 分钟扣 5 分。

（8）配分：本任务满分为 100 分，比重占 40%，评分标准见表 4-6。

三、职业核心能力训练环节

以小组为单位总结以上两个任务的实施经验，并回答教师提出的问题。经验汇报要求与任务一的职业核心能力训练环节相同。

配分：本任务满分 100 分，比重占 20%。

任务实施

一、训练器材

验电笔、螺钉旋具、尖嘴钳、万用表、PLC、PLC 模拟调试实训模块、连接导线。

二、预习内容

（1）了解八段数码显示器的结构与工作原理。

（2）复习上一任务的“相关知识”内容。

（3）尝试进行“专业能力训练环节一”与“专业能力训练环节二”的两个 PLC 程序的设计，初步完成任务四的课余训练手册内容。

（4）预习本任务的“相关知识”内容。

（5）分析 PLC 通电调试的自检核心步骤有哪些。

（6）三菱 FX2N-16MR 型号的 PLC 上的输出接口的 COM 端在什么位置？与三菱 FX2N-48MR 输出接口的 COM 端有何异同？

三、训练步骤

1. 任务训练的配分及时间节点的陈述

任务四的基本要求为：

（1）训练项目的配分

每小组完成“专业能力训练环节一”和“专业能力训练环节二”并进行“职业核心能力训练”，配分见表 4-1。

表 4-1　任务四综合评价配分表

项目 序号	训练项目		配分	合计
1	必做任务	专业能力训练环节一	40 分	
2		专业能力训练环节二	40 分	
3		职业核心能力训练	20 分	

续表

序号＼项目	训练项目		配分	合计
4	附加及监控项目	专业拓展能力训练	1～5 分	
5		6S 执行力	倒扣分 1～5 分	
6		违纪情况	倒扣分 1～5 分	
7		修旧利废	酌情加分 1～5 分	
8		时间节点的掌控情况	不能按时汇报，不能按时交作业、不能按时完成实训任务酌情扣 3～9 分	

（2）时间节点的控制

① 08:00～08:30 教师小结。（学生交电子作业，教师对上一任务存在的问题进行小结，对新任务的成果汇报提出要求）

② 08:30～10:00 学生汇报。（汇报总用时：12×5=60 min；点评总用时：30 min）

③ 10:00～10:40 教师点评。（对本任务的汇报情况进行小结，对学生掌握不到位的专业知识进行讲述、分析）

④ 10:40～11:20 新任务布置。（学习小组完成任务咨询、任务计划、任务决策并考试实施任务）

⑤ 13:00～14:20 新任务实施。（学习小组按照任务分工进行任务的深入实施）

⑥ 14:20～14:40 教师对新任务实施过程问题的小结。

⑦ 15:00～21:00 小组课余训练（对新任务继续进行实施、完成任务所需的学习时间，由各小组掌握）

（3）注意事项

每个专业训练项目的“调试与笔试工时”时间不够的小组要充分利用课余时间进行任务达成的训练，教学过程严格按照“时间节点的控制”要求进行。未按时完成的要扣延时分并在团队协作能力方面重复扣分。

2．“专业能力训练环节一”训练步骤

（1）明确“专业能力训练环节一”的要求后，各组成员在 PLC 学习机上进行用 PLC 实现 0～9 共 10 个数字的升序显示程序的编写并进行模拟调试。训练步骤如下：

① 按照控制要求设计 PLC 的输入/输出（I/O）地址分配表，并填入表 4-2 相应栏目。（需要笔试回答的各表格均在《课余训练手册》中，以后不再赘述）。

② 按照控制要求进行 PLC 的输入/输出（I/O）接线图的设计并填入表 4-2 相应栏目。

③ 按照控制要求进行 PLC 的梯形图的设计并填入表 4-2 相应栏目。

④ 按照控制要求进行 PLC 的指令表的设计并填入表 4-2 相应栏目。

⑤ 对计算机进行开机。

⑥ 运行三菱 PLC 的 GX Developer 编程软件。

⑦ 将已经构思好的梯形图在计算机上进行程序录入与编辑。（录入方法见任务二）

⑧ 根据第②步已经设计好的 PLC 输入/输出（I/O）接线图进行 PLC 外围电路的连接。（在程序编辑过程中有可能重新认识设计要求，因此 I/O 分配表与 I/O 接线图均有可能进行解构

与重构，因此在PLC的外围电路连线时请按照确定正确的I/O接线图进行）

⑨ 程序调试。

- 在PLC学习机上接通PLC的工作电源与八段码的驱动电源。
- 按下微型启动按钮SB1，观察PLC输出口的八段数码显示器的数字显示是否按照任务要求从0～9升序且依次间隔1 s显示。
- 按下微型停止按钮SB2，观察是否能正常关闭显示中的八段数码显示器。
- 若不符合控制要求则进行程序的修改，若符合要求，则对程序设计的4个基本要素进行整理并进行总结。

表4-2 笔试回答下列问题

自检 / 要求	请将合理的答案填入相应表格	扣 分	得 分
PLC的输入输出（I/O）地址分配表			
PLC的输入输出（I/O）接线图			
PLC梯形图程序的设计			
PLC指令程序的设计			

程序调试及试车注意事项：

- 在断开电源的情况下独自进行PLC外围电路的连接，如连接PLC的输入接口线、连接PLC的输出接口线。
- 检查熔断器的管状熔丝是否安装可靠，溶体的额定电流选择是否恰当。
- 程序调试完毕拆除PLC的外围电路时，要断电进行。

（2）程序调试成功后按照正确的断电顺序与拆线顺序进行PLC外围线路的拆除，并按照6S的要求整理好工位，对“专业能力训练环节一”进行评价（可互评）。

（3）简要小结本环节的训练经验并填入表4-3后（此表在《课余训练手册》中），进入能力训练环节二。

表4-3 “专业能力训练环节一”经验小结

经验小结： （1）完成任务情况（数量与质量）： （2）程序设计能力方面的问题： （3）动手操作方面的问题： （4）小组合作方面的问题： （5）存在的错误问题及解决情况： （6）给同学的建议：

3. “专业能力训练环节二”训练步骤

（1）明确“专业能力训练环节二”的要求后，各组成员在PLC学习机上进行用PLC实现4组抢答器程序的编写并进行模拟调试。调试步骤同“专业能力训练环节一”的训练步骤，按照设计要求填写好表4-4。

表 4-4　笔试回答下列问题

自检 要求	将你认为正确的答案填入相应表格	扣　分	得　分
PLC的输入/输出（I/O）地址分配表			
PLC的输入/输出（I/O）接线图			
PLC梯形图程序的设计			
PLC指令程序的设计			

（2）程序调试成功后按照正确的断电顺序与拆线顺序进行PLC外围线路的拆除，并按照6S的要求整理好工位，对“专业能力训练环节二”进行评价后，简要小结本环节的训练经验并填入表4-5，进入职业核心能力训练环节。

表 4-5　“专业能力训练环节二”经验小结

经验小结：

注：经验小结的内容参考表4-3。

4. “职业核心能力训练环节”训练步骤

（1）以小组为单位，简要写出以上两个专业能力训练项目要求的PLC编程训练（包含笔试训练与程序录入及编辑训练）、PLC外围电路连接及调试的经验总结报告，并在经验交流课上进行经验交流。

经验交流要表述的基本内容与任务一“职业核心能力训练环节”的要求相同。

（2）小组推举“主讲员”上台向全班同学介绍本小组任务实施后的心得，限时5min。

（3）其他小组推荐的“点评员”对已经表述的“主讲员”进行点评，限时1 min。

（4）教师对核心能力训练环节的能力训练情况进行点评及综合评价并对学生掌握不到位的专业知识加以讲解与分析。

(1)“0~9”共10个数字的升序显示程序设计能力与模拟调试能力评价标准见表4-6；4组抢答器程序设计能力与模拟调试能力评价标准见表4-6。评价的方式可以教师评价、也可以自评或者互评。

表4-6 专业能力训练环节一、二的评价标准

序号	主要内容	考核要求	评分标准	配分	扣分		得分	
					①	②	①	②
1	电路及程序设计	① 根据控制要求，列出PLC输入/输出(I/O)口元器件的地址分配表和设计PLC输入/输出(I/O)口的接线图 ② 根据控制要求设计PLC梯形图程序和对应的指令表程序	① PLC输入/输出(I/O)地址遗漏或搞错，每处 扣5分 ② PLC输入/输出(I/O)接线图设计不全或设计有错，每处 扣5分 ③ 梯形图表达不正确或画法不规范，每处 扣5分 ④ 接线图表达不正确或画法不规范，每处 扣5分 ⑤ PLC指令程序有错，每条扣5分	40				
2	程序输入及调试	① 熟练操作PLC键盘，能正确地将所编写的程序输入PLC ② 按照被控设备的动作要求进行模拟调试，达到设计要求	① 不会熟练操作PLC键盘输入指令，扣10分 ② 不会用删除、插入、修改等命令，每次扣10分 ③ 缺少功能，每项扣25分	30				

续表

序　号	主要内容	考核要求	评分标准	配　分	扣分 ①	扣分 ②	得分 ①	得分 ②
3	通电试车	在保证人身和设备安全的前提下，通电试车成功	① 第一次试车不成功扣 10 分 ② 第二次试车不成功扣 20 分 ③ 第三次试车不成功扣 30 分	30				
4	安全文明生产	① 严格按照用电的安全操作规程进行操作 ② 严格遵守设备的安全操作规程进行操作 ③ 遵守 6S 管理守则	① 违反用电的安全操作规程进行操作，酌情扣 5～40 分 ② 违反设备的安全操作规程进行操作，酌情扣 5～40 分 ③ 违反 6S 管理守则，酌情扣 1～5 分	倒扣				
备注	除了定额时间外，各项内容的最高分不应超过配分数；每超时 5min 扣 5 分		合计	100				
定额时间	120min	开始时间		结束时间	考评员签字		年　月　日	

注：表 4-6 中的①表示专业能力训练环节一的评价结果填写栏；②表示专业能力训练环节二的评价结果填写栏。

（2）职业核心能力评价表同任务一的表 1-14～表 1-17。

（3）个人单项任务总评成绩建议按照表 2-10 进行。

相关知识

一、梯形图编程的特点

梯形图编程语言是从继电器接触控制线路图上发展起来的一种编程语言，两者的结构非常类似，但其程序执行过程存在本质的区别。因此，同样是继电接触控制系统与梯形图的基本组成三要素——触点、线圈、连线，两者有着本质的不同。

1. 触点的性质与特点

梯形图中所使用的输入、输出和内部继电器等编程元件的“常开”、“常闭”触点，其本质是 PLC 内部某一存储器的数据“位”状态。程序中的“常开”触点直接使该位的状态进行逻辑运算处理；“常闭”触点使用该位的“逻辑非”状态进行处理。它与继电器控制电路的区别在于：

（1）梯形图中的触点可以在程序中无限次使用，它不像物理继电器那样，受到实际安装触点数量的限制。

（2）在任何时刻，梯形图中的“常开”、“常闭”触点的状态是唯一的，不可能出现两者同时为“1”的情况，“常开”、“常闭”触点存在严格的“非关系”。

2. 线圈的性质与特点

梯形图编程所使用的内部继电器、输出线圈等编程元件，虽然采用了与继电接触控制线路同样的图形符号，但它们并非实际存在的物理继电器。程序对以上线圈的输出控制，只是将 PLC 内部某一存储器的数据“位”的状态进行赋值而已。数据“位”置“1”对应于线圈的“得电”，数据“位”置“0”对应于“失电”。因此。它与继电接触控制电路比较区别在于:

（1）如果需要，梯形图中的“输出线圈”可以在程序中进行多次赋值，即在梯形图中可以使用所谓的“重复线圈”。

（2）PLC 程序的执行，严重按照梯形图“从上至下”、“从左至右”的时序执行，在同一PLC 程序执行循环内，不能改变已经执行完成的指令输出状态（已经执行完成的指令输出状态，只能在下一循环中予以改变）。有效利用 PLC 的这一程序执行特点，可以设计出许多区别于继电器控制线路的特殊逻辑，如“边沿”处理信号等。

3. 连线的性质与特点

梯形图中的“连线”仅代表指令在 PLC 中的处理关系（“从上至下”、“从左至右”），它不像继电接触控制线路那样存在实际电流，因此在梯形图中每一输出线圈应有各自独立的逻辑控制“电路”（即明确的逻辑控制关系），不同输出线圈间不能采用继电接触控制线路中经常使用的“电桥型连接”方式，试图通过后面的执行条件改变已经执行完成的指令输出。

二、梯形图编程的注意事项

1. 继电接触控制线路可使用，梯形图不能（不宜）使用的情况

由于 PLC 与继电接触控制电路的工作方式不同，编制 PLC 梯形图程序，应注意以下几种在继电器控制回路中可以正常使用，但在 PLC 中需要经过必要处理的情况。

（1）避免使用“桥接”支路。图 4-5（a）所示为继电接触控制线路中为了节约“触点”或设计需要而经常采用的“电桥型连接”（简称“桥接”支路）。图中通过 KA5 触点的连接，使得触点 KA3 与 KA1 可以同时“交叉”控制线圈 KM5 或 KM6。

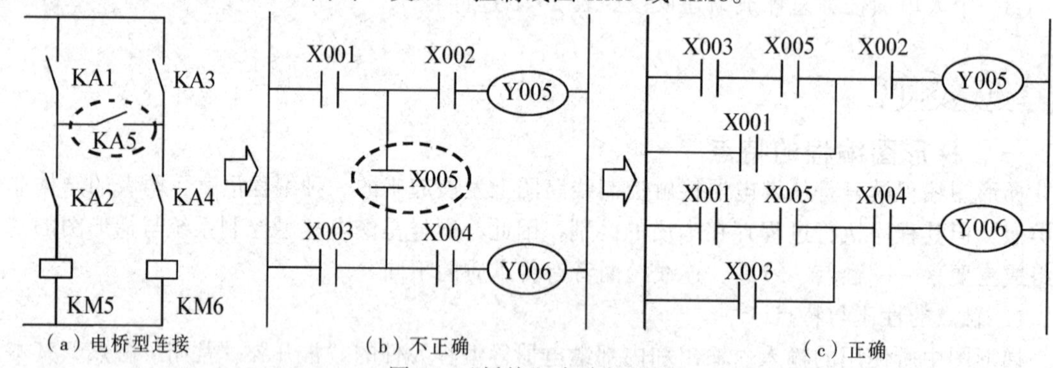

（a）电桥型连接　（b）不正确　（c）正确

图 4-5“桥接”支路的处理

这样的支路在 PLC 梯形图中不能实现。原因如下：

① 梯形图格式不允许。即触点应画在水平线上，而不能画在垂直分支线上。到目前为止，还没有哪一种 PLC 可以进行触点的“垂直”方向布置（除主控触点指令外），图形无法在编程器中输入。

② 违背 PLC 的指令“从上至下”、“从左至右”执行顺序的要求。

因此，为了保证每一输出线圈的控制有各自独立的逻辑控制“电路”，需要将图 4-5（b）转化为图 4-5（c）所示的形式。

（2）避免出现“后置触点”。图 4-6（a）所示为继电接触控制电路常见的线圈下使用“后置触点”的情况，在 PLC 梯形图中不允许这样编程，应将图 4-6（b）更改为图 4-6（c）所示的形式。

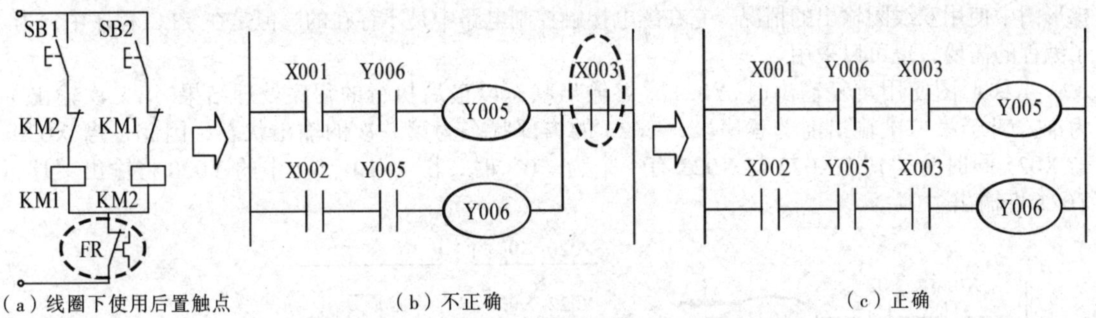

图 4-6　后置触点的处理（线圈与右母线的关系）

（3）线圈不能与左母线相连。图 4-7（a）所示线圈 Y011 直接与左母线相连也是不正确的梯形图编程语法，应该在左母线与输出线圈之间插入由触点群组成的“工作条件”，如插入输入继电器常开触点 X001。

图 4-7　线圈与左母线的关系

（4）不合理的“输出连接支路”处理。图 4-8（a）所示为继电接触控制电路中常用的“输出连接”支路，在梯形图中可以进行编程。但是，这样的线路在实际处理时需要通过“堆栈”操作才能实现。实际使用时存在以下两方面的缺点：

① 会占用更多的程序存储器空间。

② 在转换为指令表程序后，将给程序的阅读带来不便。

宜将图 4-8（b）转换为图 4-8（c）的形式。

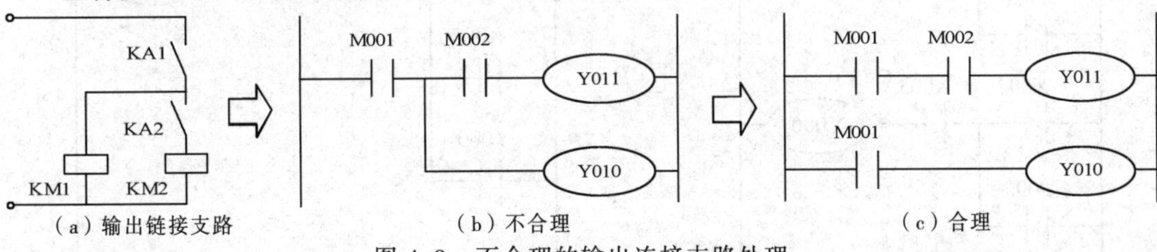

图 4-8　不合理的输出连接支路处理

（5）不合理的“并联输出支路”处理。图 4-9（a）所示为继电接触控制电路中为了节约“触点”而经常采用的“并联输出”支路，在 PLC 梯形图中也可以进行编程。但在梯形图编程中鉴于以上同样的原由，宜将图 4-9（b）转换为图 4-9（c）的形式。

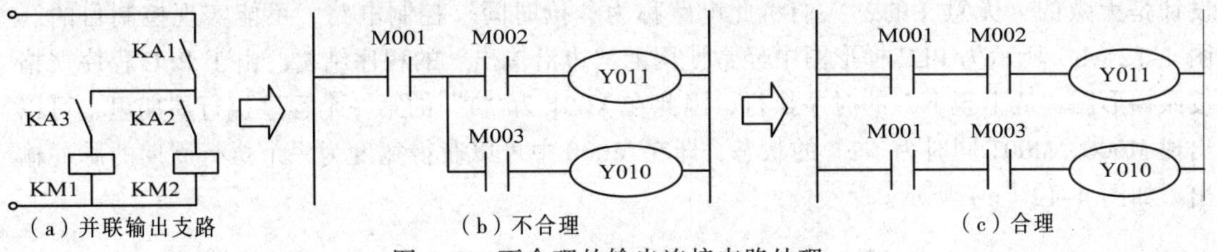

图 4-9　不合理的输出连接支路处理

2. 梯形图能使用，继电接触控制线路不能实现的情况

（1）需慎用的“双线圈输出”。“双线圈输出”也称“重复线圈输出”，图 4-10（a）所示为梯形图中使用双线圈输出的情况，它在继电接触控制电路中是不存在的。但是在 PLC 程序中，为了编程的需要，也可以采用。

当梯形图使用重复输出时，Y021 最终输出状态以最后执行的程序处理结果（第二次输出）为准。对于第二次输出前的程序段，Y020 的内部状态为第一次的输出状态，因此，当 X020 与 X021 同时为“1”、X022 与 X023 有一个为“0”时，图 4-10（b）中的 Y020 将输出“1”，Y021 将输出“0”。

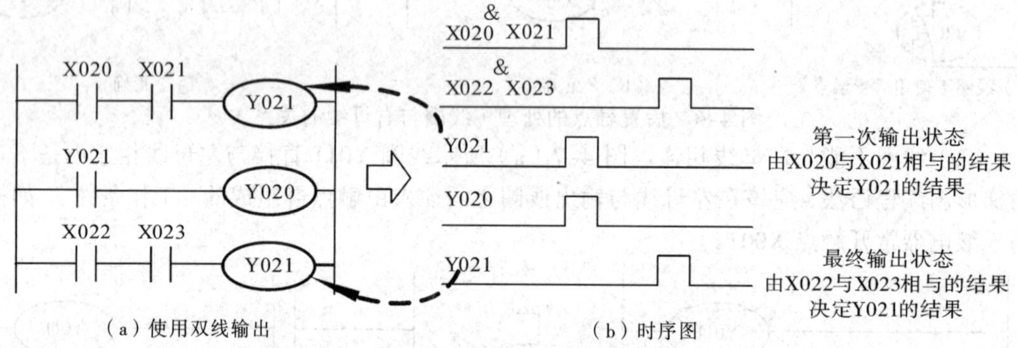

（a）使用双线输出　　（b）时序图

图 4-10　“双线圈输出”的动作规律图示

“双线圈输出”在程序方面并不违反 PLC 的程序输入规则，但因输出动作复杂，容易引起误操作，应谨慎使用。

图 4-11（a）所示亦为双线圈输出的一种情况，可以通过变换梯形图避免双线圈输出，如图 4-11（b）所示。这两个图在 PLC 中均可输入并执行，且执行的结果是相同的。为程序分析方便或合理占用存储空间，建议采用后者更为合理。

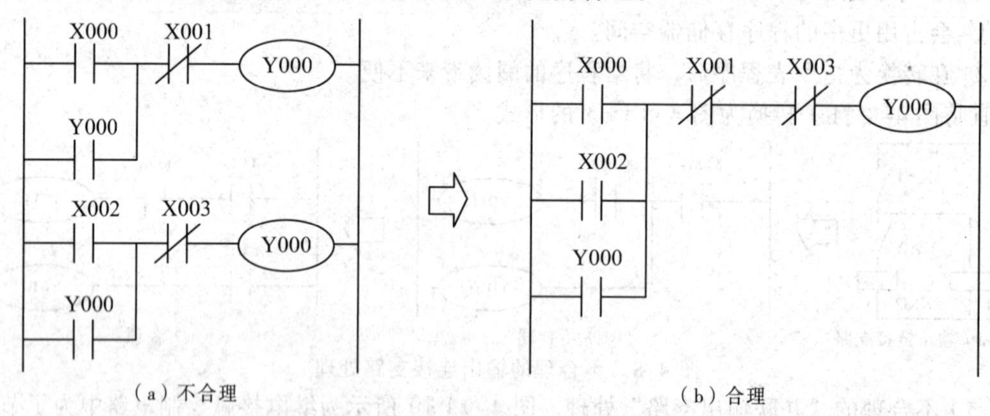

（a）不合理　　（b）合理

图 4-11　“双线圈输出”梯形图变换举例

（2）“边沿输出”的有效性。图 4-12（a）所示的继电接触控制电路中，对 KA2 的控制设计是无效的，无意义的，人们将此电路称为“抢时间”控制电路，不能实现控制目的。图 4-12（b）所示为 PLC 梯形图中经常使用的“边沿输出”的程序结构。由于 PLC 程序严格按照梯形图“从上至下”的时序执行，因此在 X001 为“1”的第一个程序执行周期里，可以出现 M000、M001 同时为“1”的状态，即在 M000 中可以获得宽度为一个执行周期的脉冲输出，如图 4-12（c）所示。

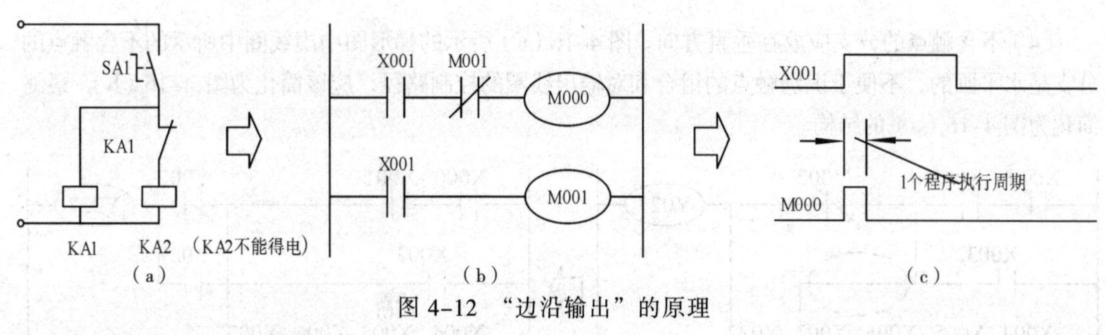

图 4-12 “边沿输出”的原理

3. 梯形图程序的简化

（1）并联支路的简化。如果有几个电路块并联，应将触点最多的支路块放在最上面，如图 4-13 所示。这样可以使编制的程序简洁明了，减少指令步数（省去了 ORB 指令）。图 4-13 也说明了 OR 指令与 ORB 指令之间的用法区别。

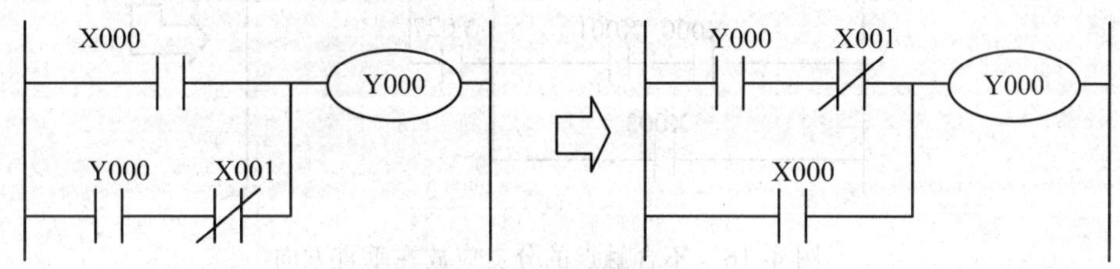

图 4-13 并联支路的简化

（2）串联支路的简化。在有几个并联回路相串联时，应将并联支路多的尽量靠近在母线，如图 4-14 所示。同样，可以使编制的程序简洁明了，减少指令步数（省去了 ANB 指令）。图 4-14 也说明了 AND 指令与 ANB 指令之间的用法区别。

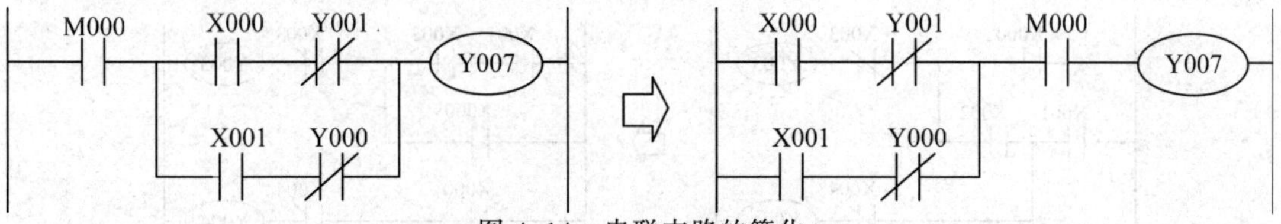

图 4-14 串联支路的简化

（3）用内部继电器简化梯形图。为了简化程序，减少指令步数，在程序设计时对需要多次使用的若干逻辑运算的组合，应尽量使用内部继电器。这样不仅可以简化程序，减少指令步数，更重要的是在逻辑运算条件需要修改时，只需要修改内部继电器的控制条件，而无须修改所有程序，如图 4-15 所示。

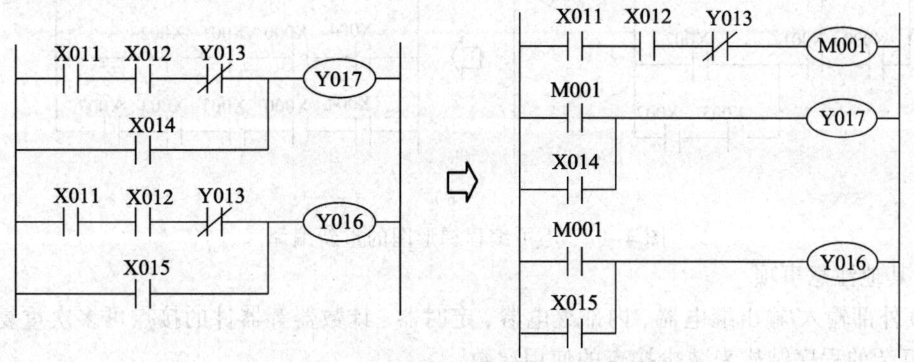

图 4-15 用内部继电器简化梯形图举例

（4）不含触点的分支应放在垂直方向。图 4–16（a）所示的梯形图中虚线圈中所示的不含触点的分支是水平画的，不便于识别触点的组合和对输出线圈的控制路径，应该简化为图 4–16（b），最终简化为图 4–16（c）的结构。

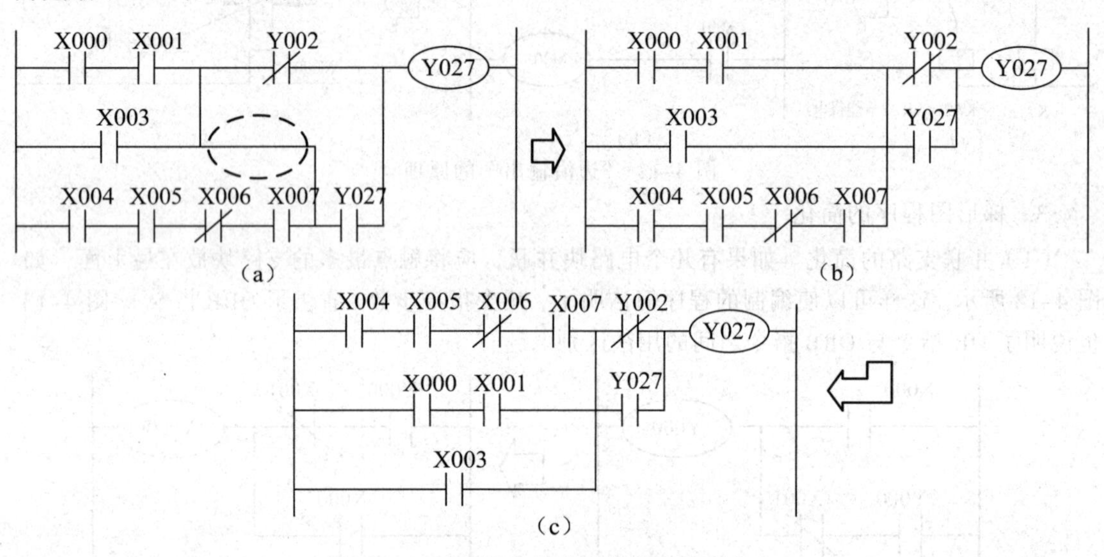

图 4–16　不含触点的分支应放在垂直方向

（5）不可编程梯形图的重新编译。遇到不可编程的梯形图时，可根据信号流对原梯形图重新编译，以便于正确应用 PLC 基本指令来编程。

图 4–17 所示的实例，将不便于编程的梯形图重新编译成了可编程的梯形图。

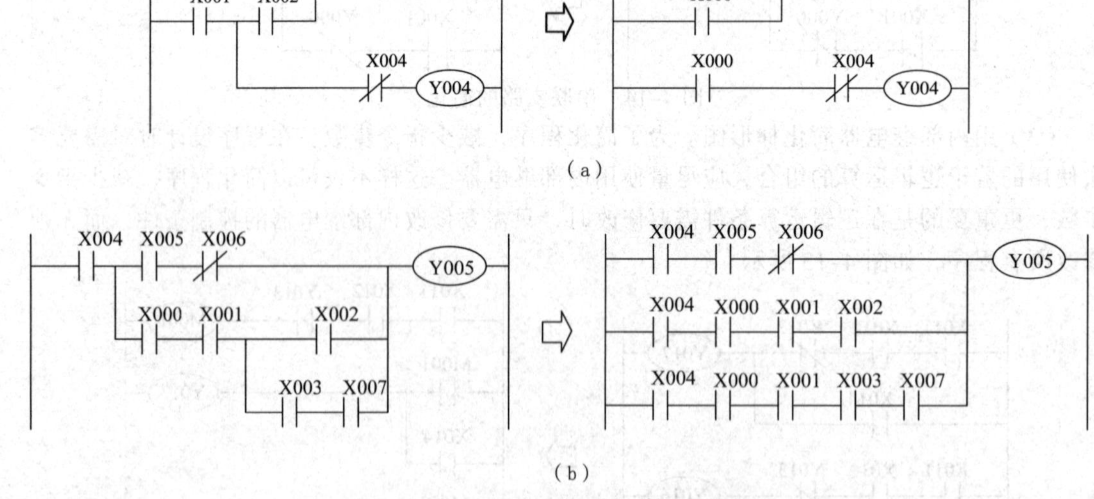

图 4–17　不可编程梯形图的重新编译

4. 其他注意事项

（1）外部输入/输出继电器、内部继电器、定时器、计数器等器件的接点可多次重复使用，无须用复杂的程序结构来减少接点的使用次数。

（2）梯形图程序必须符合顺序执行的原则，即从左到右，从上到下地执行，如不符合顺序执行的电路就不能直接编程。

（3）在梯形图中串联接点使用的次数没有限制，可无限次地使用。

（4）两个或两个以上的线圈可以并联输出。

思 考 练 习

1. 有 4 台电动机，要求启动时每隔 10 min 依次启动，停止时，4 台电动机同时停止。

2. 有一指示灯，控制要求为：按下按钮后，亮 5 s,熄灭 5 s，重复 5 次后停止工作。试设计梯形图并写出指令语句表。

3. 由 3 台电动机，控制要求为：按 M1、M2、M3 的顺序启动；前级电动机不启动，后级电动机不能启动；前级电动机停止时，后级电动机也停止。试设计梯形图，并写出指令语句表。

4. 设计一个 3 组的智力竞赛抢答器的控制程序，控制要求为：

（1）当某竞赛者抢先按下按钮时，该竞赛者桌上指示灯亮。

（2）指示灯亮后，主持人按下复位按钮后，指示灯熄灭。

5. 绘出下列指令语句表对应的梯形图。

0	LD	X0	9	ORB	
1	AND	X1	10	ANB	
2	LD	X2	11	LD	M0
3	ANI	X3	12	AND	M1
4	ORB		13	ORB	
5	LD	X4，	14	AND	M2
6	AND	X5	15	OUT	Y4
7	LD	X6	16	EDN	
8	ANI	X7			

6. 绘出下列指令语句表对应的梯形图。

0	LD	X0	5	LD	M0
1	ANI	M0	6	OUT	C0
2	OUT	M0		K	8
3	LDI	X0	7	LD	C0
4	RST	C0	8	OUT	Y0

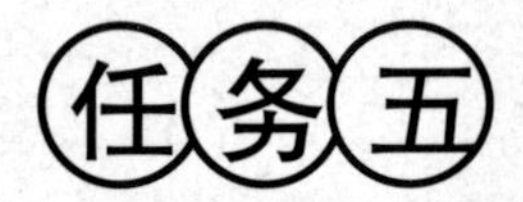

用 PLC 实现三相异步电动机的正反转控制

任务目标

（1）学会使用 FX-20P-E 手持编程器进行程序的编写、录入与调试。

（2）熟悉用 PLC 改造继电—接触式控制线路的一般步骤及技巧。

（3）能按照电气工程的控制、设计要求进行程序的设计、安装与调试。

（4）能独立、熟练完成“思考练习”的内容。

（5）提高自我学习、信息处理、数字应用等方法能力及与人交流、与人合作、解决问题等社会能力；自查 6S 执行力。

任务描述

一、专业能力训练环节一

图 5-1 所示为三相异步电动机的正反转控制电路，下面用 PLC 来实现该电路功能的设计。

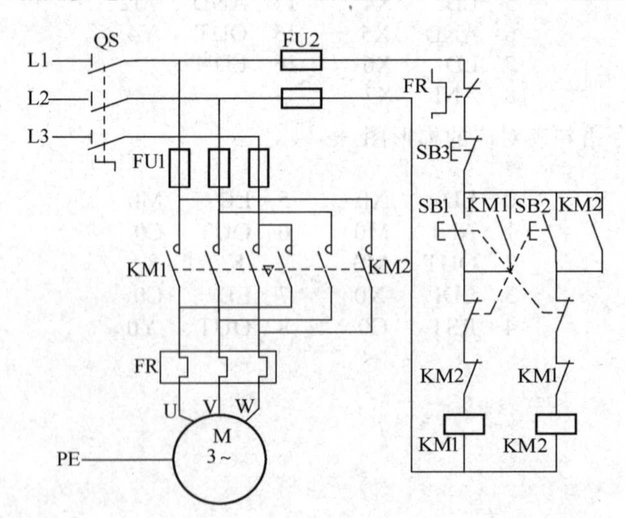

图 5-1　三相异步电动机复合联锁正反装控制电路

设计要求如下：

（1）用直译法进行 PLC 梯形图指令的编写。

（2）在 PLC 学习机上用发光二极管模拟调试程序，即用发光二极管 LED1、LDE2 的亮灭情况分别代表主电路的两只接触器 KM1、KM2 的分合动作情况。发光二极管模拟调试动作分合对照表见表 5-1。

表 5-1　发光二极管模拟调试动作分合对照表

功能 执行	电动机正转启动	电动机正转停止	电动机反转启动	电动机反转停止
操作 SB1	LED1 亮 （即 KM1 吸合）	/	/	/
操作 SB3	/	LED1 灭 （即 KM1 断电）	/	/
操作 SB2	/	/	LED2 亮 （即 KM2 吸合）	/
操作 SB3	/	/	/	LED2 灭 （即 KM2 断电）
操作 FR	/	LED1 灭 （即 KM1 断电）	/	或 LED2 灭 （即 KM2 断电）

（3）按照控制要求设计 PLC 的输入/输出（I/O）地址分配表。

（4）按照控制要求进行 PLC 的输入/输出（I/O）接线图的设计。

（5）按照控制要求进行 PLC 梯形图程序的设计。

（6）按照控制要求进行 PLC 指令程序的设计。

（7）程序调试正确后，笔试回答表 5-2 中所列的该程序设计时的核心问题。

（8）工时：90 min，每超时 5 min 扣 5 分。

（9）配分：本任务满分为 100 分，比重占 40%，评分标准见表 4-6。

二、专业能力训练环节二

用 PLC 实现的三相异步电动机的复合联锁正反转控制电路的程序设计、安装与调试，熟练进行线路故障的排除。

训练要求如下：

（1）按照控制要求设计 PLC 的输入/输出（I/O）地址分配、（I/O）接线图、梯形图、指令表并填入表 5-4 相应栏目。

（2）要求采用 PLC、低压电器、配线板、相关电工材料等实现三相异步电动机的复合联锁正反转控制电路的真实控制（即进行现场调试）。

（3）按照控制线路的电动机功率的大小选择所需的电气元件，并填写表格，见表 5-5。

（4）元件在配线板上布置要合理，元件布局图参如图 5-2 所示。安装要正确紧固，配线要求紧固、美观，导线要进入线槽。

（5）正确使用电工工具和仪表。

（6）按钮盒不固定在配线板上，电源和电动机配线、按钮接线要接到端子排上，进出线槽的导线要有端子标号，引出端子要用别径压端子。

（7）用 PLC 实现三相异步电动机的复合联锁正反转控制电路的程序设计、安装与调试，并一次成功。

（8）进入实训场地要穿戴好劳保用品并进行安全文明操作。

（9）工时：150 min，每超时 5 min 扣 5 分。

（10）配分：本任务满分为 100 分，比重 40%，其中排故占 10%，评分标准分别见表 5-8 与表 5-9。

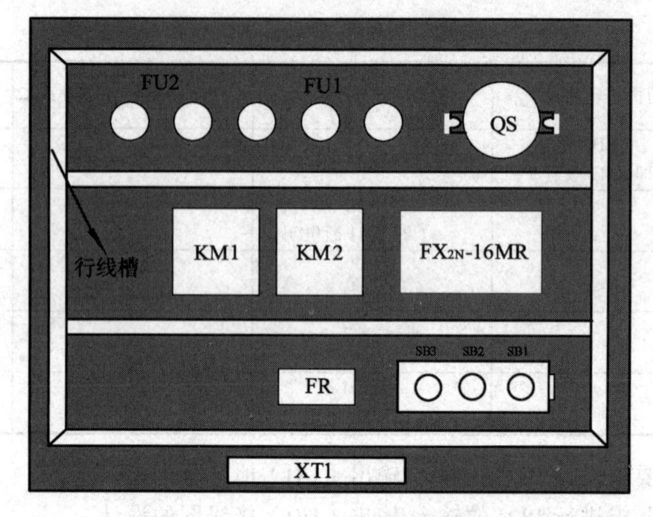

图 5-2 用 PLC 实现三相异步电动机的复合联锁正反转控制电路布局图

三、职业核心能力训练环节

以小组为单位总结以上两个任务的实施经验，并回答教师提出的问题。经验汇报要求与任务一的职业核心能力训练环节相同。

配分：本任务满分为 100 分，比重占 20%。职业核心能力评价表同任务一的表 1-14～表 1-17。

任务实施

一、训练器材

验电笔、尖嘴钳、斜口钳、剥线钳、螺钉旋具、万用表、兆欧表、钳形电流表、配线板、一套低压电器、PLC、连接导线、三相异步电动机及电缆、三相四线电源插头与电缆。

二、预习内容

（1）写出图 5-1 所示的三相异步电动机复合联锁的正反装控制电路的工作原理。

____

____

____

____

____

____。

（2）试分析图 5-3 所示的三相异步电动机正反转启动过程的运行轨迹。

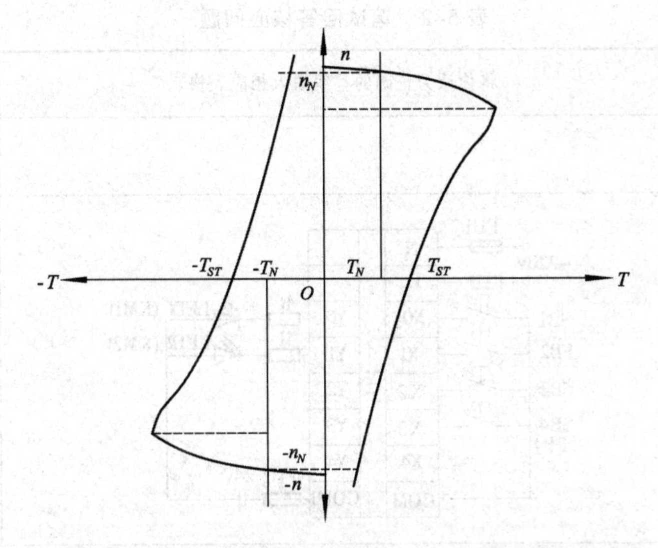

图 5-3　三相异步电动机正反转启动过程的机械特性曲线

（3）复习组合开关、熔断器、交流接触器、热继电器、按钮、接线端子排等低压电器、配电导线及 PLC 的选用方法，并填写好表 5-5 所示的元件选择明细表。

（4）阅读行线槽配线工艺。

（5）复习 PLC 基本指令及其应用方法。

三、训练步骤

1.“专业能力训练环节一”训练步骤

（1）实训指导教师简要说明“专业能力训练环节一”的要求后，学生各就各位在 PLC 学习机上进行三相异步电动机正反转程序的编写并进行模拟调试。操作步骤如下：

① 按照控制要求设计 PLC 的输入/输出（I/O）地址分配表。

② 按照控制要求进行 PLC 的输入/输出（I/O）接线图的设计。

③ 运行三菱 PLC 的 GX Developer 编程软件。

④ 梯形图程序或指令表程序的编辑与程序录入。

⑤ 根据已经设计好的 PLC 输入/输出（I/O）接线图进行 PLC 外围电路的连接。

⑥ PC 机与 PLC 的通信连接。

⑦ 烧写 PLC 用户程序。

⑧ 程序调试。

- 按照表 5-1 模拟调试的动作要求依次按下按钮 SB1、SB2、SB3 及过载保护触点 FR，结合三相异步电动机正反转的工作原理分析程序的正误。
- 若不符合控制要求则进行程序的修改；若符合要求，则对程序设计的 4 个基本要素进行整理与总结，并将正确的答案填入表 5-2。

表 5-2　笔试回答核心问题

自检 要求	将你认为正确的答案填入相应表格	扣分	得分
PLC 的输入/输出（I/O）地址分配表			
PLC 的输入/输出（I/O）接线图	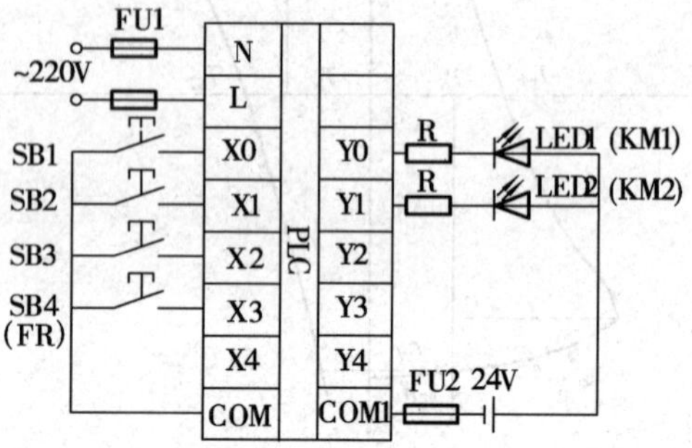		
PLC 梯形图程序的设计			
PLC 指令程序的设计			

进行程序调试即试车环节的安全注意事项详见任务四。

（2）程序调试成功后按照正确的断电顺序与拆线顺序进行 PLC 外围线路的拆除，并整理好工位，待实训指导教师对自己的“专业能力训练环节一”进行评价后（可以互评），简要小结本环节的训练经验并填入表 5-3 后，进入专业能力训练环节二的能力训练。

表 5-3　“专业能力训练环节一”经验小结

经验小结：

（3）实训指导教师对本任务实施情况的进行小结与评价。

2. “专业能力训练环节二”训练步骤

（1）因本训练环节要求采用 PLC、低压电器、网孔板、相关电工材料等实现三相异步电动机双重联锁正反转的真实控制，PLC 的输出控制对象由“专业能力训练环节一”的发光二极管变为驱动电压为交流 220 V 的交流接触器，PLC 的输入控制电器由微型按钮改为防护式两挡按钮。为此，表 5-2 中的相关信息需要作适当的修改，才是正确的答案。修改的结果填入表 5-4。

【思考】比较表 5-2 与表 5-4 的内容有何不同。

表 5-4　笔试回答下列问题

互检 要求	将你认为正确的答案填入相应表格		扣分	得分
PLC 的输入/输出（I/O）地址分配表	PLC 输出地址分配： 正转启动按钮 SB1—X1 反转启动按钮 SB2—X2 停止按钮 过载保护触点	PLC 输入地址分配： 正转交流接触器 KM1—Y1 正转交流接触器 KM2—Y2 SB3—X0 FR —X3		
PLC 的输入/输出（I/O）接线图（改造后的控制电路图）	PLC N L X0　Y0 X1　Y1 X2　Y2 X3　Y3 X4　Y4 COM　COM1			
PLC 梯形图程序的设计				
PLC 指令程序的设计				

（2）根据要求正确地选择改造电路所需的电器元件，并填写表 5-5。

表 5-5　元件明细表（购置计划表或元器件借用表）　单价（金额）单位：元

代号	名称	型号	规格	单位	数量	单价	金额	用途	备注
M	三相异步电动机	Y132M-4	7.5 kW、380 V、15.4 A、△接法、1 440 r/min	台	1				
QS									
FU1									
FU2									
KM1									
KM2									
FR									
SB1～SB2									
plc									
XT1（主电路）									
XT2（控制电路）									
	主电路导线								

续表

代号	名称	型号	规格	单位	数量	单价	金额	用途	备注
	控制电路导线								
	电动机引线								
	电源引线								
	电源引线插头								
	按钮线								
	接地线								
	自攻螺钉								
	编码套管								
	U型接线鼻								
	行线槽								
	配线板		金属网孔板或木质配电板						
合计金额									

（3）将数据线可靠地连接在PLC与计算机的串口之间，将PLC的L与N端口连接到220 V交流电源，将“专业能力训练环节一”中保存在计算机中的程序修改后写入PLC。

（4）程序进行模拟调试无误后，将PLC安装在配线板上，电器布局图见图5-2。

（5）元件在配线板上布置要合理，安装要正确紧固，配线要求紧固、美观、导线要进行线槽。

（6）由PLC组成的控制电路及由接触器控制电动机的主电路全部安装完毕后，用万用表的电阻检测法进行控制线路安装正确性的自检。

（7）自检完毕后进行控制电路板的试车。进行试车及排故环节的学生要注意以下几点：

① 独自进行通电所需的配线板外围电路的连接，如连接电源线、连接负载线及电动机，并注意正确的连接顺序，同时要做好熔断器的可靠安装。

② 正确连接好试车所需的外围电路后，注意正确的通电试车步骤，并在实训指导教师的监护下进行试车。

③ 插上电源插头→合上组合开关QS1与QS1→依次按下起动按钮SB1、SB2与停止按钮SB3及过载保护FR(常开触点短接)后，注意观察各低压电器及电动机的动作情况，并仔细记录故障现象，以作为故障分析的依据，并及时回到各自工位独自进行故障排除训练，直到试车成功为止。

④ 试车成功后按照正确的断电顺序与拆线顺序进行配线板外围线路的拆除，待实训指导教师对自己的“专业能力训练环节二”进行评价后，简要小结本环节的训练经验并填入表5-6，进入职业核心能力训练环节。

表 5-6 “专业能力训练环节二”经验小结

经验小结：

⑤ 训练注意事项：

- 检修前应掌握电路的工作原理，熟悉电路结构和安装接线布局。
- 检修应注意测量步骤，检修思路和方法要正确，不能随意测量和拆线。
- 带电检修时，必须有教师在现场监护，排除故障应断电后进行。
- 检修时严禁扩大故障，损坏元器件。
- 检修必须在定额时间内完成。注意，本故障排除时间仍然属于 150 min 内，超时按照评价表 5-9 扣分。

（8）实训指导教师对本任务的实施情况进行评价。

3. “职业核心能力训练环节”训练步骤

职业核心能力的训练步骤与训练要求同任务一。

任务评价

（1）专业能力训练环节一的评价标准见表 4-6

（2）专业能力训练环节二的评价标准见表 2-9。

（3）职业核心能力评价表同任务一的表 1-14～表 1-17。

（4）个人单项任务总分评定表见表 2-10。

相关知识

一、继电接触控制系统的 PLC 设计的相关知识

1. PLC 改造继电器—接触器控制电路的一般步骤

（1）根据生产的工艺过程分析控制要求，如需要完成的动作（动作顺序、必须的保护和联锁等）、操作方式（手动、自动、连续、单周期、单步等）。

（2）根据控制要求确定系统控制方案。

（3）根据系统构成方案和工艺要求确定系统运行方式。

（4）根据控制要求确定所需的用户输入/输出设备，据此确定 PLC 的 I/O 点数。

（5）选择 PLC。

（6）分配 PLC 的 I/O 点数，设计 I/O 连接图（这一步也可结合第 2 步进行）。

（7）进行 PLC 的程序设计，同时可进行控制台的设计和现场施工。

（8）联机调试，如不满足要求，再返回修改程序或检查接线，直至满足要求为止。

（9）编制技术文件。

（10）交付使用。

2. 操作要点提示

（1）对那些已成熟的继电器—接触器控制电路的生产机械，在改用 PLC 控制时，只要把原有的控制电路作适当的改动，使之符合 PLC 要求的梯形图即可。

（2）原来继电器—接触器电路中分开画的交流控制电路和直流执行电路，在 PLC 梯形图中要合二为一。

（3）在 PLC 梯形图中，只有输出继电器可以控制外部电路及负载。

（4）每一逻辑行的条件指令（常闭、常开触点，其数目不限，但是每一个触点都要占用一个指令字），指令字越多，需要的 PLC 的内存空间越大。

（5）每一个相同的条件指令可以使用无数次，而不像继电器控制只有有限的触点可供使用。

（6）接通外部元器件的输出指令的地址号（输出继电器），也可以做为条件指令使用。

（7）一些简单、独立的控制电路（如机床中冷却泵电动机的控制电路，可以不进入 PLC 程序控制。

（8）程序的输入和调试：

① 在操作现场进行程序输入时，如果没有 PC，可以采用便携式手持编程器。将编程器设置在编程状态，依据设计的语句表指令逐条输入，完毕后逐条校对。

② 把控制电路各个电气元器件的线圈负载去掉，将编程器设置在运行状态，按照设计的流程图的要求进行模拟调试。进行模拟调试时，观察输出指示灯的点亮顺序是否与流程图要求的动作一致，如果不一致，可以修改程序，直到输出指示灯的点亮顺序与流程图要求的动作一致。

③ 把全部控制电路各个电气元器件的线圈负载接上，将编程器放置在运行状态，按照考核试题的要求进行调试，使各种电气元器件的动作符合考核试题要求的功能。

总之，一项 PLC 应用系统设计包括硬件设计和应用控制软件设计两大部分，其中硬件设计上要求选型设计和外围电路的常规设计；应用软件设计则是依据控制要求和 PLC 指令系统来进行的。

二、FX-20P-E 手持编程器的使用方法

GX Developer 编程软件是三菱公司专为全系列 PLC 设计的人机对话窗口。GX Developer 编程软件在 PC 上运行，可以达到全画面编程、调试及监控效果，PC 的大屏幕编程界面显示使程序的展现形式更直观明了。

PLC 程序的写入、调试及监控除了采用图 2-23 所示的 PLC 与计算机间的通信方式（即采用 GX Developer 编程软件）外，还可以采用手持编程器实现。三菱 FX 系列的 PLC 的编程可以选用 FX-20P-E 型简易的手持编程器，它也是 PLC 的主要外围设备，不但可以为 PLC 写入程序，还可以用来监控 PLC 的工作状态。

FX-20P-E 简易手持编程器可以用于 FX 系列中的 FX_0、FX_{0N}、FX_{1N}、FX_2、FX_{2C}、FX_{2N} 等型号的 PLC，也可以通过 FX-20P-E-FKIT 转换用于 F_1、F_2 系列的 PLC。

FX-20P-E 简易手持编程器有两种编程方式，即：

两种编程方式

- 在线编程
  - 也叫联机编程，编程器与PLC直接相连，并对PLC用户程序存储器进行直接操作
  - 程序写入的目的地一般有两种情况：
    - PLC内装EEPROM卡盒时程序写入PLC内部的该卡盒
    - PLC未装EEPROM卡盒时程序写入PLC内部的RAM
- 离线编程
  - 程序先写入编程器内部的RAM，联机后，再成批地传送到PLC内部的RAM。也可以在编程器和ROM写入器之间进行程序传送

(一) FX-20P-E 简易手持编程器的操作面板

FX-20P-E 简易手持编程器（简称 HPP）由液晶显示屏、ROM 写入器接口、HPP 自带的 8 KB 的 RAM、存储器卡盒接口、操作按键及 FX-20P-CAB0 通信电缆组成。

编程器面板如图 5-4 所示。面板上方的标注为“16 字/行 × 4 行”的液晶显示器，下方是 5 × 7 的按键盘，包括功能键、指令键（元件符号键、数字键）。

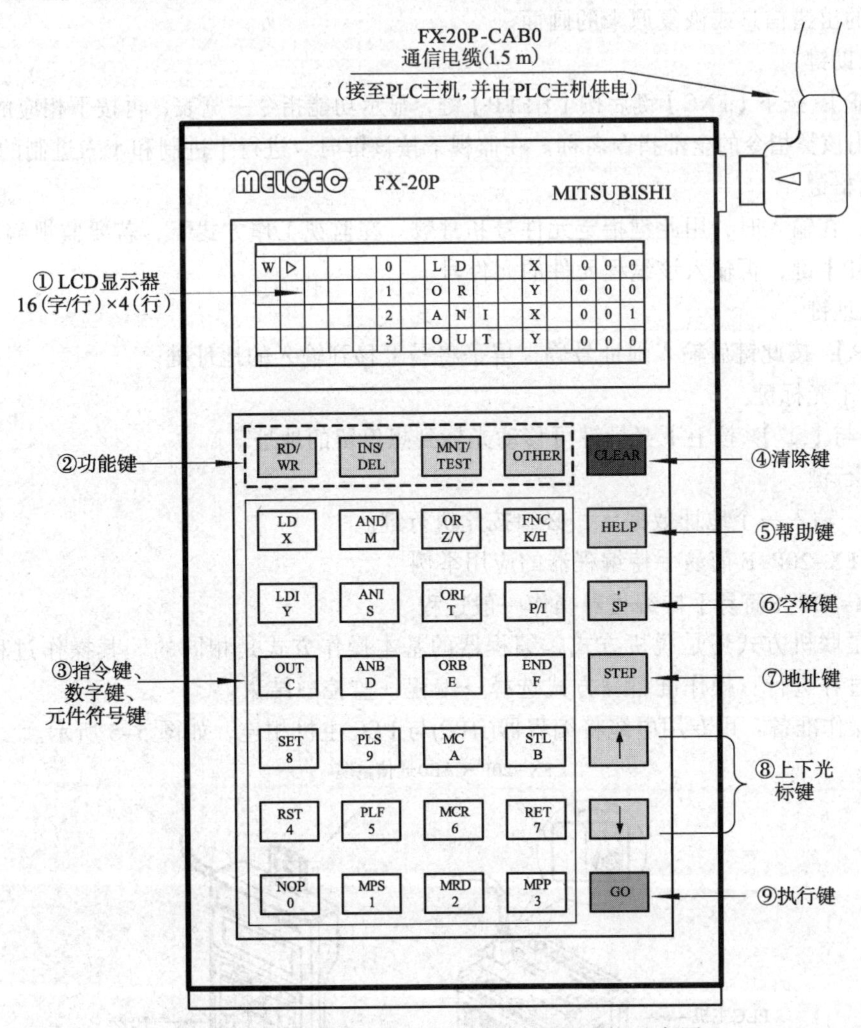

图 5-4 FX-20P-E 简易手持编程器的面板示意图

1. LCD 显示器

“16 字/行 × 4 行”的液晶显示器。

2. 功能键

【RD/WR】——读出/写入 INS/DEL——插入/删除；【MNT/TEST】——监视/测试。均为共享按键，按第一次时显示按键上层的功能，按第二次时自动显示下层功能。

【OTHER】为其他键，无论先前 HPP 操作到何处，只要按其他键，HPP 的屏幕将显示模态选单供用户选择。

3. 指令键、数字键和元件符号键

指令键、数字键、元件符号键均为双功能键，共有 24 键，上部为指令助记符，下部为元件符号或数字，上、下部的功能根据当前所执行的操作自动进行切换，其中 Z/V、K/H、P/I 又是交替起作用，反复按键时互相交替切换。

4. 清除键

【CLEAR】：如在按【GO】键前按此键，则清除输入的数据。另外，此键也可以用于清除显示器上的出错信息或恢复原来的画面。

5. 帮助键

【HELP】：按下【FNC】键后按【HELP】键，显示功能指令一览表，再按下相应的数字键，就会显示出该类指令的全部指令名称。在监视下按该键时，进行十进制和十六进制的转换。

6. 空格键

【SP】：在输入时，用此键指定元件号和常数。在监视工作方式下，若要监视编程元件，先按下【SP】键，再输入该编程元件的元件号。

7. 地址键

【STEP】：按此键后输入地址号码，屏幕将马上移到输入的地址处。

8. 上下光标键

【↑】与【↓】：按上下光标键可移动光标到想停留的地址。

9. 执行键

【GO】：输入一个地址数据后，必须按此执行键。

（二）FX-20P-E 简易手持编程器的应用举例

1. FX-20P-E简易手持编程器操作一般过程

无论是联机方式还是脱机方式，编程器的基本操作方式是相同的。其操作过程都是按照下面的过程进行：操作准备→方式选择→编程→监控→结束。

（1）操作准备：用专用电缆将编程器(HPP)与 PLC 主机相连，如图 5-5 所示。

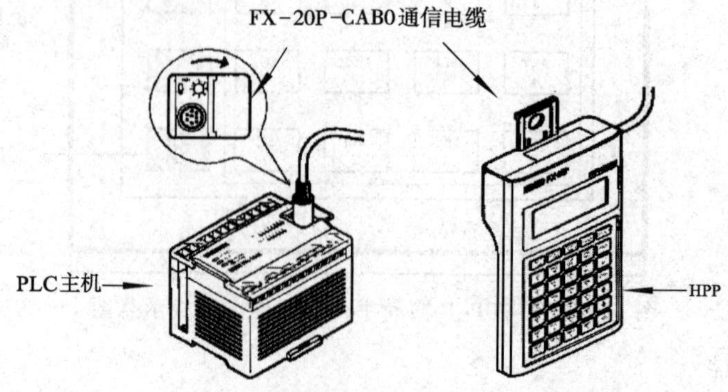

图 5-5　HPP 与 PLC 连接示意图

（2）方式选择：接通主机电源后显示如图 5-6 所示的“屏显 1”，2 s 后即转而显示“屏显 2”，移动光标选择操作方式（Online 或 Offline），然后再进行功能选择。

（3）清除 PLC 主机的 RAM 内存。在“屏显 3”的状态下按【RD/WR】反复键，当 HPP 的 LCD 屏幕左上角出现 W 字样时表示用户可开始输入程序。值得注意的是，在使用 HPP 进行编程时 PLC 主机 RAM 可能存有以前的程序，因此输入程序之前最好把以前存在内部的数据全部清除，让其每一地址均显示 NOP 字样，步骤如图 5-7 所示。

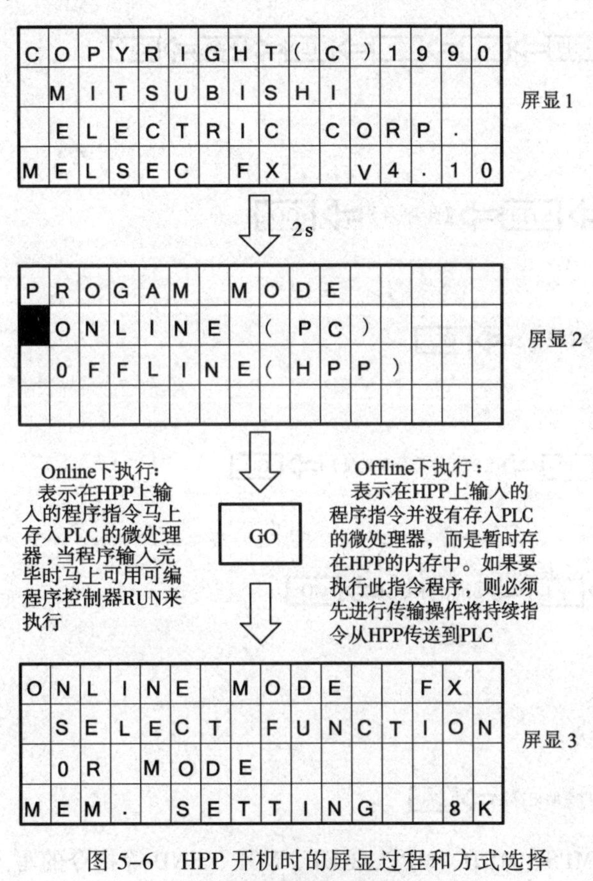

图 5-6　HPP 开机时的屏显过程和方式选择

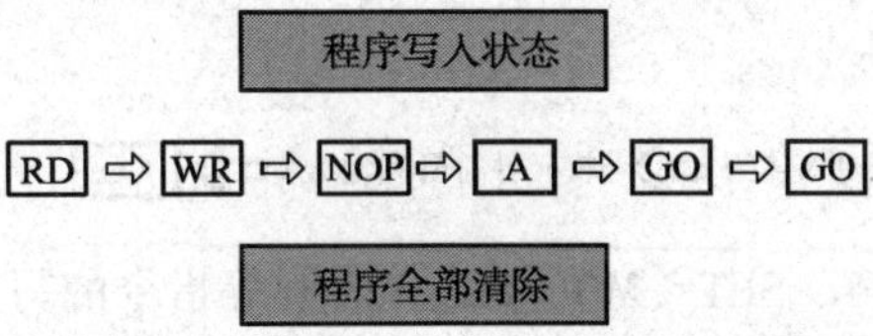

程序写入状态

RD ⇨ WR ⇨ NOP ⇨ A ⇨ GO ⇨ GO

程序全部清除

图 5-7　PLC 主机 RAM 程序的清除操作步骤

PLC 主机 RAM 内的原有程序清除完成后，LCD 屏幕显示如图 5-8 所示。否则，就必须依照图 5-7 所示的步骤重新输入一次。

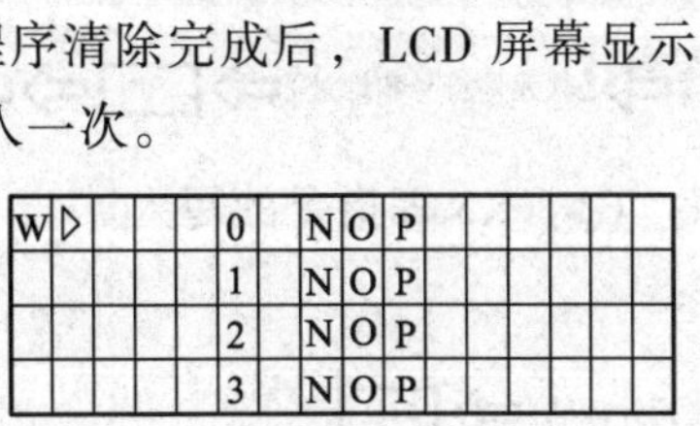

W	▷			0	N	O	P								
				1	N	O	P								
				2	N	O	P								
				3	N	O	P								

图 5-8　清除完成后 LCD 屏幕状态

（4）编程：编程状态下常用的操作方式如下。

① 清除用户内部程序操作（清零）。

• 在写入状态下清零：

W（写入状态下）⇨ NOP ⇨ A ⇨ GO ⇨ GO

• 在删除状态下清零：

D（删除状态下）⇨ STEP ⇨ 0 ⇨ SP ⇨ STEP ⇨ 1999 ⇨ GO

② 读出。

• 按步序号读出：

R（读出状态下）⇨ STEP ⇨〖步序号〗⇨ GO

• 按指令读出：

R（读出状态下）⇨〖指令〗⇨ GO

• 按软元件读出：

R（读出状态下）⇨ SP ⇨〖软元件符号和地址〗⇨ GO

• 按指针读出：

R（读出状态下）⇨ P/I ⇨〖指针标号〗⇨ GO

③ 写入。

a. 基本指令的写入。

• 仅输入指令的写入：

W（写入状态下）⇨〖指令助记符〗⇨ GO

适用 ANB、ORB、MPS、MRD、MPP、RET、NOP、END 等指令的写入。

• 带软元件指令的输入：

W（写入状态下）⇨〖指令助记符〗⇨〖软元件符号和地址〗⇨ GO

适用 LD　X0、OUT　Y1、SET　M0、PLS　M10 等指令的写入。

• 带参数指令的写入：

W（写入状态下）⇨〖指令助记符〗⇨〖软元件符号和地址〗⇨ SP ⇨〖参数〗⇨ GO

适用 OUT　T0　K20、OUT　C1　K3 等指令的写入。

• 指针的写入。

W（写入状态下）⇨ P/I ⇨〖指针标号〗⇨ GO

在确认前要修改，可以按【CLEAR】键，确认后要修改，可移动光标至错误指令处，重新写入正确指令。

b. 功能指令的写入。

写入功能指令时，先按【FNC】键，再输入功能指令号和参数。

W（写入状态下）⇨ FNC ⇨（D）⇨〖功能指令标号〗⇨（P）⇨〖操作数〗⇨ GO

操作数：SP→第一个软元件符号和地址→第二软元件符号和地址……。

32 位指令要按【D】键，脉冲执行指令要按【P】键。

例如，要写入 M8000 ─┤├─ [FNC19 K2X10 D0] 指令时，可按以下步骤进行：

【WR】→LD→M→8→0→0→0→GO→FNC→1→9

→SP→K→2→X→1→0→SP→D→0→【GO】

此时显示屏显示结果如图 5-9 所示。

W	▷			0	L	D		M	8	0	0	0
				1	B	I	N					
					K	2	X		0	1	0	
							D			0		

图 5-9　功能指令的应用举例

④ 插入程序。

R（读出状态下）⇨ INS ⇨〖指令〗⇨ GO

⑤ 删除程序。

- 指令和指针的删除：

R（读出状态下）⇨ DEL ⇨ GO

- 指定范围内的程序删除：

D（删除状态下）⇨ STEP ⇨〖起始步号〗⇨ SP ⇨ SETP ⇨〖终止步号〗⇨ GO

（5）监控：

① 软元件检测。

MNT ⇨ SP ⇨〖软元件符号和地址〗⇨ GO

② 导通检查。

MNT ⇨〖指令〗⇨ GO

③ 动作状态检测。

MNT ⇨ STL ⇨ GO

（6）测试：

① 强制 ON/OFF。

MNT ⇨ SP ⇨〖软元件符号和地址〗⇨ GO ⇨ TEST ⇨ SET / RST

② 变更 T、C、D、V、Z 的当前值。

MNT ⇨ SP ⇨〖软元件符号和地址〗⇨ GO ⇨ TEST ⇨ SP ⇨〖参数〗⇨ GO

③ 变更 T、C 的设定值。

MNT ⇨ SP ⇨〖软元件符号和地址〗⇨ GO ⇨ TEST ⇨ SP ⇨ SP ⇨〖参数〗⇨ GO

2. 应用举例

图 5-10 所示为三相异步电动机 Y-△降压启动继电接触控制电路改造的 PLC 梯形图程序和指令表程序，试用 HPP 将程序输入到 PLC 的主机中。

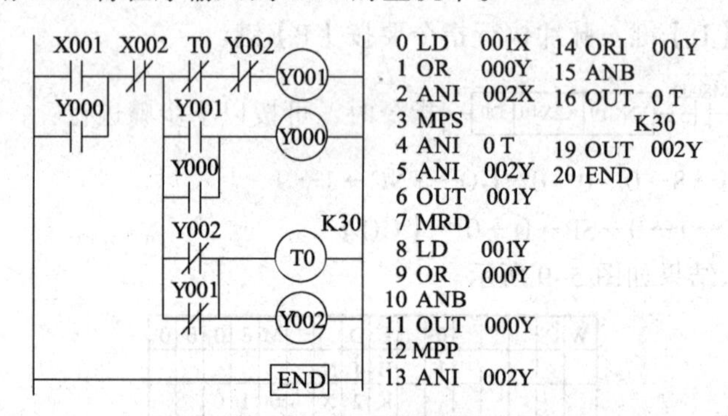

图 5-10 Y-△降压启动控制电路改造的 PLC 梯形图和指令表程序

解题过程如下：

① 操作准备：见图 5-5。

② 方式选择：见图 5-6。

③ 清除 PLC 主机的 RAM 内存：步骤见图 5-7。

④ 在 HPP 上写入图 5-10 所示程序的指令语句。

程序写入的键操作步骤如图 5-11 所示。

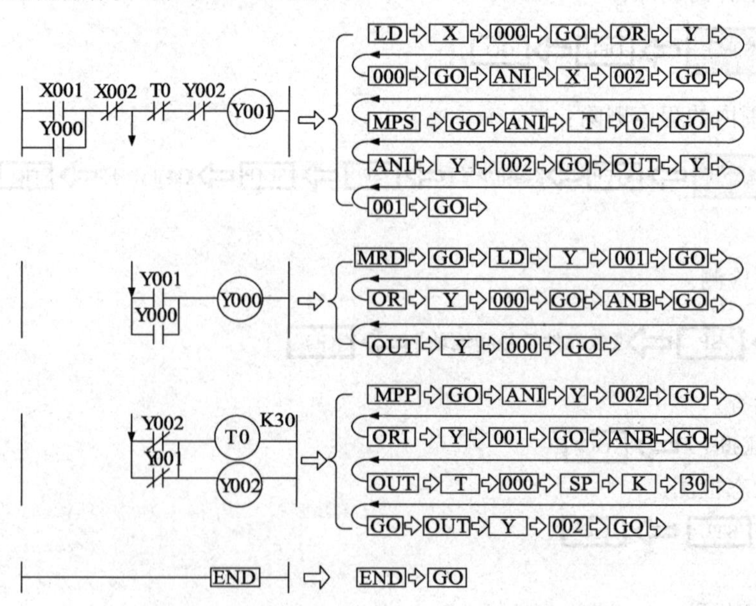

图 5-11 在 HPP 上程序写入的键操作步骤

三、PLC 的安装接线要求

1. 工作环境

（1）温度：PLC 要求环境温度在 0℃ ~ 55℃。按装时不能放在发热量大的元件附近，四周通风散热的空间应足够大；基本单元与扩展单元双列安装时上下要有 30 mm 以上的距离；开关柜上、下部应有的百叶窗，防止太阳直接照射。如果环境温度超过 55℃要设法强迫降温。

（2）湿度：为了保证 PLC 的绝缘性能，空气的相对湿度应小于 85%RH(无凝露)。

（3）震动：应使 PLC 远离强烈的震动源。防止震动频率为 10 ~ 55 Hz 的频繁或连续振动。当使用环境不可避免震动时，必须采取减震措施，如采用减震胶等。

（4）空气：避免有腐蚀和易燃气体，例如氯化氢、硫化氢等。对于空气中有较多粉尘或腐蚀性气体的环境，可将 PLC 安装在封闭性较好的控制室或控制柜中，并安装空气净化装置。

（5）电源：PLC 采用单相工频交流电源供电时，对电压的要求不严格，也具有较强的抗电源干扰。对于可靠性要求很高或干扰较强的环境。可以使用带屏蔽层的隔离变压器减少电压干扰。还可以在电源输入端串接 LC 滤波电路。当输入端使用外接直流电源时，由于纹波的影响，容易使 PLC 接收到错误信息。

2. 安装与布线

（1）动力线、控制线以及 PLC 的电源线和 I/O 线应分别配线，隔离变压器与 PLC 和 I/O 之间应采用双胶线连接。

（2）PLC 应远离强干扰源（如电焊机、大功率硅整流装置和大型动力设备），不能与高压电器安装在同一个开关柜内。

（3）PLC 的输入与输出最好分开走线，开关量与模拟量信号线也要分开敷设。模拟量信号的传送用屏蔽线，屏蔽层应一端或两端接地，接地电阻应小于屏蔽层电阻的 1/10。

（4）PLC 基本单元与扩展单元以及功能模块的连接线缆应单独敷设，以防外接信号干扰。

（5）交流输出线盒直流输出线不要用同一根电缆，输出线应尽量远离高压线和动力线。

3. I/O 端的接线

（1）输入接线：

① 输入接线一般不要超过 30 m，但如果环境干扰较小，电压降不大时，输入接线可适当长些。

② 输入/输出线不能用同一根电缆，输入/输出线要分开。

③ 尽可能采用常开触点形式连接到输入端，使编制的梯形图与继电器原理图一致，便于阅读。

（2）输出接线：

① 输出端接线分为独立输出和公共输出。在不同组中，可采用不同类型和电压等级的输出电压，但在同一组中输出只能用同一类型、同一电压等级的电源。

② 由于 PLC 的输出元件被封装在印制电路板上，并且连接至端子板，若将连接输出元件的负载短路，将烧毁印制电路板，因此，应用熔丝保护输出元件。

③ 采用继电器输出时，所承受的电感性负载的大小，会影响到继电器的工作寿命，因

此使用电感性负载时应选择工作寿命较长的继电器。

④ PLC 的输出负载可能产生干扰，因此要采取措施加以控制。如前节所述，直流输出的续流管保护，交流输出的阻容吸收电路，晶体管及双向晶闸管输出的旁路电阻保护等。

4. PLC 的外部安全电路

为了确保整个系统能在安全状态下可靠工作，避免由于外部电源事故、PLC 出现的异常、误操作以及误输出造成的重大经济损失和人身伤亡事故，PLC 外部应安装必要的保护电路。

（1）急停电路：对于能够造成用户伤害的危险负载，除了在 PLC 控制程序中加以考虑外，还要设置外部紧急停车电路，这样在 PLC 发生故障时，能将引起伤害的负载和故障设备可靠切断。

（2）保护电路：在正转等可逆操作的控制系统中，要设置外部电器互锁保护；往复运动和升降移动的控制系统，要设置外部限位保护。

（3）自检功能：PLC 有监视定时器等自检功能，检测出异常时，输出全部关闭。但当 PLC 的 CPU 故障时就不能控制输出。因此，对于能使用户造成伤害的危险负载，为确保设备在安全状态下运行，需设置机外防护措施。

（4）电源过负荷的保护：如果 PLC 电源发生故障，中断时间少于 10 ms，PLC 工作不受影响，若电源中断超过 10 ms 或电源下降超过允许值，PLC 则停止工作，所有的输出端口均同时断开；当电源恢复时，若 RUN 输入接通，则操作自动进行。因此，对一些易过负荷的输入设备应设置必要的限流保护电路。

（5）重大故障的报警和防护：对于易发生重大事故的场所，为了确保控制系统在事故发生时仍能可靠地报警和防护，应将与重大故障有联系的信号通过外电路输出，以使控制系统能够在安全状态下运行。

5. PLC 的接地

良好的接地是保证 PLC 可靠工作的重要条件，可以避免偶然发生的电压冲击波危害。PLC 的接地线与设备的接地线端相连，接地线的截面积应不小于 2 mm^2，接地电阻要小于 100 Ω；如果使用扩展单元，其接地点应与基本单元的接地点连在一起。为了有效抑制加在电源盒输入、输出端的干扰，应给 PLC 接上专用的地线，接地点应与动力设备的接地点分开；如果达不到这种要求，也必须做到与其他设备公共接地，接地点要尽量靠近 PLC。严禁 PLC 与其他设备串联接地。

6. I/O 口的接线端子

（1）基本单元的端子排列：

PLC 的输入/输出端子是进行 I/O 地址分配与接线的依据，因此必须熟悉 FX_{2N} 系列 PLC 的输入/输出（I/O）的接口端子排列实况，以便进行正确的安装。

下面提供的是三菱 FX_{2N} 系列 AC 电源，DC 输入型的 PLC 的俯视图。图 5-12 所示为 FX_{2N}-□MR 系列的 I/O 接线端子俯视图。

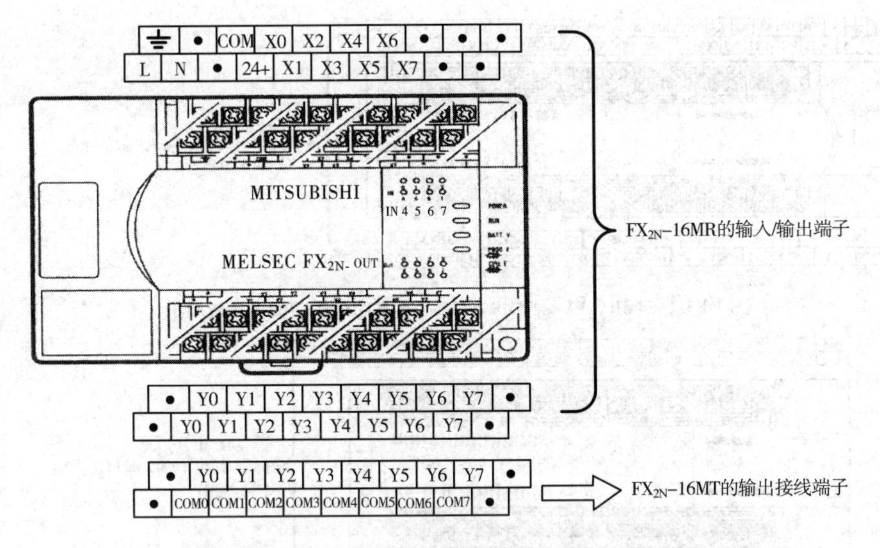

（a）FX_{2N}-16MR 与 FX_{2N}-16MT 的输入/输出接线端子

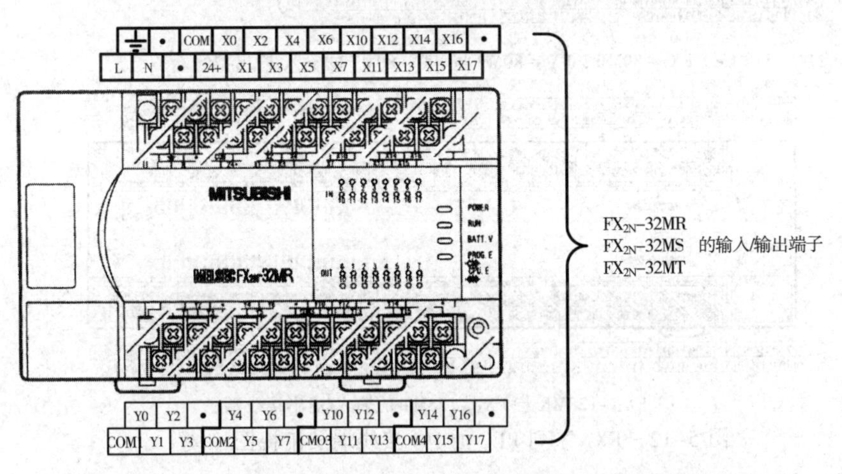

（b）FX_{2N}-32MR、FX_{2N}-32MS 与 FX_{2N}-32MT 的输入/输出接线端子

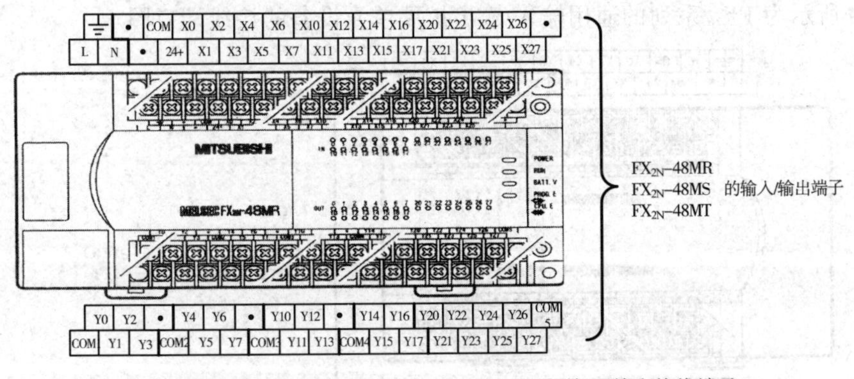

（c）FX_{2N}-48MR、FX_{2N}-48MS 与 FX_{2N}-48MT 的输入/输出接线端子

图 5-12　FX_{2N} 系列 PLC 的 I/O 接线端子俯视图

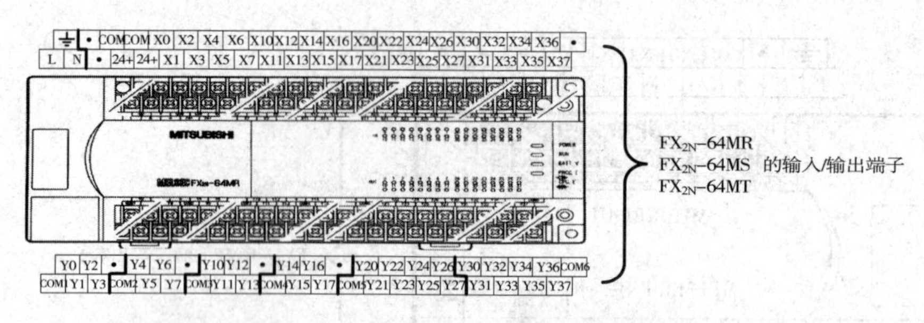

（d）FX_{2N}-64MR、FX_{2N}-64MS 与 FX_{2N}-64MT 的输入/输出接线端子

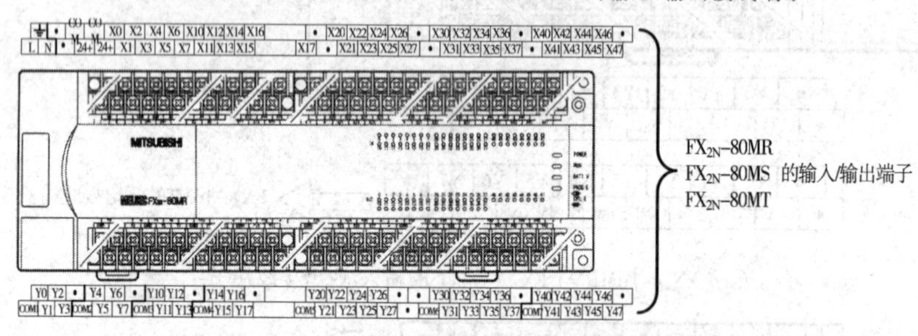

（e）FX_{2N}-80MR、FX_{2N}-80MS 与 FX_{2N}-80MT 的输入/输出接线端子

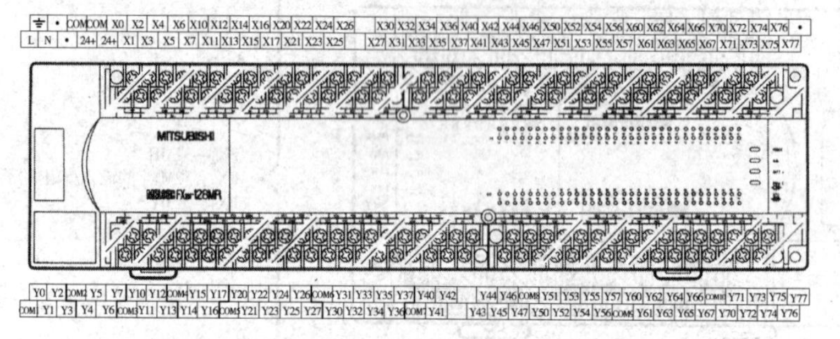

（f）FX_{2N}-128MR 与 FX_{2N}-128MT 的输入/输出接线端子

图 5-12　FX_{2N} 系列 PLC 的 I/O 接线端子俯视图（续）

（2）扩展单元的端子排列：

图 5-13 所示为 FX_{2N} 系列的通用输入/输出扩展单元设备的接线端口图。

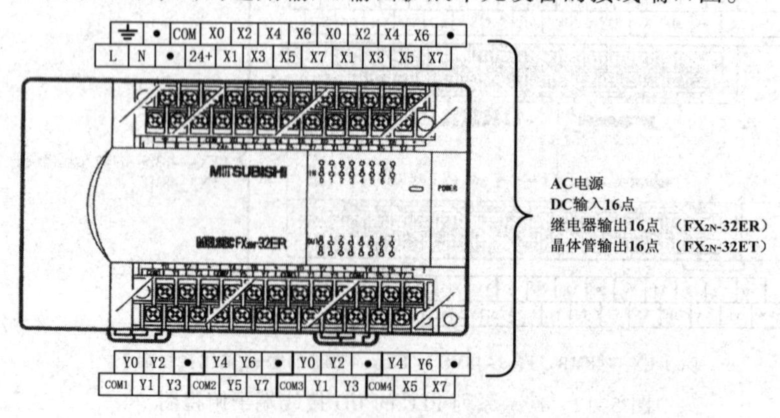

（a）FX_{2N}-32ER 与 FX_{2N}-32ET 扩展单元的输入/输出接线端子

图 5-13　FX_{2N} 系列的通用输入输出扩展单元设备的接线端口

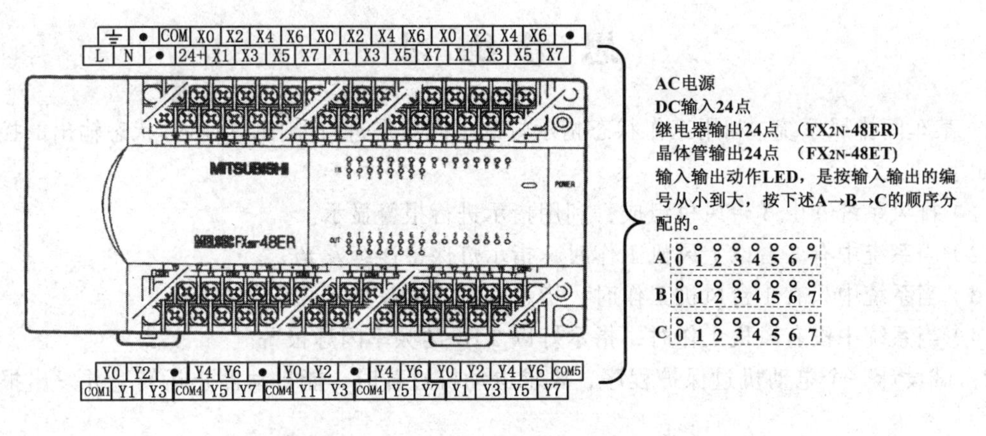

（b）FX_{2N}-48ER 与 FX_{2N}-48ET 扩展单元的输入/输出接线端子

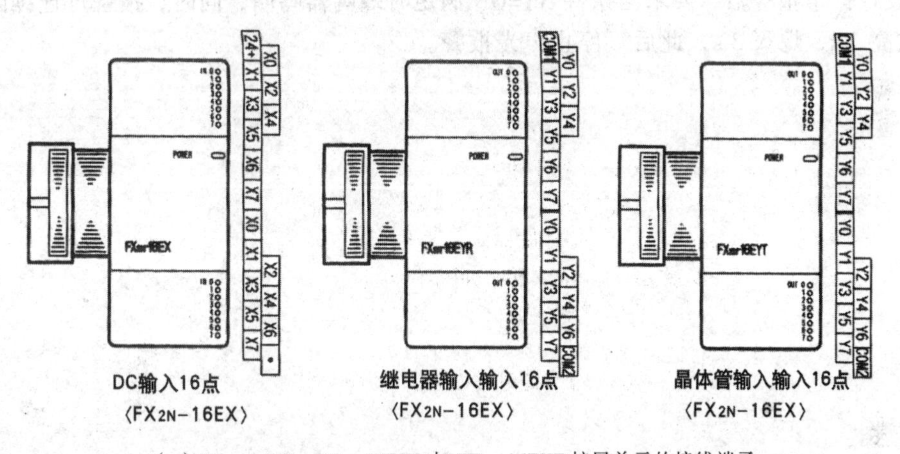

（c）FX_{2N}-16ER、FX_{2N}-16EYR 与 FX_{2N}-16EYT 扩展单元的接线端子

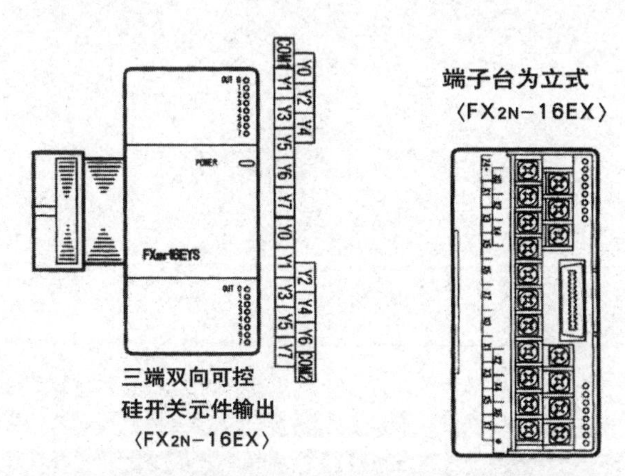

（d）FX_{2N}-16EYS 与 FX_{2N}-16EX 扩展单元的接线端子

图 5-13　FX_{2N} 系列的通用输入/输出扩展单元设备的接线端口（续）

思考练习

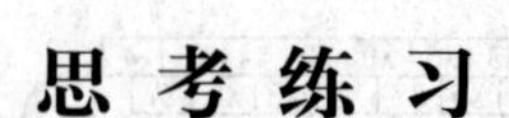

1. 某车间排风系统，利用工作状态指示灯的不同状态进行监控，指示灯状态输出的控制要求如下：

（1）排风系统共由 3 台风机组成，利用指示进行报警显示。

（2）当系统中有 2 台以上风机工作时，指示灯保持连续发光。

（3）当系统中只有 1 台风机工作时，指示灯以 0.5 Hz 的频率闪烁报警。

（4）当系统中没有风机工作时，指示灯以 2 Hz 的频率闪烁报警。

2. 试设计一个电动机过保护程序，要求电动机过载时，能自动停止运转，并发出报警信号。

3. 设计一个报警器，要求当条件 X1=ON 满足时蜂鸣器鸣叫，同时，报警灯连续闪烁 16 次，每次亮 2 s，熄灭 3 s，此后，停止声光报警。

任务六

用 PLC 实现三相异步电动机的 Y-△降压启动能耗制动控制

任务目标

（1）掌握栈操作指令 MPS/MRD/MPP 的应用方法。

（2）会利用栈操作指令 MPS/MRD/MPP 编写梯形图某节点后存在分支支路的程序，应用于电动机 Y-△降压启动能耗控制。

（3）熟练用 PLC 实现的三相异步电动机 Y-△降压启动能耗制动控制电路的程序设计安装与调试，熟练进行线路故障的排除。

（4）能独立、熟练完成“思考练习”的内容。

（5）提高自我学习、信息处理、数字应用等方法能力及与人交流、与人合作、解决问题等社会能力；自查 6S 执行力。

任务描述

一、专业能力训练环节一

图 6-1 所示为三相异步电动机 Y-△降压启动能耗制动控制电路，下面用 PLC 来实现该电路的改造。

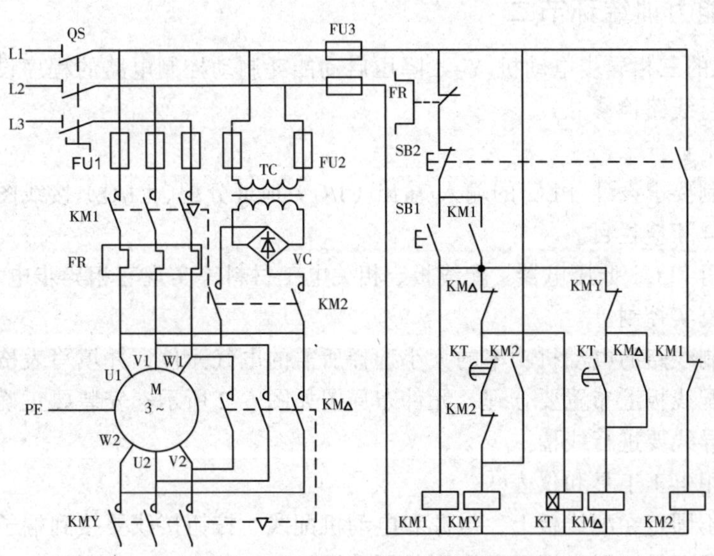

图 6-1　三相异步电动机 Y-△降压启动能耗制动控制电路

改造要求如下：

（1）在 PLC 学习机上用发光二极管模拟调试程序，即用发光二极管 LED1、LED2、LED3、LED4 的亮灭情况分别代表主电路的 4 只接触器 KM1、KMY、KM△、KM2 的分合动作情况。发光管模拟调试动作分合对照表见表 6-1。

表 6-1　发光管模拟调试动作分合对照表

执行 \ 功能	电动机 Y 型降压启动	电动机△型全压运行	电动机能耗制动
操作 SB1	LED1、LED2 先亮（即 KM1、KMY 先吸合）	T 时间后，LED3 亮 LED2 灭（即 3s ± 1s 后，KM△吸合 KMY 断电）	/
操作 SB2	/	LED1、LED3 灭（即 KM1、KM△断电）	LED4、LED2 亮（即 KM2、KMY 吸合）
操作 FR	/	LED1、LED3 灭（即 KM1、KM△断电）	/

（2）按照控制要求设计 PLC 的输入/输出（I/O）地址分配表并将设计结果填入表 6-2。

（3）按照控制要求进行 PLC 的输入/输出（I/O）接线图的设计并将设计结果填入表 6-2。

（4）按照控制要求进行 PLC 梯形图程序的设计并将设计结果填入表 6-2。

（5）按照控制要求进行 PLC 指令程序的设计并将设计结果填入表 6-2。

（6）用 PLC 及发光二极管实现三相异步电动机 Y-△降压启动能耗制动控制电路的程序设计与模拟调试，并一次成功。

（7）工时：90 min，每超时 5 min 扣 5 分。

（8）配分：本任务满分为 100 分，比重占 20%。

二、专业能力训练环节二

用 PLC 实现的三相异步电动机 Y-△降压启动能耗制动控制电路的程序设计、调试与安装，并能熟练进行线路检修。

改造要求如下：

（1）按照控制要求设计 PLC 的输入/输出（I/O）地址分配、（I/O）接线图、梯形图、指令表并填入表 6-4 相应栏目。

（2）要求采用 PLC、低压电器、配线板、相关电工材料等实现三相异步电动机 Y-△降压启动能耗制动的真实控制。

（3）按照控制线路的电动机功率的大小选择所需的电气元件，并填写表格，见表 6-5。

（4）元件在配线板上布置要合理，元件布局图如图 6-2 所示。安装要正确牢固，配线要求紧固、美观、导线要进行线槽。

（5）正确使用电工工具和仪表。

（6）按钮盒不固定在配线板上，电源和电动机配线、按钮接线要接到端子排上，进出线槽的导线要有端子标号，引出端子要用别径压端子。

（7）用 PLC 及接触器实现三相异步电动机 Y–△降压启动能耗制动控制电路的程序设计、安装与调试，并一次成功。

（8）进入实训场地要穿戴好劳保用品并进行安全文明操作。

（9）工时：120 min，每超时 5 min 扣 5 分。

（10）配分：本任务满分 100 分，比重占 60%。

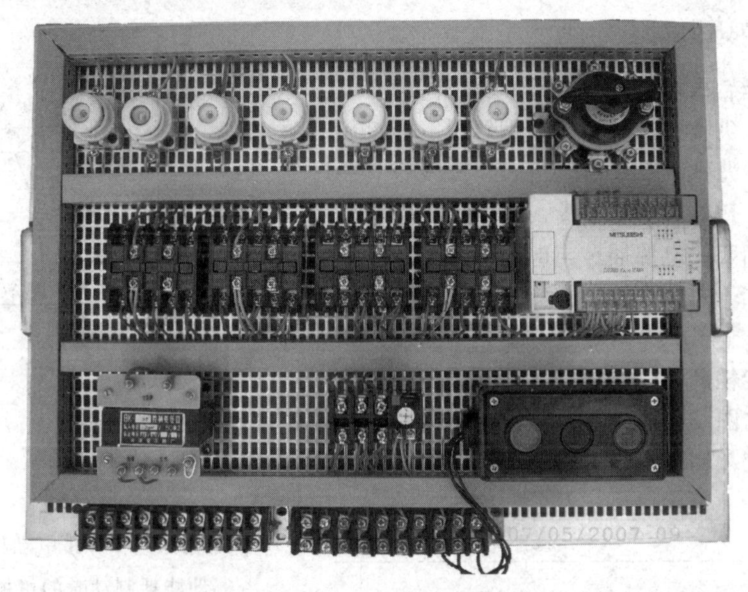

图 6–2　用 PLC 实现三相异步电动机 Y–△降压启动能耗制动控制电路布局图

三、职业核心能力训练环节

以小组为单位总结以上两个任务的实施经验，并回答教师提出的问题。经验汇报要求与任务一的职业核心能力训练环节相同。

配分：本项目满分为 100 分，比重占 20%，职业核心能力评价表同任务一的表 1–14～表 1–17。

四、专业能力拓展训练环节

在试车成功的配线板及 PLC 程序上进行 2～3 处的模拟故障设置，交叉进行故障排除训练。故障设置与故障排除训练要求如下：

（1）本环节能力训练适用于“专业能力训练环节二”试车成功的学员。

（2）在配线板及 PLC 程序上设置 2～3 处模拟导线接触不良或程序设计出错的故障。

（3）故障设置范围：主电路、控制电路、程序中。

（4）主电路与控制电路中尽量避免设置短路故障，可以根据挑战难易程度的不同设置接错线的故障。

（5）故障的设置与排除要求交叉进行。

（6）故障排除完毕，进行通电试车检测时，要与指导教师说明，且务必穿戴好劳保用品并严格按照用电安全操作规程通电试车，且要有合格的监护人监护通电试车过程。

（7）注意不要停留在“用肉眼寻找故障”的低级排故水平上，而应该用掌握的工作原理

及控制要求根据故障现象分析故障所处的大概位置，并用常用仪表检测与判断准确的故障点位置。

（8）工时：每个故障限时 10 min。每超时 5 min 扣 10 分。

（9）配分：本任务满分为 5 分，为附加分。评分标准见表 5–9。

任务实施

一、训练器材

验电笔、尖嘴钳、斜口钳、剥线钳、螺钉旋具、万用表、兆欧表、钳形电流表、配线板、一套低压电器、PLC、连接导线、三相异步电动机及电缆、三相四线电源插头与电缆。

二、预习内容

（1）试补全图 6–3 所示的三相异步电动机 Y–△降压启动能耗制动时的机械特性曲线。

（2）写出图 6–1 所示的三相异步电动机 Y–△降压启动能耗制动控制电路的工作原理：

____

____

____

______________________________。

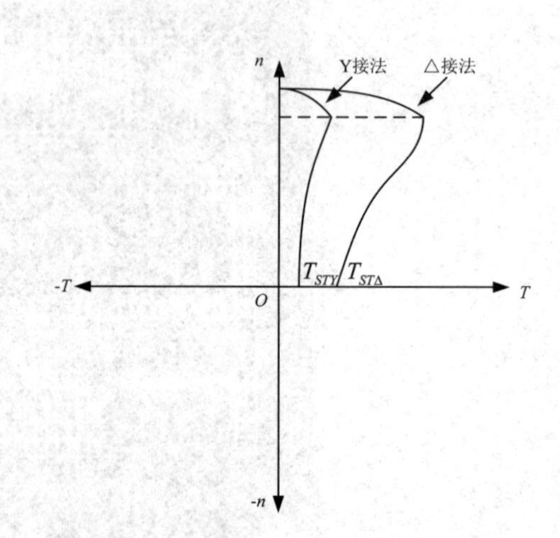

图 6–3　三相异步电动机 Y–△降压启动能耗制动时的机械特性曲线

（3）复习组合开关、熔断器、交流接触器、热继电器、按钮、接线端子排等低压电器、配电导线、整流变压器、整流二极管及 PLC 的选用方法，并填写好表 6–5 所示的元件选择明细表。

（4）分析控制电路板安装好后的自检核心步骤有哪些。（建议用万用表的电阻检测法）

（5）思考电气控制线路安装接线时提高安装速度的方法，即影响接线速度的因素有哪些。

（6）三菱 FX_{2N}–16MR 型号的 PLC 上的输出接口的 com 端是在什么位置？

三、训练步骤

1.“专业能力训练环节一”训练步骤

（1）实训指导教师简要说明“能力训练环节一”的要求后，学生各就各位在 PLC 学习机上进行 Y–△降压启动能耗制动控制电路的发光二极管的模拟调试。调试步骤参照任务五。

（2）按照表 6–1 模拟调试的动作要求依次按下按钮 SB1、SB2 及过载保护触点 FR，结合三相异步电动机 Y–△降压启动能耗制动的工作原理分析程序的正误。

（3）程序调试成功后按照正确的断电顺序与拆线顺序进行 PLC 外围线路的拆除，并整理好工位，填写好表 6–2，待实训指导教师对自己的“专业能力训练环节一”进行评价后，简要小结本环节的训练经验并填入表 6–3，进入“专业能力训练环节二”的能力训练。

表 6-2　笔试回答核心问题

自检 要求	请将合理的答案填入相应表格	扣分	得分
PLC 的输入/输出（I/O）地址分配表			
PLC 的输入/输出（I/O）接线图,（改造后的控制电路图）	FU1 ~220 V N L X10　Y10 X11　Y11 X12　PLC　Y12 X13　Y13 X14　Y14 COM　COM1 24 V		
PLC 梯形图程序的设计			
PLC 指令程序的设计			

表 6-3　“专业能力训练环节一”经验小结

经验小结：

（4）实训指导教师对本任务的实施情况进行小结与评价。

2. “专业能力训练环节二”训练步骤

（1）因本训练环节要求采用 PLC、低压电器、配线板、相关电工材料等实现三相异步电动机 Y-△降压启动能耗制动的真实控制，PLC 的输出控制对象由“专业能力训练环节一”的发光二极管变为驱动电压为交流 220 V 的交流接触器，PLC 的输入控制电器由微型按钮改为防护式两挡按钮，为此，表 6-2 中的相关信息需要作适当的修改才是正确的答案。修改的结果填入表 6-4。

表 6-4

自检 要求	请将合理的答案填入相应表格		扣分	得分
PLC 的输入/输出（I/O）地址分配表				
PLC 的输入/输出（I/O）接线图（即包含主电路和控制电路的设计图）	N L X10 Y10 X11 Y11 X12 PLC Y12 X13 Y13 X14 Y14 COM COM1			
PLC 梯形图程序的设计及指令表程序设计	梯形图：	指令表：		

（2）根据要求正确地选择改造电路所需的电器元件，并填写表 6-5。

表 6-5　元件明细表（购置计划表或元器件借用表）　单价（金额）单位：元

代号	名称	型号	规　格	单位	数量	单价	金额	用途	备注
M	三相异步电动机	Y160M1-2	11 kW、380 V、21.8 A、△接法、2 930 r/min	台	1				
QS									
FU1									
FU2									
FU3									
KM1									
KMY									
KM△									
KM2									
FR									

续表

代号	名称	型号	规　　格	单位	数量	单价	金额	用途	备注
SB1～SB2									
PLC									
XT1（主电路）									
XT2（控制电路）									
	整流变压器								
V1～V4	整流二极管								
	主电路导线								
	控制电路导线								
	电动机引线								
	电源引线								
	电源引线插头								
	按钮线								
	接地线								
	自攻螺钉								
	编码套管								
	U 型接线鼻								
	行线槽								
	配线板		金属网孔板或木质配电板						
合计									

（3）将数据线可靠地连接在 PLC 与计算机的串口之间，将 PLC 的 L 与 N 端口上连接到 220 V 交流电源，将“专业能力训练环节一”中保存在计算机中的程序写入 PLC。

（4）程序进行模拟调试无误后，将 PLC 安装在配线板上，电器布局图参见图 6-2。

（5）元件在配线板上布置要合理，安装要正确紧固，配线要求紧固、美观，导线要进入线槽。

（6）由 PLC 组成的控制电路及由接触器控制电动机的主电路全部安装完毕后，用万用表的电阻检测法进行控制线路安装正确性的自检。

（7）自检完毕后进行控制电路板的试车。

进行试车环节的学员要注意以下几点：

① 独自进行通电所需的配线板外围电路的连接，如连接电源线、连接负载线及电动机，并注意正确的连接顺序，同时要做好熔断器的可靠安装。

② 正确连接好试车所需的外围电路后，注意正确的通电试车步骤，并在实训指导教师的监护下进行试车。

③ 插上电源插头→合上组合开关 QS→按下起动按钮 SB1 与制动按钮 SB2→观察各低压电器及电动机的动作情况→记录故障现象（作为故障分析的依据）→独自进行故障排除训练→直到试车成功为止。

④ 试车成功后按照正确的断电顺序与拆线顺序进行配线板外围线路的拆除，待实训指导教师对自己的“专业能力训练环节二”进行评价后，简要小结本环节的训练经验并填入表6-6，进入职业核心能力训练环节。

⑤ 整理工位，不拆除安装好的控制电路板，为专业拓展能力训练作准备。

⑥ 训练注意示项参见任务五。

表 6-6　“专业能力训练环节二”经验小结

经验小结：

（8）实训指导教师对本任务的实施情况进行小结与评价。

3. “职业核心能力训练环节”训练步骤

职业核心能力的训练步骤与训练要求同任务一。

4. “专业能力拓展训练环节”训练步骤

（1）按照交叉进行排故训练的原则，试车成功的学生相互进行故障的设置。设置情况可分两种：

① 在同组或异组同学的配线板上出 2～3 处的模拟故障点，回到自己的配线板上进行排故训练。

② 在自己的配线板上出 2～3 处的模拟故障点，与同组或异组同学进行交叉排故训练。

（2）故障的形式主要有：

① 程序设计错误。

② 模拟导线或接线头接触不良或线路开路。

（3）相互约定开始时间与排故的结束时间，到约定的结束时间时双方自动停止排故训练，自觉检测自身的故障排除能力。

（4）通电试车用以检查排故效果时一定要注意相互间的安全监护，不清楚应该监护的信息时严禁进行学生间监护形式的通电试车。改由实训指导教师监护下进行试车。

排故过程注意以下规定动作的训练：

① 对已经设置故障的电气线路进行通电试车，观察并记录通电试车时，分别操作按钮SB1、SB2及热继电器FR常开触头后，各电器元件及电动机的动作情况是否符合正常的工作要求，对不正常的工作现象进行记录。

记录不正常的工作现象：

故障 1：____。

故障 2：（在前一故障排除的条件下）________________________。

故障 3：（在前一故障排除的条件下）________________________。

此外，排查故障的方法还可以用万用表电阻法进行检测（这种方法相对比较安全）。

② 根据工作原理分析造成以上不正常现象的可能原因：

故障1：________________。

故障2：（在前一故障排除的条件下）________________。

故障3：（在前一故障排除的条件下）________________。

③ 确定最小故障范围：

- 故障1可能范围：________________。
- 故障2可能范围：________________。
- 故障3可能范围：________________。

④ 按照分析的最小故障范围用电阻法进行故障检测，确认最终的故障点，或进行程序的修改。（可选择实施）

- 故障1所处位置：________________。
- 故障2所处位置：________________。
- 故障3所处位置：________________。

⑤ 按照分析的最小故障范围用电压法进行故障检测，确认最终的故障点，或进行程序的修改。（可选择实施）

- 故障1所处位置：________________。
- 故障2所处位置：________________。
- 故障3所处位置：________________。

⑥ 用电工工具进行相应故障点的电气故障修复。

（5）同学间依照评价表5–9进行互评。（要求客观、公正、真诚、互助）。

（6）“专业能力拓展训练环节”结束时，简要小结本环节的训练经验并填入表6–7。

表6–7 “专业拓展能力训练环节”经验小结

经验小结：

（7）训练注意事项：

① 检修前应掌握电路的工作原理，熟悉电路结构和安装接线布局。

② 检修应注意测量步骤，检修思路和方法要正确，不能随意测量和拆线。

③ 带电检修时，必须有教师在现场监护，排除故障应断电后进行。

④ 检修严禁扩大故障，损坏元器件。

⑤ 检修必须在定额时间内完成。

⑥ 严禁出短路故障。

（8）教师对任务实施过程存在的问题进行评价。

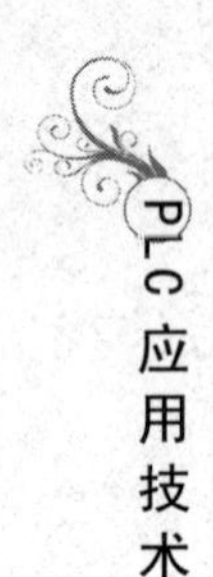

任务评价

（1）“专业能力训练环节一”的评分标准见表 4-6

（2）“专业能力训练环节二”的评分标准见表 2-9。

（3）专业拓展能力训练的评分标准见表 6-8。

（4）职业核心能力评价表同任务一的表 1-14 ~ 表 1-17。

（5）个人单项任务总评成绩建议按照表 2-10 进行，其中专业能力训练环节的比重有所改变。

表 6-8　专业拓展能力训练的评分标准

<table>
<tr><th>项目内容</th><th colspan="2">配分</th><th colspan="4">评分标准</th><th>扣分</th></tr>
<tr><td rowspan="3">故障分析</td><td colspan="2" rowspan="3">40</td><td colspan="4">①不能根据试车的状况说出故障现象，扣 5~15 分</td><td rowspan="3"></td></tr>
<tr><td colspan="4">②不能标出最小故障范围，每个故障扣 10 分</td></tr>
<tr><td colspan="4">③不能根据试车的状况说出故障现象，每个故障扣 10 分</td></tr>
<tr><td rowspan="7">故障排除</td><td colspan="2" rowspan="7">60</td><td colspan="4">①停电不验电</td><td rowspan="7"></td></tr>
<tr><td colspan="4">②测量仪表、工具使用不正确，每次扣 5 分</td></tr>
<tr><td colspan="4">③检测故障方法、步骤不正确，扣 10 分</td></tr>
<tr><td colspan="4">④不能查出故障，每个故障扣 20 分</td></tr>
<tr><td colspan="4">⑤查出故障但不能排除，每个故障扣 15 分</td></tr>
<tr><td colspan="4">⑥损坏元器件，扣 40 分</td></tr>
<tr><td colspan="4">⑦扩大故障范围或产生新的故障，每个故障扣40分</td></tr>
<tr><td>安全文明生产</td><td colspan="2">倒扣</td><td colspan="4">违反安全文明生产规程，未清理场地，扣 10 ~ 60 分</td><td></td></tr>
<tr><td>定额时间</td><td>30 min</td><td>开始时间</td><td></td><td>结束时间</td><td></td><td>实际时间</td><td></td></tr>
<tr><td>备注</td><td colspan="2">① 不允许超时检修故障，但在修复故障时每超时1 min扣2分
② 除定额工时外，各项内容的最高扣分不得超过配分数</td><td colspan="3">成绩</td><td colspan="2"></td></tr>
</table>

相关知识

在熟悉了梯形图的编程规则和 PLC 的指令系统后，本节针对一些在实际系统中常见的控制功能，说明其实现方法和技巧，并分析相应的梯形图。

电动机有 9 种常见的基本控制线路，即：

电动机的 9 种基本控制线路：

- 点动控制线路
- 连续控制线路
- 正反转控制线路
- 位置控制及自动往返控制线路
- 顺序控制线路
- 多地控制线路
- 降压启动控制线路
- 调速控制线路
- 制动控制线路

这 9 种电动机的基本控制线路的罗列有效地归纳了继电接触控制系统电路的特点和典型结构，对后续学习复杂的生产机械控制线路及设计继电接触控制系统的电路起到很好的铺垫作用。相比 PLC 来说是否也有构成复杂程序的基本的、典型的程序段呢？回答是肯定的。

我们学习的 PLC 基本编程环节大致可分为以下几种，即：

PLC的基本编程环节：

- 恒“0”与恒“1”程序
- 启动、保持和停止梯形图程序
- 边沿检测信号的生成程序
- 连续脉冲生成程序
- 延时接通和断开回路程序(基本延时）
- 长延时定时器程序（扩展延时）
- 分频程序
- 互锁程序（联锁程序）
- 闪烁与单稳态程序（振荡电路）
- 控制运行状态的指示程序
- 方波和占空比可调的脉冲发生器程序
- 顺序脉冲发生器程序

以上几个编程环节主要针对常见功能的设计方法和技巧适用于一般的 PLC 系统，是进行实际 PLC 控制系统应用程序设计的基本单元和基础，具有一定的实用和参考价值。

1. 恒“0”与恒“1”程序

在进行 PLC 程序设计时（特别是对功能模块进行编程时），经常需要将某些信号的状态设置为“0”或“1”。因此，大部分长期从事 PLC 程序设计的人，一般均会在程序的起始位置首先编入产生恒“0”与恒“1”的程序段，以便在程序中随时使用。

产生恒“0”与恒“1”的梯形图程序如图 6-4 所示。

图 6-4（a）中，M000 的状态等于信号 M002 的状态与 M002 的“非”信号进行“与”运算的结果，M000 恒为“0”。

图 6-4（b）中，M000 的状态等于信号 M002 的状态与 M002 的“非”信号进行“或”运算的结果，M000 恒为“1”。

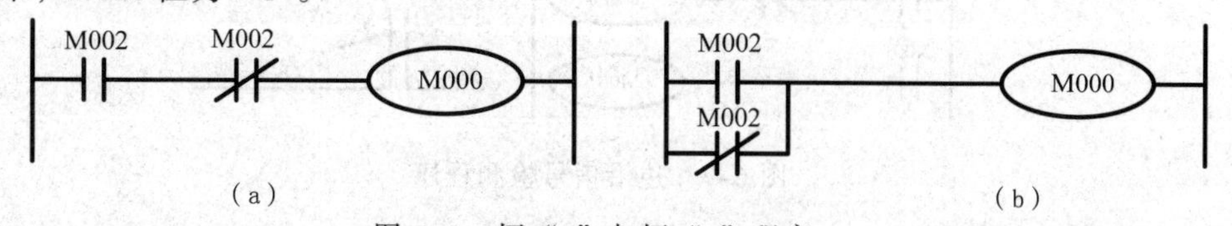

图 6-4　恒“0”与恒“1”程序

2. 启动、保持和复位程序(自锁信号生成程序)

在许多控制场合，有的输出（或内部继电器）需要在某一信号进行“启动”后，一直保持这一状态，直到其他的信号“断开”，这就是继电器控制系统中所谓的“自锁”。

生成“自保持”的程序有2种编程方法，即通过“自锁”的方法实现与通过“置位”、“复位”指令实现，分别如图6–5（a）、图6–6（a）与图6–5（b）、图6–6（b）所示。

“自锁”有“断开优先”与“启动优先”两种控制方式。其区别在于当“启动”、“断开”信号同时生效时，其输出状态将有所不同。

“断开优先”的PLC梯形图程序如图6–5所示。

“启动优先”的PLC梯形图程序如图6–6所示。在正常情况下，它与图6–5的工作过程相同。但是，当X001、X002同时为“1”时，Y1输出为“1”状态，故称为“启动优先”或“置位优先”。

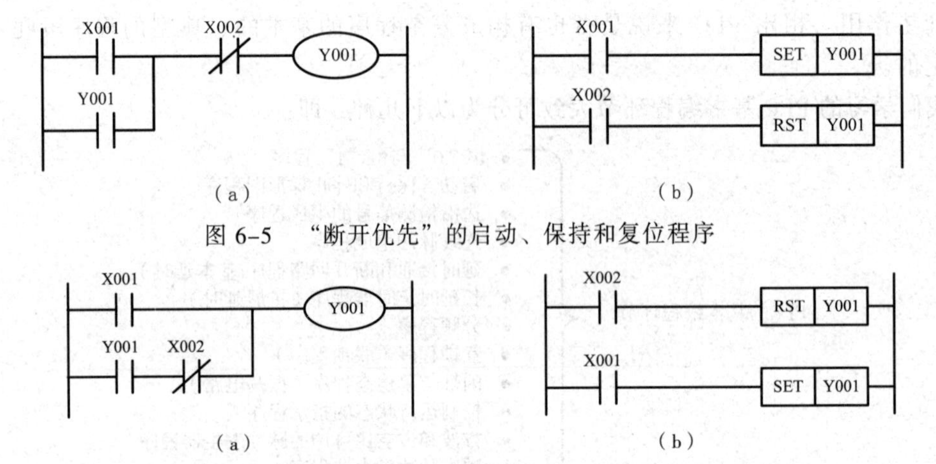

图6–5　“断开优先”的启动、保持和复位程序

图6–6　“启动优先”的启动、保持和复位程序

3. 边沿信号检测的程序（单一脉冲生成程序）

在许多PLC程序中，需要检测某些输入/输出信号的上升或下降的“边沿”信号，以实现特定的控制要求。实现信号边沿检测的典型程序有2种，如图6–7及图6–8所示。

图6–7所示为PLC梯形图中经常使用的“边沿”输出程序，在继电器控制回路中类似的回路设计无意义（输出M0恒为“0”），但是PLC程序严格按照梯形图“自上而下”的时序执行，因此，在X001为“1”的第一个PLC循环周期里，可以出现M000、M001同时为“1”的状态，即在M000中可以获得宽度为1个扫描周期的脉冲输出。

图6–8所示的边沿检测程序的优点是在生成边沿脉冲的同时，还在内部产生了边沿检测状态“标志”信号M001，M001为“1”代表有边沿信号生成。

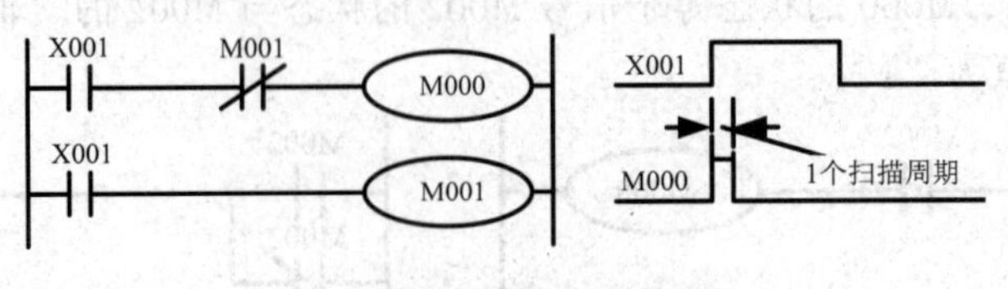

图6–7　边沿信号检测程序

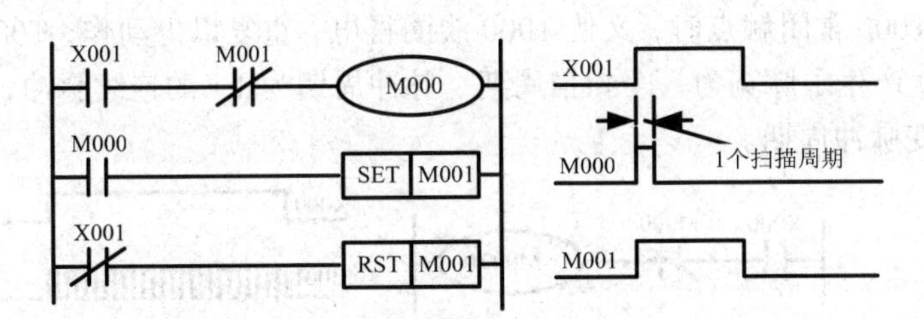

图 6-8 带边沿检测状态“标志”的边沿检测信号程序

图 6-9 与图 6-10 为利用脉冲微分指令来得到脉宽为一个扫描周期的单脉冲。

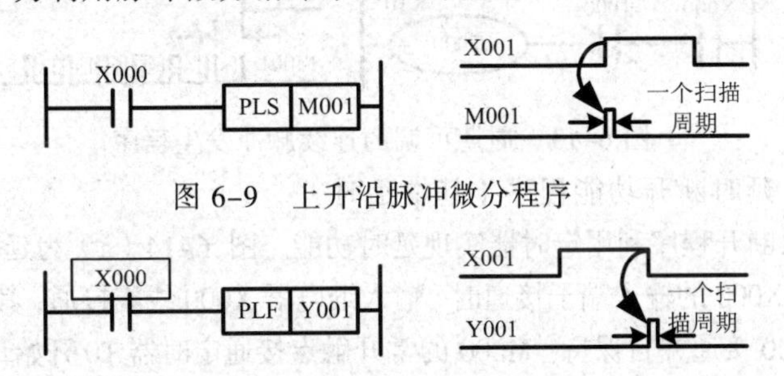

图 6-9 上升沿脉冲微分程序

图 6-10 下降沿脉冲微分程序

另外，在某些控制回路中，为了使断电保持寄存器在电源接通时能够初始复位，或进行初始化设定，有时要求在电源接通时产生一个单脉冲信号。

在这种情况下，可以使用 PLC 内部相应的特殊辅助继电器的功能，如 FX_{2N} 系列 PLC 中的 M8002、M8003 等，但更为通用的方法是用图 6-11 所示的梯形图。

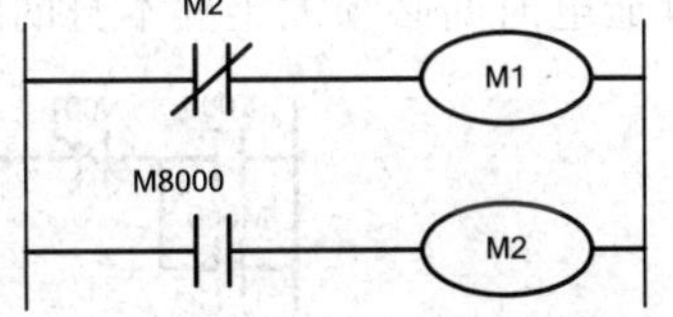

图 6-11 单一脉冲发生器程序

4. 连续脉冲生成程序

FX 系列 PLC 内部有 4 个特殊辅助继电器（软元件），即 M8011（10 ms 时钟）、M8012（100 ms 时钟）、M8013（1 s 时钟）、M8014（1 min）等 4 个时钟脉冲，它们可以直接产生周期固定的连续脉冲。

在 PLC 程序设计中，也经常会用到设计出来的连续脉冲发生器以此产生连续的脉冲信号作为计数器的计数脉冲或其他作用。图 6-12 与图 6-13 所示梯形图就能产生连续脉冲的基本程序。

图 6-12 中，利用辅助继电器 M000 产生一个脉宽为一个扫描周期、脉冲周期为两个扫描周期的连续脉冲。该梯形图是利用 PLC 的扫描工作方式来设计的。当 X000 常开触点闭合后，第一次扫描到 M000 的常闭触点时，因 M000 线圈得电后其常闭触点已经断开，M000 线圈失电。这样，M000 线圈得电时间为一个扫描周期。M000 线圈不断连续得电、失电，其常开触点也随之不断连续地断开、闭合，就产生了脉宽为一个扫描周期的连续脉冲信号输出。

此程序的缺点是脉冲宽度和脉冲周期不可调节。

在图 6-13 中，是利用定时器 T000 产生一个周期可调节的连续脉冲。当 X000 常开触点闭合后，第一次扫描到 T000 常闭触点时，它是闭合的，于是，T000 线圈得电，经过 1 s 的延时，T000 常闭触点断开。T000 常闭触点断开后的下一个扫描周期中，当扫描到 T000 常闭触点时，因它已断开，使 T000 线圈失电，T000 常闭触点又随之恢复闭合。这样，在下一个扫

描周期扫描到 T000 常闭触点时，又使 T000 线圈得电，重复以上动作，T000 的常开触点连续闭合、断开，就产生了脉宽为一个扫描周期、脉冲周期为 1 s 的连续脉冲，改变 T000 常数设定值，就可改变脉冲周期。

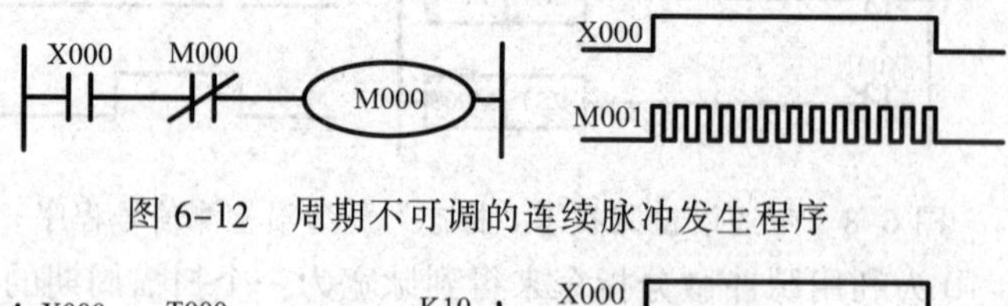

图 6-12 周期不可调的连续脉冲发生程序

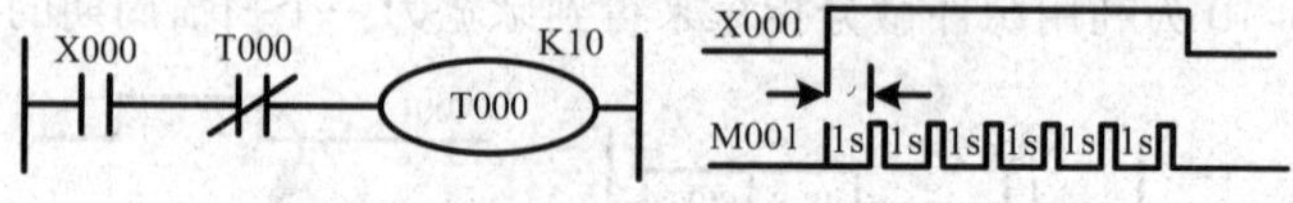

图 6-13 周期可调的连续脉冲发生程序

5. 延时接通、延时断开功能程序（基本延时）

延时接通、延时断开程序利用定时器实现延时功能。图 6-14（a）为延时接通程序，图 6-14（b）为其时序图。当 X000 的输入端子接通时，输入继电器 X000 线圈接通，其常开触点 X000 闭合，内部继电器线圈 M000 接通并自保持。M000 的常开触点接通定时器 T0 开始计时，延时 3s 后 T0 常开触点闭合输出继电器线圈 Y000 得电保持。当输入端 X001 接通后，内部继电器线圈 M000 断电，M000 的常开触点断开，定时器 T0 复位，T0 常开触点断开输出继电器线圈 Y000 失电。

图 6-14（c）也为延时接通程序，该图说明要使定时器完成设定的定时时间，定时器的连续通电时间必须大于其本身的时间设定值。

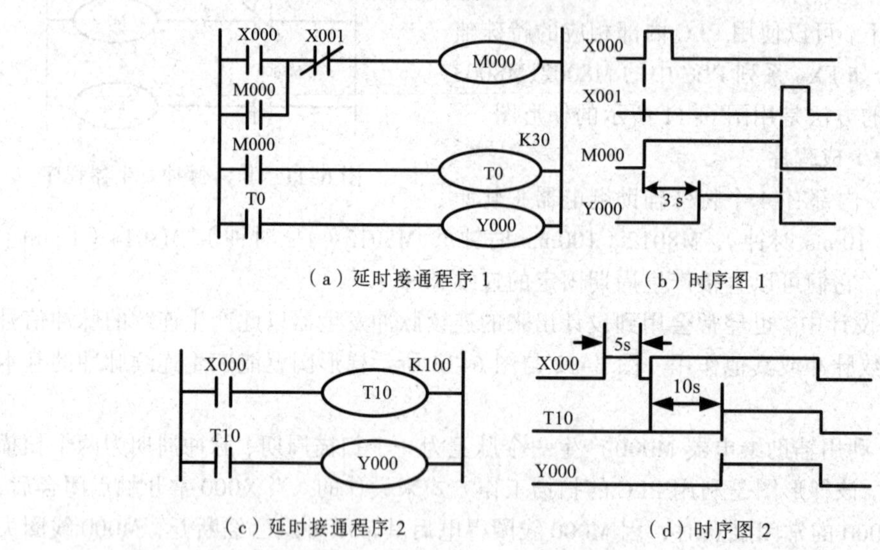

图 6-14 延时接通程序

如图 6-15（a）为延时断开程序，图 6-15（b）为其时序图。当 X000 的输入端子接通时，内部继电器线圈 M000 接通并自保持。M000 的常开触点接通，定时器 T0 开始计时同时输出继电器为 ON，延时 3 s 后，T0 常闭触点断开，输出继电器线圈 Y000 失电。

图 6-15（c）也为延时断开程序，只是计时的开始时间与图 6-15（a）不同，图 6-15（a）中的定时器从 X000 的上升沿就开始计时，而图 6-15（c）中的定时器是从 X001 的下降沿才开始计时的。

图 6-15（e）为另一种延时断开程序，该图说明：当定时器的启动信号 X000 接通时间少于 10 s 时，则输出信号 Y17 接通时间保持 10 s，当 X000 接通时间大于 10 s 时，则 Y017 接通时间与 X000 接通时间相同，即输出信号 Y017 最少接通时间为 10 s。在工程上采用这种程序，可控制负载的最少工作时间。

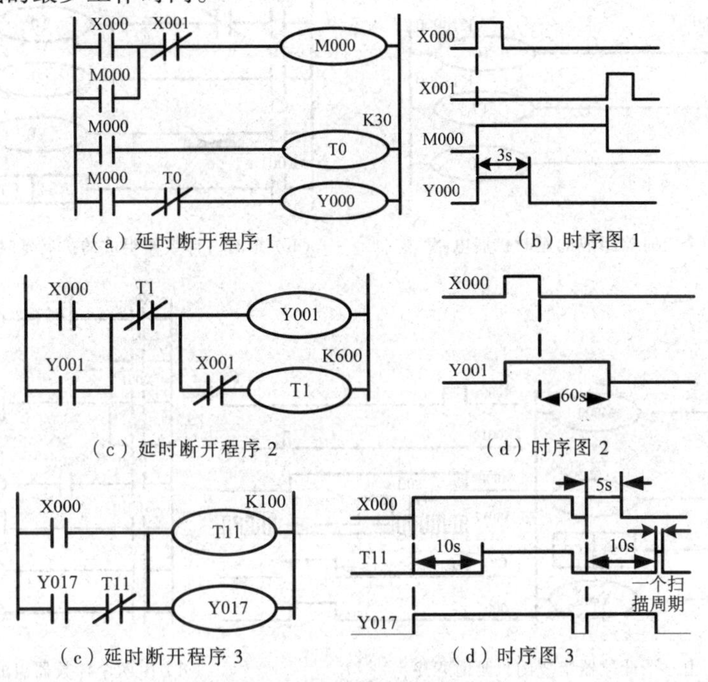

（a）延时断开程序 1　（b）时序图 1

（c）延时断开程序 2　（d）时序图 2

（c）延时断开程序 3　（d）时序图 3

图 6-15　延时断开程序

6. 长时间延时电路（扩展延时）

无论是哪一种时间控制程序，其定时时间的长短都是由定时器常数设定值决定的。FX 系列 PLC 中，编号为 T0 ~ T199 的定时器常数设定值的取值范围为 0.1 ~ 3276.7 s，即最长的定时时间为 3276.7 s,不到 1 小时。如果需要设定时间为 1 小时或更长的定时器，则可采用下面的方法实现长时间延时。

长时间延时电路可以由多个定时器（图 6-16（a））或者是定时器和计数器组成的电路（图 6-16（b））或者采用单一的计数器实现（图 6-16（c））或者采用多个计数器实现（图 6-16（d））。

在图 6-16（a）中有两个定时器形成延时 1 小时的长时间延时电路，当 X000 闭合后，定时器 T0 开始计时，1 800 s 后 T0 常开触点闭合，定时器 T1 开始计时，再经 1 800 s 后 T1 常开触点闭合，输出继电器 Y000 经过 1 小时(1 800 s+1 800 s)的等待才使输出为 ON。

图 6-16（b）中由定时器和计数器组成延时 6 000 s 的长时间延时电路，当 X000 闭合后，定时器 T0 开始计时，300 s 后 T0 常开触点闭合，常闭触点断开，计数器计数一次。定时器 T0 重新开始计时，300 s 后计数器再计数一次，如此反复，当计到第 20 次时 C1 常开触点闭合保持，继电器 Y0 输出为 ON。当 X001 闭合时，C1 复位，Y0 输出为 OFF。

要让单一的计数器实现定时功能，必须将脉冲生成程序或者时钟脉冲信号作为计数器的输入信号。时钟脉冲信号可以由 PLC 内部特殊继电器产生，如 FX 系列 PLC 内部的 M8011（10 ms 时钟）、M8012（100 ms 时钟）、M8013（1 s 时钟）、M8014（1 min）等。下面利用 M8012

时钟脉冲进行长延时程序的设计，如图 6-16（c）是由一个计数器组成的长延时程序，其延时时间为 18 000×0.1 s=1 800 s=30 min。延时时间的最大误差一般等于或小于时钟脉冲的周期，要减小延时时间的误差，提高定时精度，就必须用周期更短的时钟脉冲作为计数信号。

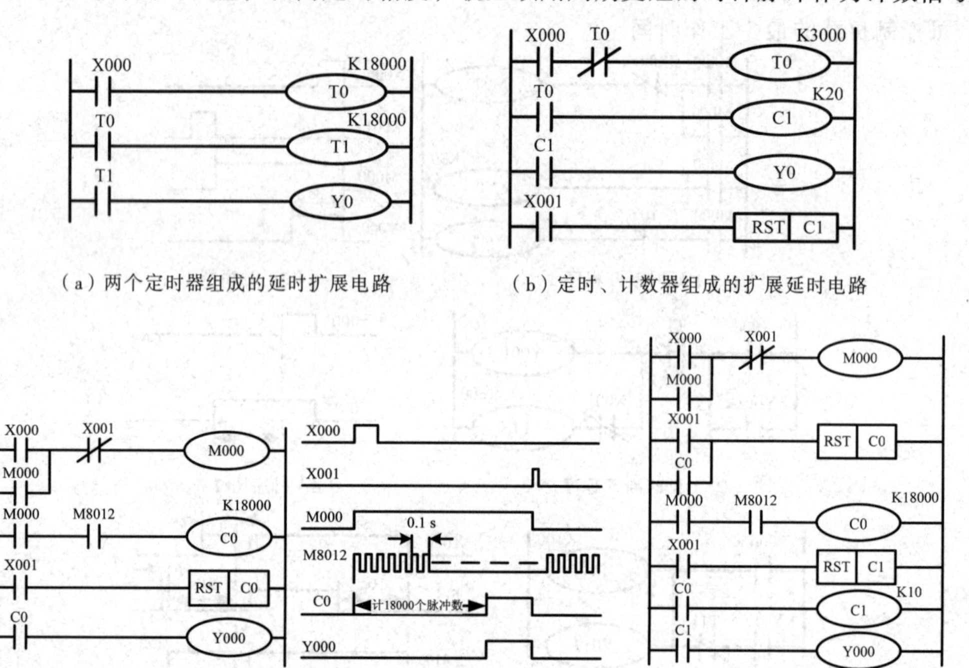

（a）两个定时器组成的延时扩展电路　　（b）定时、计数器组成的扩展延时电路

（c）由一个计数器组成的长延时程序　　（d）由两个计数器组成的长延时程序

图6-16　长时间延时程序

图 6-16（c）所示的长延时控制程序的最大延时时间受计数器的最大计数值和时钟脉冲的周期限制，而计数器的最大计数值为 32 767，所以该延时程序的最大延时时间为 32 767×0.1=3276.7 s=54.6 min，不到 1 小时。可见，要增大最大延时时间，可以增大时钟脉冲的周期，如采用 M8013（1 s 时钟）、M8014（1 min）等时钟脉冲，但这会使定时精度下降。为了获得更长时间的延时，同时又能保证定时精度，可采用两级或更多的计数器串级计数。图 6-16(d)为两个计数器组成的长延时程序，其延时时间为 18 000×0.1s×10=18000 s=5 h。可见两个计数器串级后，能得到的最大延时时间为：32 767 × 0.1s × 32 767=29 824.34 h=1 242.68 天。

7. 分频程序

在 PLC 控制系统中，经常有需要利用一个按钮的反复使用来交替控制执行元件的通断的要求，即在输出为“0”时，通过输入可以将输出变成“1”；而在输出为“1”时，通过输入可以将输出变成“0”。

实现这一控制要求的程序比较多，常见的如图 6-17（a）、（b）、（c）、（d）所示。图中的 Y000 为执行元件的驱动器，由于这种控制要求的输入信号动作频率是输出的 2 倍，故常称为“二分频”

图 6-17（a）为二分频程序，当 X000 端加入脉冲信号后，M010 在 X000 脉冲信号的上升沿接通一个扫描周期，M010 常开触点闭合，常闭触点断开，1 支路接通，Y000 为 ON。当

M010 的单脉冲结束后，M010 复位，2 支路接通，使 Y000 保持。当 M010 在第二个单脉冲信号到来时，使 2 支路断开，Y000 为 OFF。单脉冲结束后，M010 复位，使 Y000 继续为 OFF。第三个单脉冲和第四个单脉冲重复前面的过程。完成了输入信号的 2 分频，这里的重点是扫描周期对电路的影响。

图 6-17（b）为二分频程序的另一种表达式。

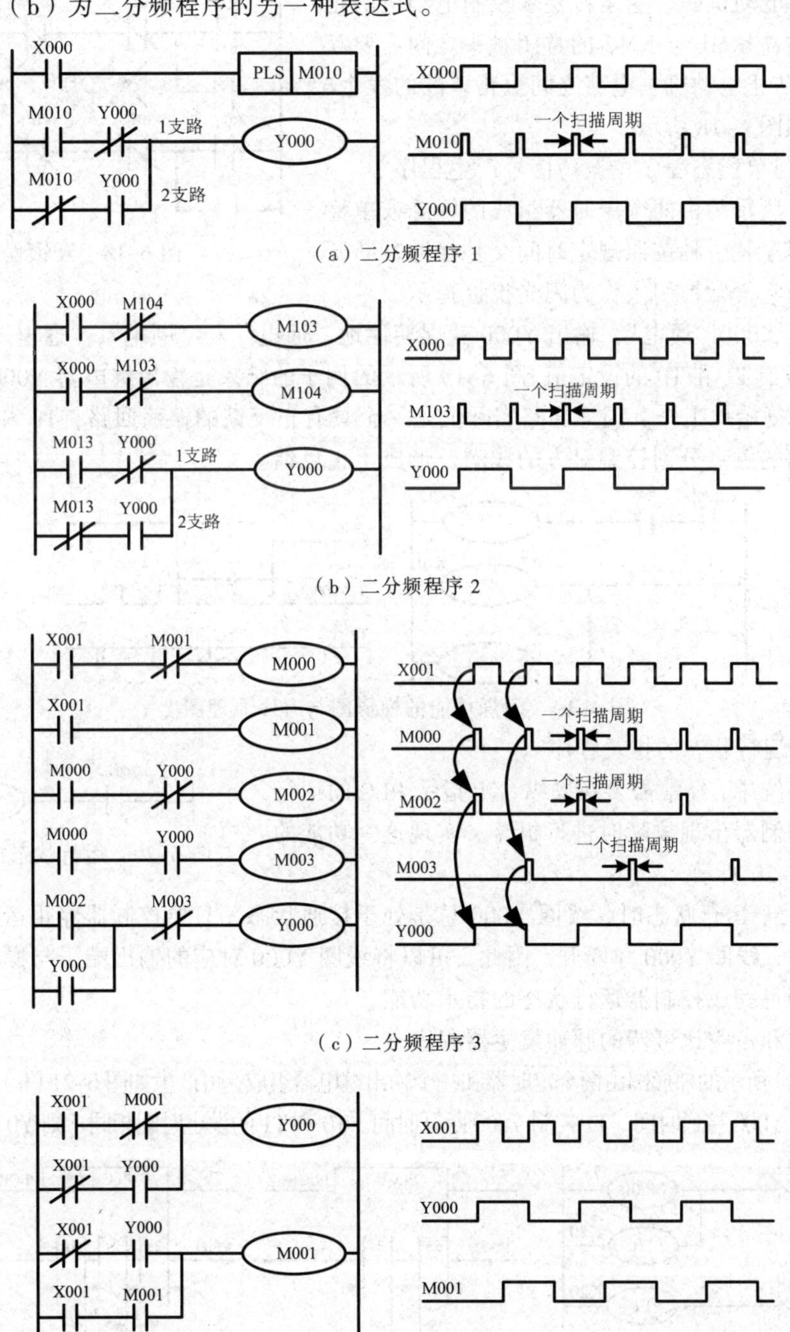

图 6-17　二分频程序

图 6-17（c）所示的二分频控制程序，动作清晰、容易理解，但占用了 M000～M003 共 4 个内部继电器，在控制要求复杂的设备上使用，可能会导致内部继电器的不足。为此可以使用图 6-17（a）、（b）、（d）实现控制要求。

8. 互锁程序（联锁程序）

三相异步电动机的可逆运转要求控制电动机的正反转用的接触器 KMI 与 KM2 的常闭触头之间需要互锁(联锁)，以防止电动机主电路之间短路事故的发生，互锁程序图如图 6-18 所示。

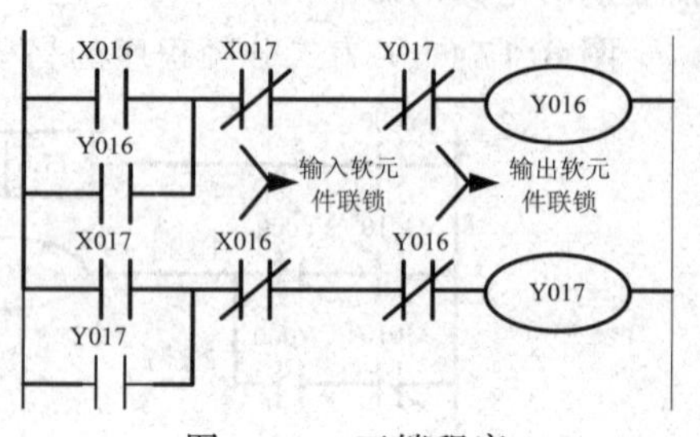

图 6-18　互锁程序

9. 闪烁与单稳态程序（振荡信号产生程序）

图 6-19 所示为由两个定时器组成的闪烁或单稳态程序，该程序是一种按照规定时间交替接通、断开的控制信号，它常常被用来作为闪光报警指示。

只要输入 X000“通电”，输出 Y000 就周期性地“通电”和“断电”，“通电”和“断电”的时间分别等于 T1 和 T0 的设定值。图 6-19 所示的例子的结果是输出继电器 Y000 作断电 2 s 通电 1 s 周而复始地工作。闪烁回路实际上是一个具有正反馈的振荡回路，T0 和 T1 的输出信号通过它们的触点分别控制对方的线圈，形成了正反馈。

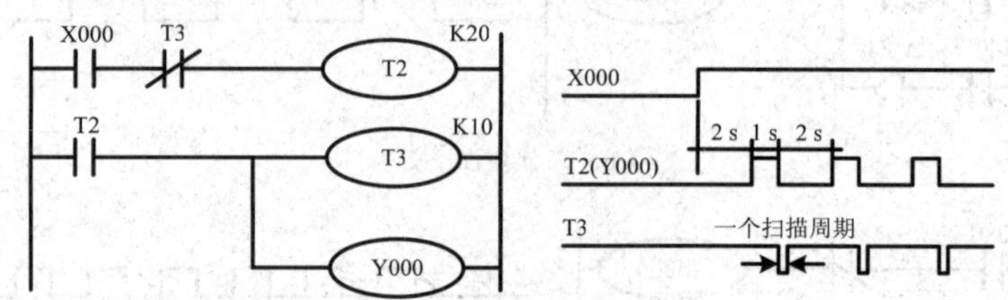

图 6-19　闪烁功能的梯形图与时序原理图

10. 控制运行状态的指示程序

在实际系统中，经常需要在操纵台上指示 PLC 的运行状态或者在控制器出现故障时进行报警。实现这一功能的梯形图如图 6-20 所示。

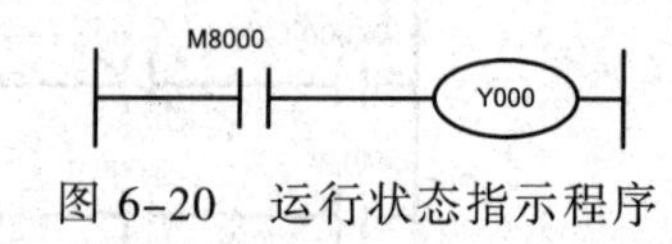

图 6-20　运行状态指示程序

当 PLC 处于运行状态时，线圈 Y000 总是处于接通状态，只要控制器停止运行或出现故障停止扫描时，线圈 Y000 才断开。因此，可以将线圈 Y000 对应的输出端子与操纵台上的指示灯连接，即可完成控制器运行状态的指示功能。

11. 方波和占空比可调的脉冲发生器程序

图 6-21（a）所示的梯形图由两个定时器和一个输出继电器组成，可产生如图 6-21（b）所示的方波。定时器 T0 控制 Y000 接通时间，T1 控制 Y000 断开时间。T0 和 T1 的设定时间相同，则 Y0 输出方波。

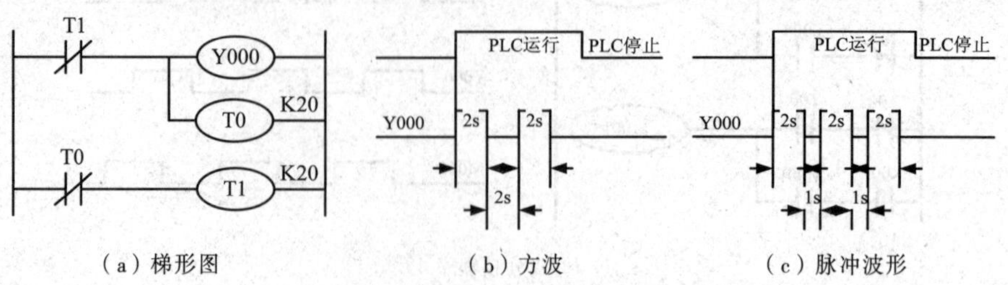

图 6-21　方波和占空比可调的脉冲发生器程序

调整两个定时器的设定时间，就可以输出占空比可调的脉冲信号。设 T1 的设定时间为 1 s，即占空比为 2: 1(输出信号接通 2 s,断开 1 s),产生的脉冲波形如图 6-21（c）所示。

12. 顺序脉冲发生器程序

要求顺序脉冲发生器产生如图 6-22 所示的脉冲信号。

用 PLC 实现该顺序脉冲发生器的功能，梯形图如图 6-22 所示。当输入继电器 X000 触点闭合时，输出继电器 Y000、Y001、Y002 按设定顺序产生脉冲信号；当 X000 断开时，所有输出复位。用计时器产生这种顺序脉冲，其工作过程如下：

当 X000 接通时，定时器 T0 开始计时，同时 Y000 产生脉冲，计时时间到，T0 动断触点断开，Y000 线圈失电；T0 动合触点闭合，T1 开始计时，同时 Y001 输出脉冲。

T1 定时器时间到时，其动断触点断开，Y001 输出也断开；同时，T1 动合触点闭合，T2 开始计时，Y002 输出脉冲。

T2 定时器时间到时，Y002 输出断开，此时如果 X000 还接通，则重新开始产生顺序脉冲。

如此反复下去，直到 X000 断开为止。

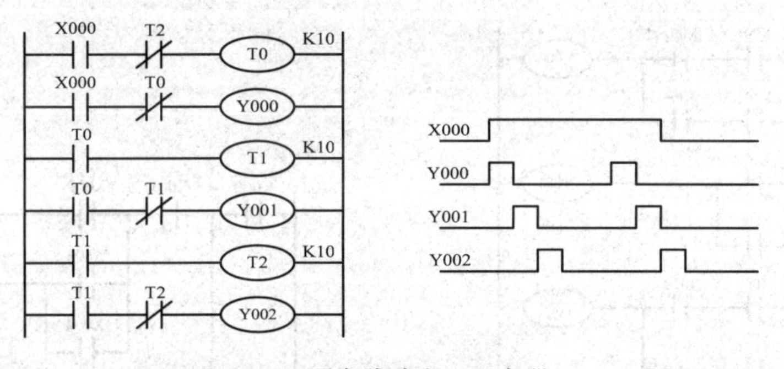

图 6-22　顺序脉冲发生程序器

思 考 练 习

试写出如图 6-23 所示的各梯形图的指令语句表。

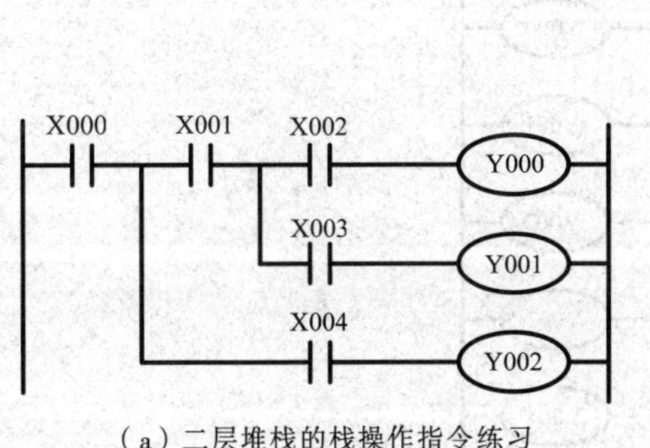

（a）二层堆栈的栈操作指令练习

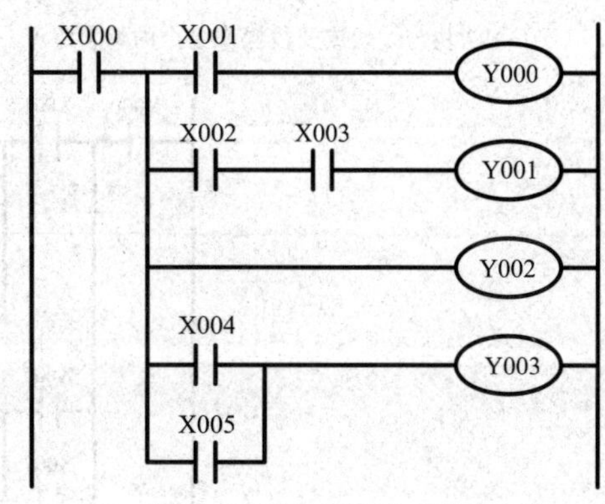

（b）进栈、读栈、出栈均用到的栈操作指令练习

图 6-23　练习题的题图

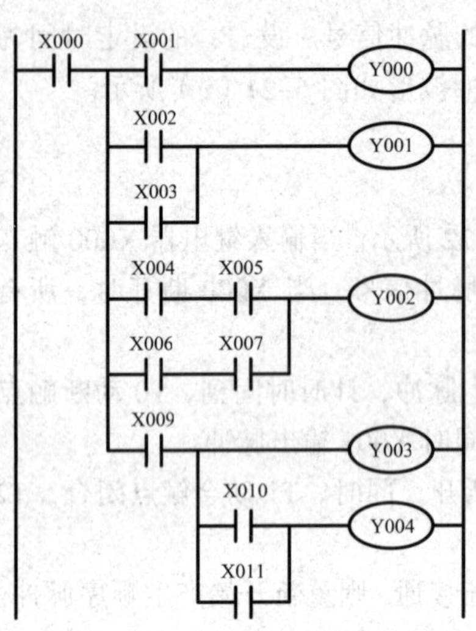

（c）进栈、读栈、出栈均用到的栈操作指令练习

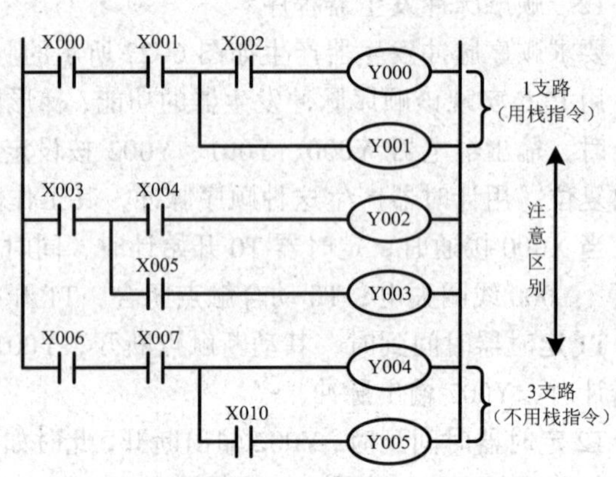

（d）含进栈与出栈操作的指令练习

（e）含块与、块或及栈操作指令的综合练习

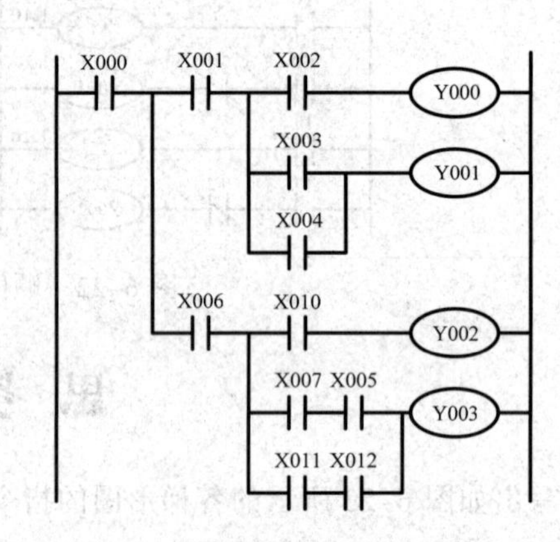

（f）含块与、块或及栈操作指令的综合练习

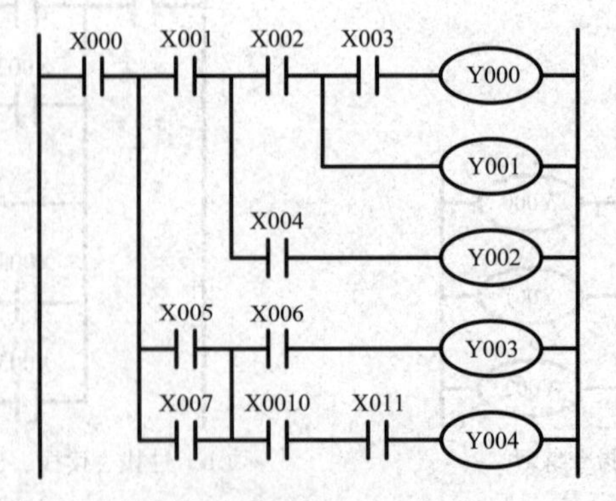

（g）三层堆栈的栈操作指令练习

图 6-23　练习题的题图（续）

用 PLC 实现三相异步电动机的双向启动双向反接制动控制

任务目标

（1）会利用主控触点指令 MC/MCR 编写公共串联触点的梯形图，应用于电动机双向启动双向反接制动运行控制。

（2）能熟练进行栈操作指令 MPS/MRD/MPP 与主控触点指令 MC/MCR 之间的互化。

（3）熟练用 PLC 实现的三相异步电动机双向启动双向反接制动控制电路的程序设计安装与调试，熟练进行线路故障的排除。

（4）能独立、熟练完成“思考练习”的内容。

（5）提高自我学习、信息处理、数字应用等方法能力及与人交流、与人合作、解决问题等社会能力；自查 6S 执行力。

任务描述

一、专业能力训练环节一

图 7-1 所示的电路是三相异步电动机双向启动双向反接制动控制电路，下面进行 PLC 的程序设计、调试、工程安装与试车训练。

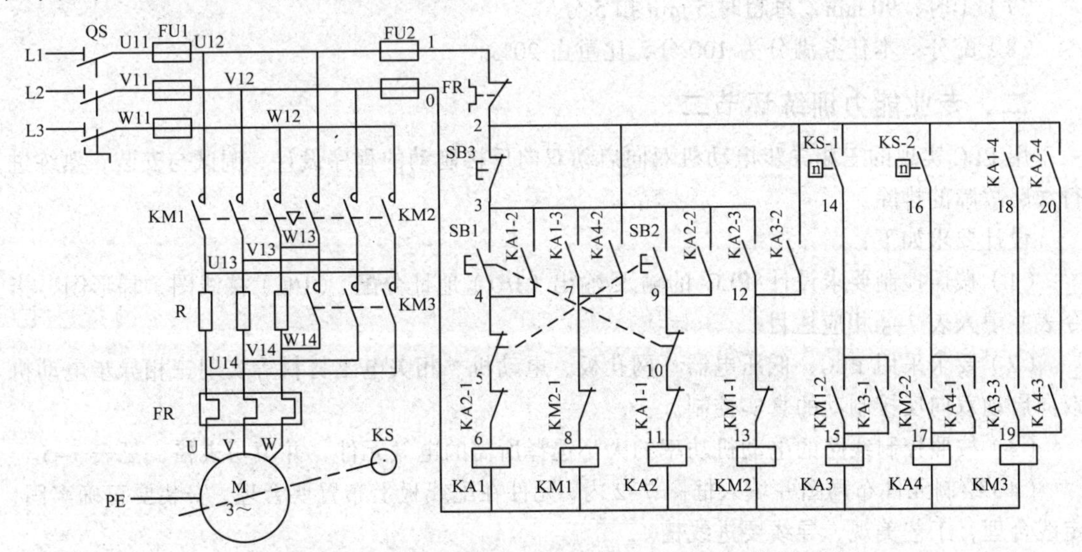

图 7-1　三相异步电动机双向启动双向反接制动控制电路

设计要求如下：

（1）在PLC学习机上用发光二极管模拟调试程序，即用发光二极管LED1、LDE2、LED3的亮灭情况分别代表主电路的三只接触器KM1、KM2、KM3的分合动作情况。发光二级管模拟调试动作分合对照表见表7-1。

表7-1 发光管模拟调试动作分合对照表

功能 执行	电动机串电阻正向降压启动	电动机正向反接制动	电动机串电阻反向降压启动	电动机正向反接制动
操作SB1	LED1先亮，速度继电器KS-1闭合后，LED3随后亮（即KM1先闭合，KM3随后闭）	/	/	/
操作SB3	/	LED1、LD3先灭，LED2随即亮，LED2随后又灭	/	LED2、LED3先灭，LED1随即亮，LED1随后又灭
操作SB2	/	/	LED2先亮，速度继电器KS-2闭合后，LDE3随后亮（即KM2先闭合，KM3随后闭）	/
操作FR	LED1 LED3立刻灭（即KM1、KM3立刻断电）	/	LED2 、LED3立刻灭（即KM2、KM3立刻断电）	/

（2）按照控制要求设计PLC的输入/输出（I/O）地址分配表，并将设计结果填入表7-2。

（3）按照控制要求进行PLC的输入输出（I/O）接线图的设计并将设计结果填入表7-2。

（4）按照控制要求进行PLC梯形图程序的设计并将设计结果填入表7-2。

（5）按照控制要求进行PLC指令程序的设计并将设计结果填入表7-2。

（6）用PLC及发光二极管实现三相异步电动机双向启动双向反接制动控制电路的程序设计与模拟调试，并一次成功。

（7）工时：90 min，每超时5 min扣5分。

（8）配分：本任务满分为100分，比重占20%。

二、专业能力训练环节二

用PLC实现的三相异步电动机双向启动双向反接制动的程序设计、调试与安装，熟练进行线路故障的排除。

设计要求如下：

（1）按照控制要求设计PLC的输入/输出（I/O）地址分配、（I/O）接线图、梯形图、指令表并填入表7-4相应栏目。

（2）要求采用PLC、低压电器、网孔板、电动机、相关电工材料等实现三相异步电动机双向启动双向反接制动的真实控制。

（3）按照控制线路的电动机功率的大小选择所需的电气元件，并填写表格，见表7-5。

（4）绘制元件布局图并填入框图7-2内，元件在配线板上布置要合理，安装要正确牢固，走线合理，工艺美观、导线要进线槽。

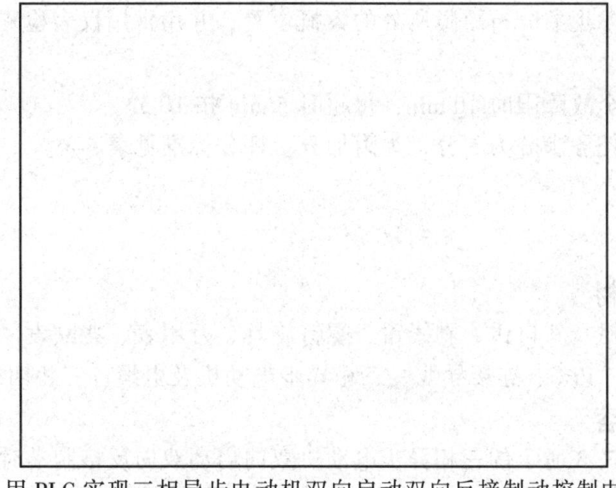

图 7-2　用 PLC 实现三相异步电动机双向启动双向反接制动控制电路布局图

（5）正确使用电工工具和仪表。

（6）按钮盒不固定在配线板上，电源和电动机配线、按钮接线要接到端子排上，进出线槽的导线要有端子标号，引出端子要用别径压端子。

（7）用 PLC 及接触器实现三相异步电动机双向启动双向反接制动控制电路的程序设计、安装与调试，并一次成功。

（8）进入实训场地要穿戴好劳保用品并进行安全文明操作。

（9）工时：120 min，每超时 5 min 扣 5 分。

（10）配分：本任务满分 100 分，比重占 60%。

三、职业核心能力训练环节

以小组为单位总结以上两个任务的实施经验，并回答教师提出的问题。经验汇报要求与任务一的职业核心能力训练环节相同。

配分：本项目满分 100 分，比重占 20%，职业核心能力评价表同任务一的表 1-14～表 1-17。

四、专业能力拓展训练环节

在试车成功的配线板上及 PLC 程序上进行 2～3 处的模拟故障设置，交叉进行故障排除训练。故障设置与故障排除训练要求如下：

（1）本环节能力训练适用于专业能力训练环节二试车成功的学员。

（2）在配线板及 PLC 程序上设置 2～3 处模拟导线接触不良或程序设计有错的故障。

（3）故障设置范围：主电路、控制电路、程序中。

（4）主电路与控制电路中尽量避免设置短路故障，可以根据挑战难易程度的不同设置接错线的故障。

（5）故障的设置与排除要求交叉进行。

（6）故障排除完毕，进行通电试车检测时，要与指导教师说明，且务必穿戴好劳保用品并严格按照用电安全操作规程通电试车，且要有合格的监护人监护通电试车过程。

（7）注意不要停留在“用肉眼寻找故障”的低级排故水平上，而应该用掌握的工作原理

及控制要求根据故障现象分析故障所处的大概位置，并用常用仪表检测与判断准确的故障点位置。

（8）工时：每个故障限时 10 min，每超时 5 min 扣 10 分。

（9）配分：本任务满分为 5 分，为附加分。评分标准见表 5–9。

一、训练器材

验电笔、尖嘴钳、斜口钳、剥线钳、螺钉旋具、万用表、兆欧表、钳形电流表、网孔板板、一套低压电器、PLC、连接导线、三相异步电动机及电缆、三相四线电源插头与电缆。

二、预习内容

（1）试补全图 7–3 所示的三相异步电动机双向启动双向反接制动时的机械特性曲线。并绘出电动机的运行轨迹。

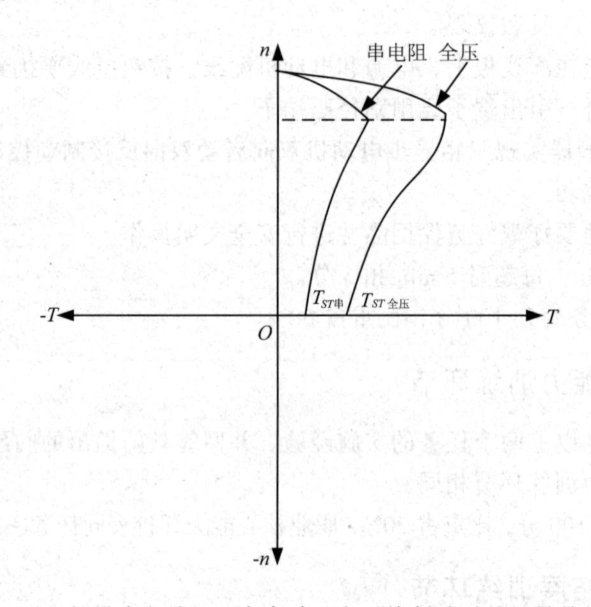

图 7–3　三相异步电动机双向启动双向反接制动时的机械特性曲线

（2）写出图 7–1 所示的三相异步电动机双向启动双向反接制动控制电路的工作原理：

____

（3）速度继电器的动作要素：动作转速________r/min，复位转速约为________r/min。

（4）复习组合开关、熔断器、交流接触器、热继电器、按钮、接线端子排等低压电器、配电导线、整流变压器、整流二极管及 PLC 的选用方法。填写好表 7–5 所示的元件明细表。

三、训练步骤

1. “专业能力训练环节一”训练步骤

（1）实训指导教师简要说明“专业能力训练环节一”的要求后，学生各就各位在 PLC 学习机上进行三相异步电动机双向启动双向反接制动控制的模拟调试。调试步骤参照任务五。

表 7-2　笔试回答核心问题

自检 要求	请将合理的答案填入相应表格	扣　　分	得　　分
PLC 的输入/输出（I/O）地址分配表			
PLC 的输入/输出（I/O）接线图（改造后的控制电路图）	FU1 ~220V N L X0 X1 X2 X3 X4 X5 COM PLC Y0 Y1 Y2 Y3 Y4 Y5 COM 24V		
PLC 梯形图程序的设计			
PLC 指令程序的设计			

（2）按照表 7-1 模拟调试的动作要求依次按下按钮 SB1 与 SB3、SB2 与 SB3 及过载保护触点 FR，结合三相异步电动机双向启动双向反接制动控制的工作原理分析程序的正误。

（3）程序调试成功后按照正确的断电顺序与拆线顺序进行 PLC 外围线路的拆除，并整理好工位，填写好表 7-2，对“专业能力训练环节一”进行评价后，简要小结本环节的训练经验并填入表 7-3，进入专业“专业能力训练环节二”的能力训练。

表 7-3 “专业能力训练环节一”经验小结

经验小结：

（4）实训指导教师对本任务的实施情况进行小结与评价。

2. “专业能力训练环节二”训练步骤

（1）因本训练环节要求采用 PLC、低压电器、网孔板、电动机、相关电工材料等实现三相异步电动机双向启动双向反接制动的真实控制，PLC 的输出控制对象由“专业能力训练环节一”的发光二级管变为驱动电压为交流 220 V 的交流接触器，PLC 的输入控制电器由微型按钮改为额定电流为 5 A 的防护式两挡按钮，为此，表 7-2 的相关信息需要作适当的修改，才是正确的答案。修改的结果填入表 7-4。

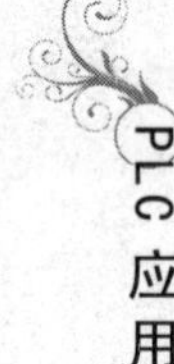

表 7-4

自检 要求	将合理的答案填入相应栏目	扣　　分	得　　分
PLC 的输入/输出（I/O）地址分配表			
PLC 的输入/输出（I/O）接线图（即控制电路设计图）	N L X0　Y0 X1　Y1 X2　PLC　Y2 X3　Y3 X4　Y4 X5　Y5 COM　COM1		
改造电路的主电路设计图			

（2）根据要求正确地选择控制电路设计所需的电器元件，并填写表 7-5。

表 7-5　元件明细表（购置计划表或元器件借用表）　　价（金额）单位：元

代　号	名　称	型　号	规　格	单位	数量	单价	金额	用途	备注
M	三相异步电动机	Y180M-2	22 kW、380 V、42.2 A、△接法、2 940 r/min	台	1				
QS									
FU1									
FU2									
KM1									
KM2									
KM3									
FR									
KS									
R									
SB1 ~ SB3									
PLC									
XT1（主电路）									
XT2(控制电路)									
	主电路导线								
	控制电路导线								
	电动机引线								
	电源引线								
	电源引线插头								
	按钮线								

续表

代　号	名　称	型　号	规　格	单位	数量	单价	金额	用途	备注
	接地线								
	自攻螺钉								
	编码套管								
	U 型接线鼻								
	行线槽								
	配线板		金属网孔板或木质配电板						
合计									

（3）将数据线可靠地连接在 PLC 与计算机的串口之间，将 PLC 的 L 与 N 端口上连接到 220 V 交流电源，将“专业能力训练环节一”中保存在计算机中的程序写入 PLC。

（4）程序进行模拟调试无误后，将 PLC 安装在网孔板上，电器布局图参见自绘的图 7-2。

（5）元件在配线板上布置要合理，安装要正确牢固，配线要求紧固、美观、导线要进行线槽。

（6）由 PLC 组成的控制电路及由接触器控制电动机的主电路全部安装完毕后，用万用表的电阻检测法进行控制线路安装正确性的自检。

（7）自检完毕后进行控制电路板的试车。进行试车环节的学员要注意以下几点：

① 独自进行通电所需的配线板外围电路的连接，如连接电源线、连接负载线及电动机，并注意正确的连接顺序，同时要做好熔断器的可靠安装。

② 正确连接好试车所需的外围电路后，注意正确的通电试车步骤，并在实训指导教师的监护下进行试车。

③ 插上电源插头→合上组合开关 QS →用电笔检测 FU1 与 FU2 五个出线桩的电位到位情况 →正向启动按钮 SB1 与制动按钮 SB3 及反向启动按钮 SB2 与制动按钮 SB3 →观察各低压电器及电动机的动作情况 →细记录故障现象（作为故障分析的依据）→独自进行故障排除训练 →直到试车成功为止。

④ 试车成功后按照正确的断电顺序与拆线顺序进行配线板外围线路的拆除，待实训指导教师对自己的“专业能力训练环节二”进行评价后，简要小结本环节的训练经验并填入表 7-6，进入职业核心能力训练环节。

⑤ 整理工位，不拆除安装好的控制电路板，为专业拓展能力训练作准备。

⑥ 训练注意事项参见任务五。

表 7-6 “专业能力训练环节二”经验小结

经验小结：

（8）实训指导教师对本任务的实施情况进行小结与评价。

3. “职业核心能力训练环节”训练步骤

职业核心能力的训练步骤与训练要求同任务一。

4. “专业能力拓展训练环节”训练步骤

（1）按照交叉进行排故训练的原则，试车成功的学生相互进行故障的设置。设置情况可分两种：

① 在同组或异组同学的配线板上出2~3处的模拟故障点，回到自己的配线板上进行排故训练。

② 在自己的配线板上出2~3处的模拟故障点，与同组或异组同学进行交叉排故训练。

（2）故障的形式主要有：

① 程序设计错误。

② 模拟导线或接线桩头接触不良或线路开路。

（3）相互约定开始时间与排故的结束时间，到约定的结束时间时双方自动停止排故训练，自觉检测自身的故障排除能力。

（4）通电试车用以检查排故效果时一定要注意相互间的安全监护，不清楚应该监护的信息时严禁进行学生间监护形式的通电试车，改由实训指导教师监护下进行试车。

排故过程注意以下规定动作的训练：

① 对已经设置故障的电气线路进行通电试车，观察并记录通电试车时，分别操作按钮SB1、SB2、SB3及热继电器FR常开触头后，各电器元件及电动机的动作情况是否符合正常的工作要求，对不正常的工作现象进行记录。

记录不正常的工作现象：

故障1：________________________________。

故障2：（在前一故障排除的条件下）________________________________。

故障3：（在前一故障排除的条件下）________________________________。

此外，排查故障的方法还可以用万用表电阻法进行检测（这种方法相对比较安全）。

② 根据工作原理分析造成以上不正常现象的可能原因：

故障1：________________________________。

故障2：（在前一故障排除的条件下）________________________________。

故障3：（在前一故障排除的条件下）________________________________。

③ 确定最小故障范围：

- 故障1可能范围：________________________________。
- 故障2可能范围：________________________________。
- 故障3可能范围：________________________________。

④ 按照分析的最小故障范围用电阻法进行故障检测，确认最终的故障点。（可选择）

- 故障1所处位置：________________________________。
- 故障2所处位置：________________________________。
- 故障3所处位置：________________________________。

⑤ 按照分析的最小故障范围用电压法进行故障检测，确认最终的故障点。（可选择）

- 故障1所处位置：________________________________。
- 故障2所处位置：________________________________。

• 故障 3 所处位置：________________________________。

⑥ 用电工工具进行相应故障点的电气故障修复。

（5）. 同学间依照评价表 5-9 进行互评。（要求客观、公正、真诚、互助）。

（6）“专业能力拓展训练环节”结束时，简要小结本环节的训练经验并填入表 7-7。

表 7-7 “专业拓展能力训练环节”经验小结

经验小结：

（7）训练注意事项：

① 检修前应掌握电路的工作原理，熟悉电路结构和安装接线布局。

② 检修应注意测量步骤，检修思路和方法要正确，不能随意测量和拆线。

③ 带电检修时，必须有教师在现场监护，排除故障应断电后进行。

④ 检修严禁扩大故障，损坏元器件。

⑤ 检修必须在定额时间内完成。

⑥ 严禁出短路故障。

（8）教师对任务实施情况进行评价。

任务评价

（1）“专业能力训练环节一”的评价标准见表 4-6。

（2）“专业能力训练环节二”的评价标准见表 2-9。

（3）专业拓展能力训练的评价标准见表 6-8。

（4）职业核心能力评价表同任务一的表 1-14～表 1-17。

（5）个人单项任务总评成绩建议按照表 2-10 进行。

相关知识

一、GX Simulatora 仿真软件的安装

在安装有三菱公司 GX Developer 编程软件的基础上追加安装 GX Simulatora 软件就能实现离线时的程序调试。把通过 GX Developer 软件编写的程序写入 GX Simulatora 内，能够实现通过 GX Simulatora 软件调试程序。

三菱公司 GX Simulatora 仿真软件安装方法同 GX Developer 编程软件的安装方法，这里不再赘述。参见任务二的“相关知识”。

二、用 GX Simulatora 仿真软件对用户程序的仿真调试步骤

（1）打开 GX Developer 软件，并以图 7-4 所示的两台电动机顺序启动，同时停止控制电路的 PLC 用户程序，将 7-4 所示的程序录入到 GX Developer 主窗口中，如图 7-5 所示。

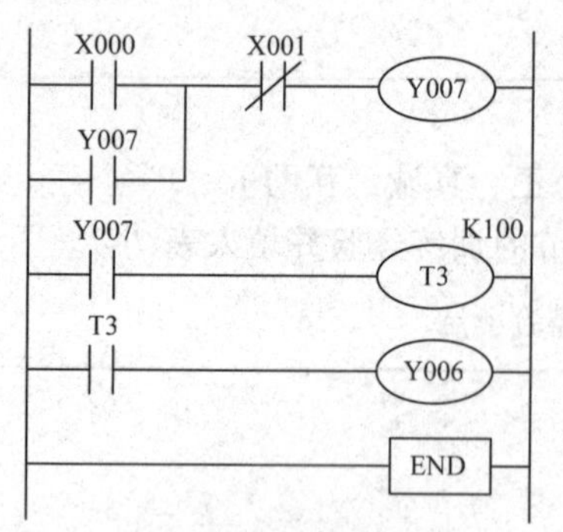

图 7-4　两台电动机顺序启动，同时停止控制电路的 PLC 用户程序

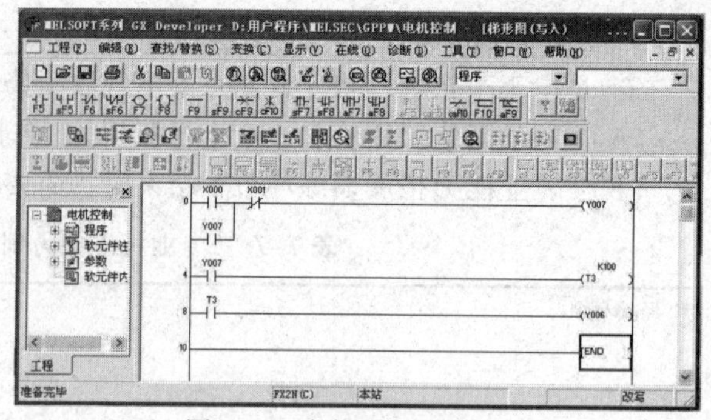

图 7-5　变换后的用户梯形图

（2）在安装有三菱 PLC 仿真软件 GX Simulatora6 的 GX Developer 编程软件主窗口中选择“工具”菜单，则显示如图 7-6 所示的下拉菜单。

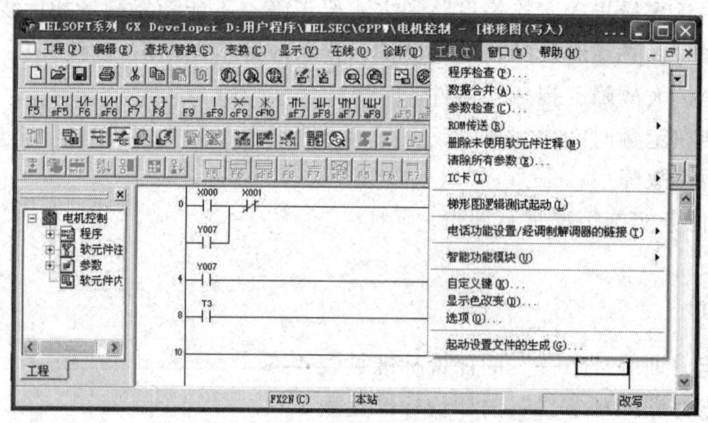

图 7-6　进行用户程序仿真启动的下拉菜单

（3）选择图 7-6 所示下拉菜单中的“梯形图逻辑测试启动（L）”命令或单击工具栏上（见图 7-7）的“梯形图逻辑测试起动/结束”按钮，则显示如图 7-8（a）所示的梯形图逻辑起动测试操作界面。此时，编程软件在脱机的情况下仿真对 PLC 进行程序写入，其实质是将梯形图程序装入仿真软件中，起动完毕，运行指示灯变成黄色，如图 7-8（b）所示，并会在 GX Developer 主窗口弹出“监视状态栏”，其仿真操作界面如图 7-8（c）所示。

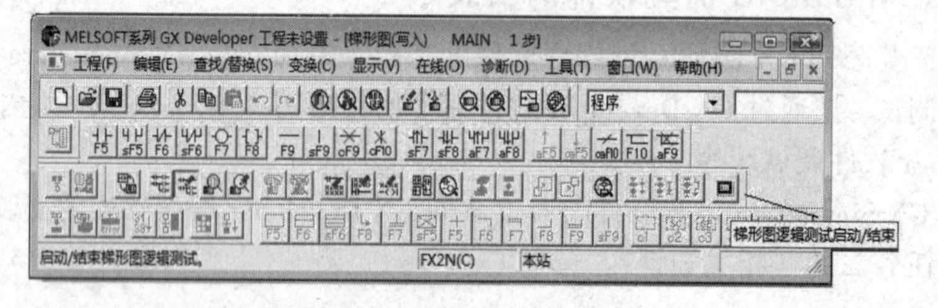

图 7-7　用快捷键操作“梯形图逻辑测试起动（L）”的位置

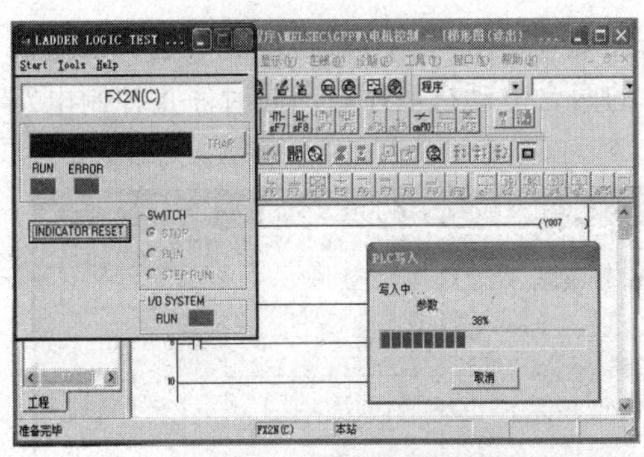

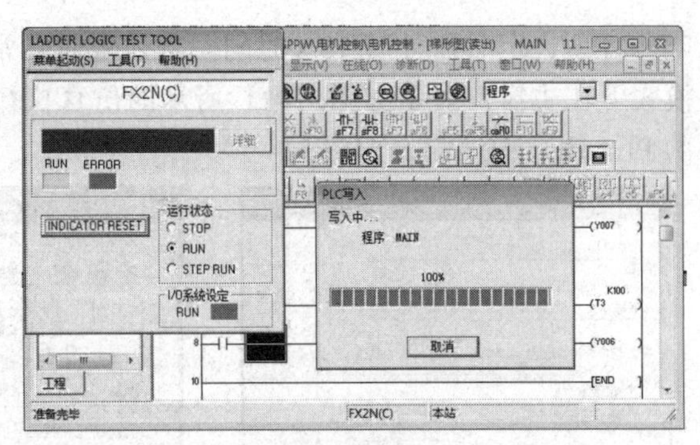

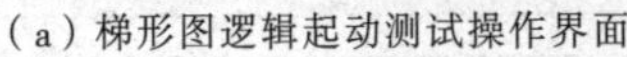

（a）梯形图逻辑起动测试操作界面　　　　　　　（b）写入程序

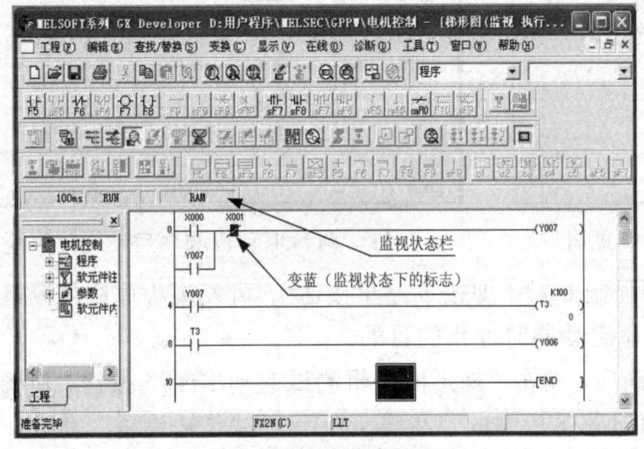

（c）监视状态仿真界面

图 7-8　梯形图逻辑测试操作界面

（4）将光标放在欲设置 ON 和 OFF 的输入继电器触点 X000 上，右击，弹出下拉菜单，如图 7-9 所示。

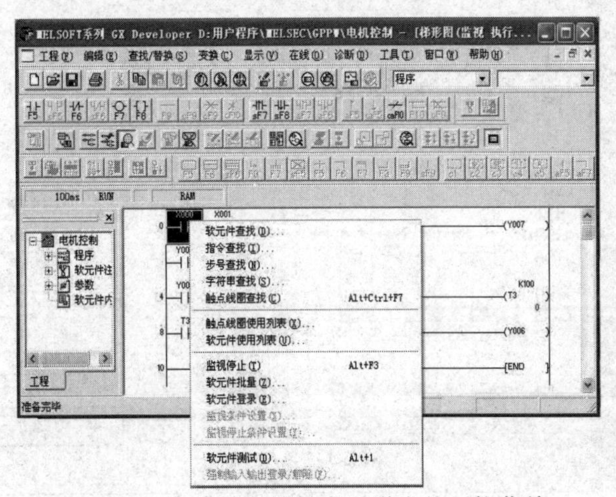

图 7-9　右击继电器触点后弹出的下拉菜单

（5）在图 7-9 所示的菜单中选择“软元件测试（D）”命令，则弹出如图 7-10 所示的“软元件测试”对话框。

（6）将 X000“强制 ON”（即按下起动按钮），发现输出继电器 Y007、定时器 T3 首先得

电并自锁，定时器计时 10 s 时间一到，定时器常开触点 T3 闭合，Y006 得电。于是，在监视模式下在主窗口显示如图 7-11 所示的仿真执行后的两台电动机顺序启动同时停止控制电路的 PLC 用户程序的梯形图。

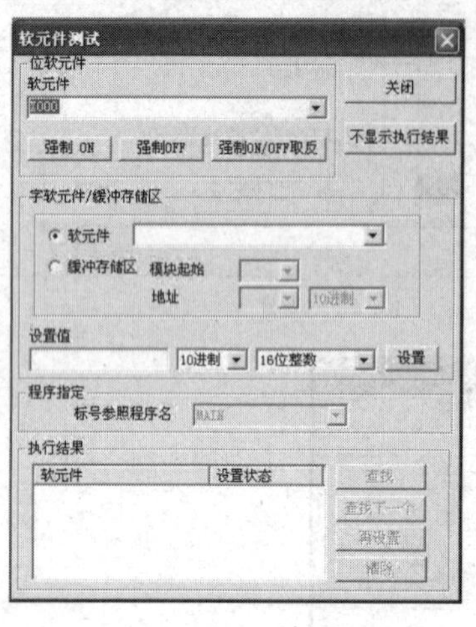

图 7-10　软元件设置窗口

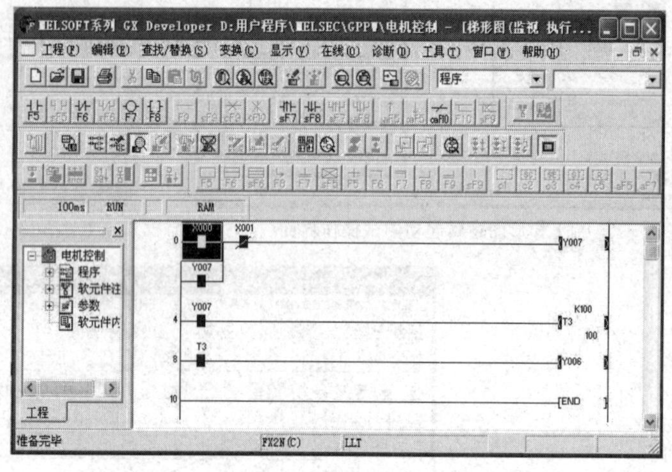

图 7-11　两台电动机顺序启动同时停止控制梯形图仿真结果

同样，将 X001“强制 ON”（即按下停止按钮），可发现程序中的软继电器线圈同时断电。达到了两台电动机顺序启动同时停止的目的。

（7）程序仿真正确后，单击“梯形图逻辑测试起动/结束”按钮，使梯形图逻辑测试结束，选择 GX Developer 窗口菜单栏中的“在线（D）”→“传输设置”命令，弹出如图 7-12 所示的 PC 与 PLC 进行通信设置的界面。

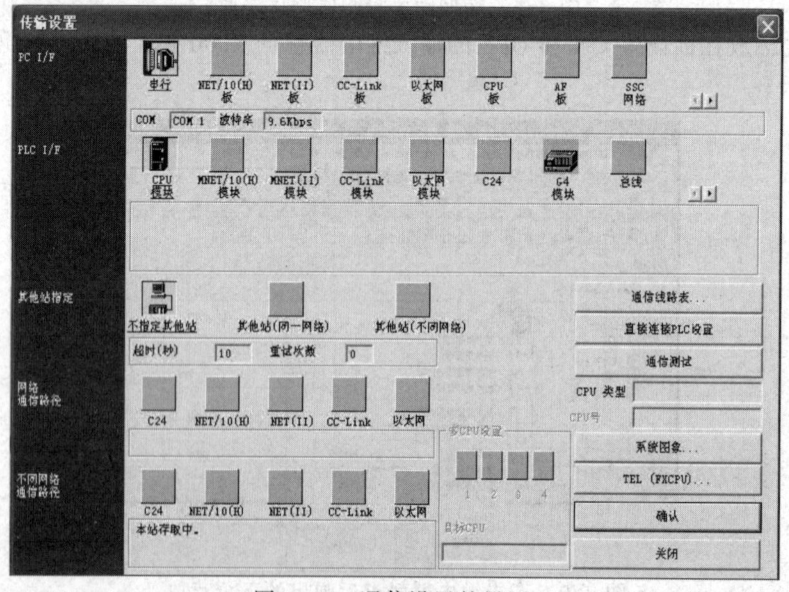

图 7-12　通信设置的界面

在该界面中选择计算机串口 COM1 及通信速率。然后选择“在线（D）”→“PLC 写入”命令，将程序下载至 PLC 中，下载完毕后，将 PLC 模式选择开关拨至 RUN 状态。然后，进行 PLC 与电动机的联机调试。

思 考 练 习

1. 主控触点指令练习。

（1）写出题图 7-13 所示梯形图的指令语句表。

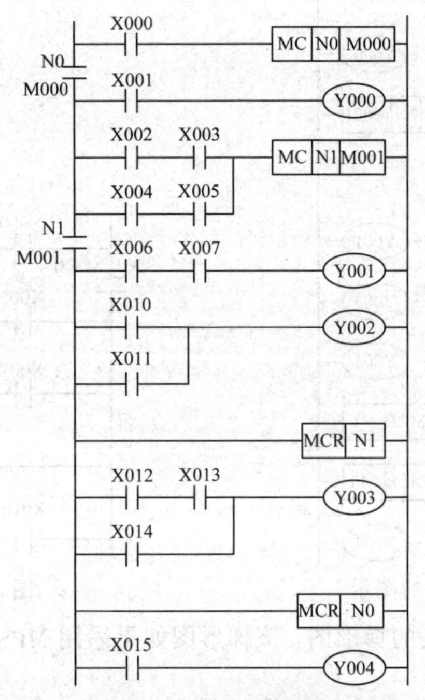

图 7-13　第 1 题的梯形图

（2）图 7-14 所示为栈操作指令程序改写成主控触点指令控制的程序，试写出它们的指令语句表。

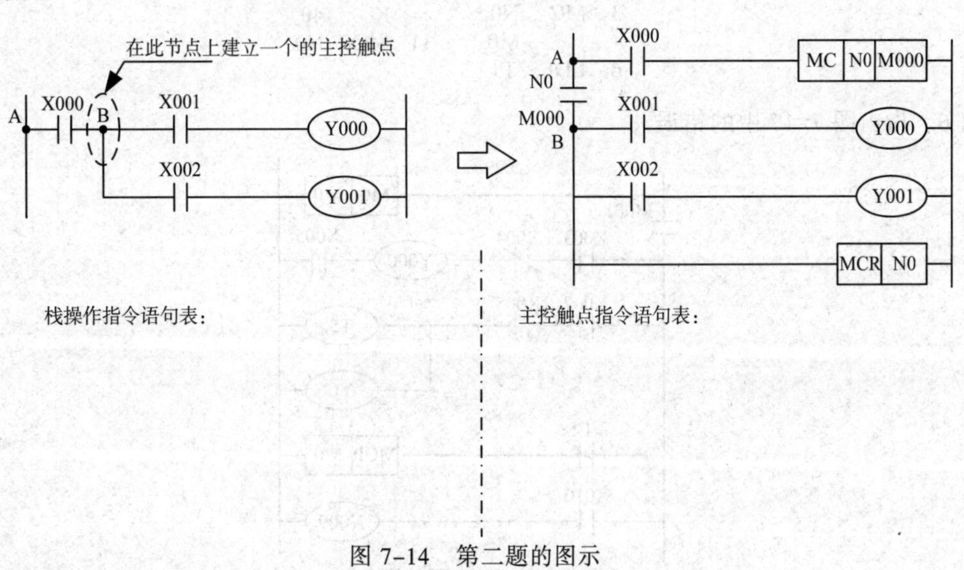

图 7-14　第二题的图示

（3）将图 7-15 改写成栈操作程序，并写出改写前后的指令语句表。

（4）将题图 7-16 所示的梯形图改写成指令表程序。

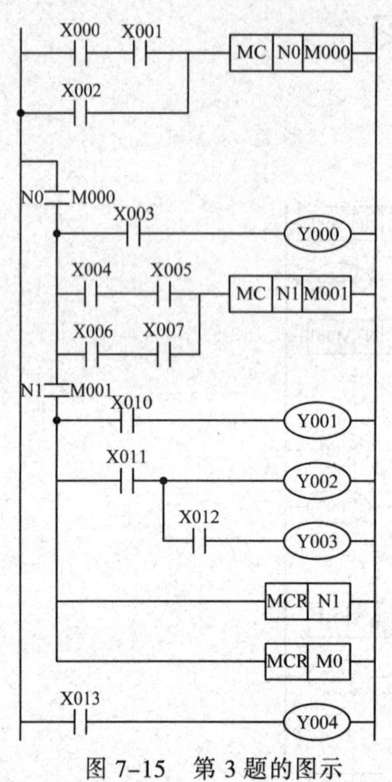

图 7-15　第 3 题的图示

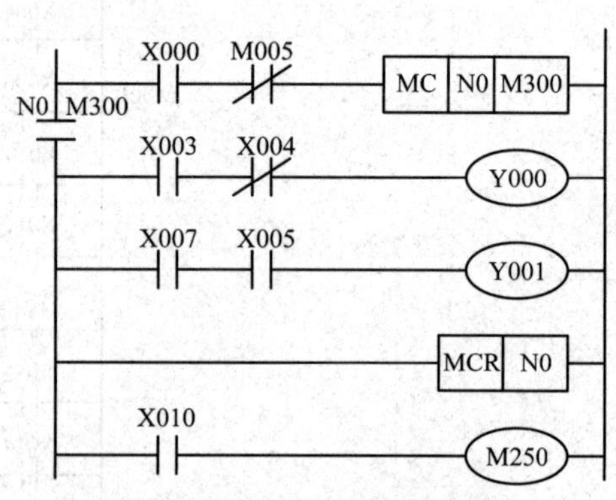

图 7-16　第 4 题的梯形图

（5）绘出下列指令语句表的梯形图。该梯形图如果采用 MPS/MPP 指令编程，试写出相应的指令语句表。

0	LD	X1	7	OUT	Y1
1	OR	Y1	8	LD	X2
2	ANI	X0	9	OUT	T1
3	MC	N0		K	40
		M0	11	MCR	N0
6	LDI	T1			

（6）指出图 7-17 中的错误。

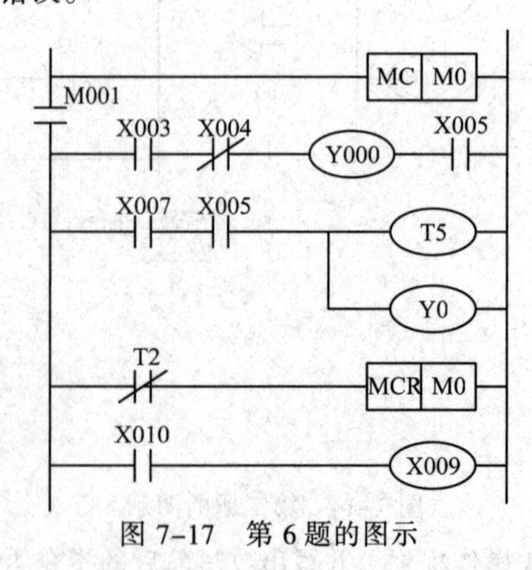

图 7-17　第 6 题的图示

2. 写出图 7-18 所示梯形图的指令表语句，并补画 M000、M001 和 S30 的时序图。

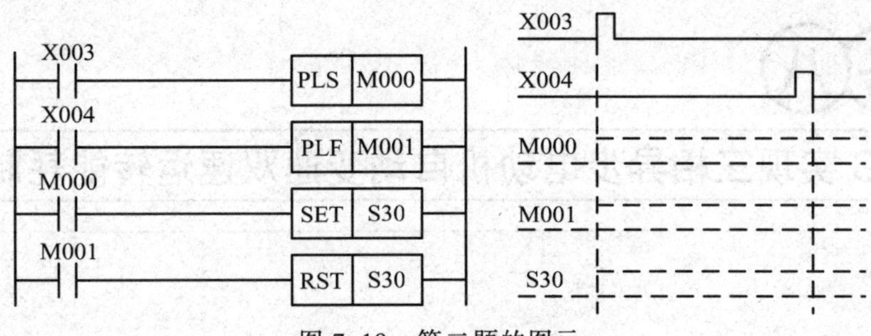

图 7-18　第二题的图示

3. 写出题图 7-19 所示梯形图的指令语句表。

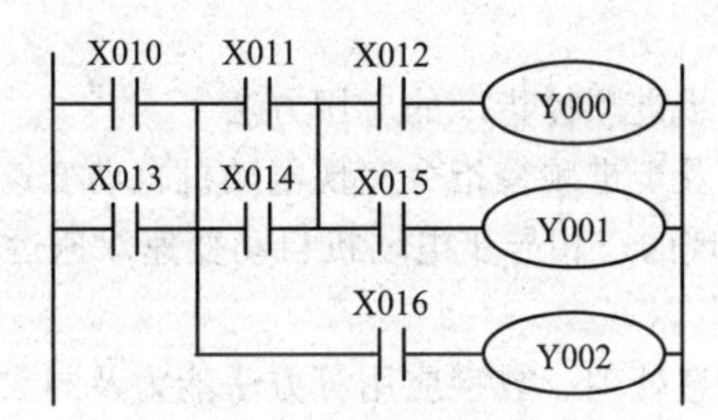

图 7-19　第三题的图示

4. 写出下列指令语句表对应的梯形图。

0	LD	X0	9	OUT	Y0
1	MPS		10	MPP	
2	AND	X1	11	OUT	Y1
3	MPS		12	MPP	
4	AND	X2	13	OUT	Y2
5	MPS		14	MPP	
6	AND	X3	15	OUT	Y3
7	MPS		16	MPP	
8	AND	X4	17	OUT	Y4

5. 某运料小车控制要求为：小车在 A 处装料后，工作人员按启动按钮 SB1,小车开始前进运行到 B 处并压合 SQ1,停 3 min，工作人员卸料。3 min 后小车自动开始后退，运行到 A 处并压合 SQ2，停 10 min,工作人员装料。10 min 后小车自动前进，如此反复循环工作。按停止按钮后，小车停止工作。试设计控制程序。

任务八

用 PLC 实现三相异步电动机自动变速双速运转能耗制动控制

任务目标

（1）掌握经验设计法。

（2）掌握状态转移图及步进顺控指令的应用方法。

（3）会应用状态转移图及步进顺控指令实现电动机自动变速双速运转能耗控制。

（4）学会用多种方法实现的三相异步电动机自动变速双速运转能耗控制电路的 PLC 程序设计、安装与调试。

（5）提高自我学习、信息处理、数字应用等方法能力及与人交流、与人合作、解决问题等社会能力；自查 6S 执行力。

任务描述

一、专业能力训练环节一

图 8-1 所示为三相异步电动机自动变速双速运转能耗制动控制电路，下面用 PLC 来实现该电路的改造设计。

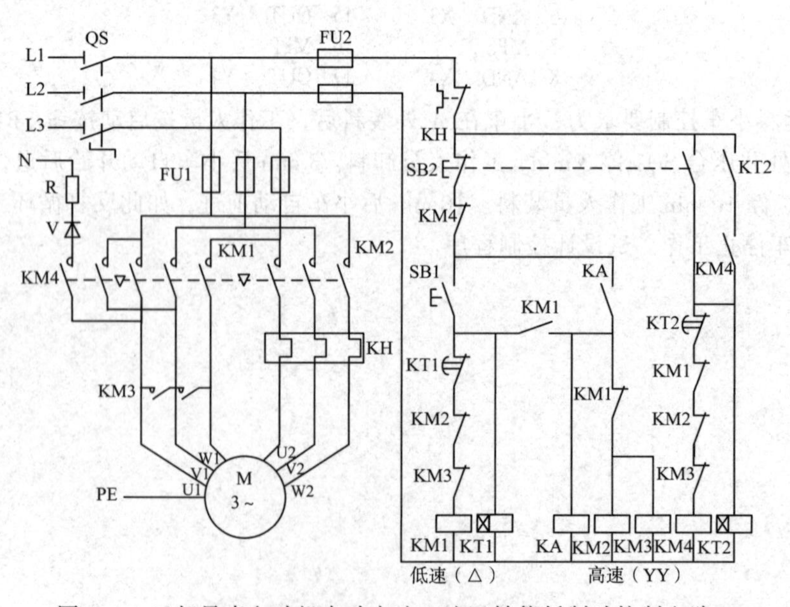

图 8-1　三相异步电动机自动变速双速运转能耗制动控制电路

设计要求如下：

（1）用经验设计法进行三相异步电动机自动变速双速运转能耗制动控制电路的改造设计。

（2）按照控制要求设计 PLC 的输入/输出（I/O）地址分配表并将设计结果填入表 8–1“专业能力训练环节一”对应的表格（以下相同）。

（3）按照控制要求进行 PLC 的输入/输出（I/O）接线图的设计并将设计结果填入表 8–1。

（4）按照控制要求进行 PLC 梯形图程序的设计并将设计结果填入表 8–1。

（5）按照控制要求进行 PLC 指令程序的设计并将设计结果填入表 8–1。

（6）用 PLC 及发光二极管实现三相异步电动机自动变速双速运转能耗制动控制电路的程序设计与模拟调试，并一次成功。

（7）工时：90 min，每超时 5 min 扣 5 分。

（8）配分：本任务满分为 100 分，比重占 40%。

二、专业能力训练环节二

用步进指令实现三相异步电动机自动变速双速运转能耗制动控制电路的程序设计、调试。其他要求同“专业能力训练环节一”。

配分：本任务满分为 100 分，比重占 40%。

三、职业核心能力训练环节

以小组为单位总结以上两个任务的实施经验，并回答教师提出的问题。经验汇报要求与任务一的职业核心能力训练环节相同。

配分：本任务满分 100 分，比重占 20%，职业核心能力评价表同任务一的表 1–14～表 1–17。

四、专业能力拓展训练环节

在“专业能力训练环节一”、“专业能力训练环节二”均调试成功的基础上采用其他编程方法或不同的编程指令进行程序设计。

（1）进行程序录入与调试，并比较 3 种方法的优缺点。

（2）工时：训练工时 60 min，每超时 5 min 扣 5 分。

（3）配分：本任务满分为 5 分，为附加分。评分标准见表 5–9。

任务实施

一、训练器材

验电笔、尖嘴钳、斜口钳、螺钉旋具、万用表、低压电器、PLC、连接导线。

二、预习内容

写出图 8–1 所示的三相异步电动机自动变速双速运转能耗制动控制电路的工作原理。

三、训练步骤

1. “专业能力训练环节一”训练步骤

（1）明确“专业能力训练环节一”的要求后，各组成员在PLC学习机上进行三相异步电动机自动变速双速运转能耗制动控制电路的程序设计、表格填写、发光二极管的模拟调试。调试操作步骤参照任务五。

（2）依次按下启动按钮SB1、停止按钮SB2及过载保护触点KH观察PLC输入/输出口的动作过程，结合三相异步电动机自动变速双速运转能耗制动控制电路的工作原理分析程序的正误。

（3）程序调试成功后按照正确的断电顺序与拆线顺序进行PLC外围线路的拆除，并整理好工位，自检6S执行情况，填写好表8-1“专业能力训练环节一”对应的表格，对“专业能力训练环节一”进行评价后，简要小结本环节的训练经验并填入表8-2，进入“专业能力训练环节二”的能力训练。

（4）进行程序调试及试车环节要注意：

① 在断开电源的情况下独自进行PLC外围电路的连接，如连接PLC的输入接口线、连接PLC的输出接口线。

② 程序调试完毕拆除PLC的外围电路时，要断电进行。

表8-1　笔试回答核心问题

自检 要求	请将合理的答案填入相应表格		扣　分		得　分	
	专业能力训练环节一	专业能力训练环节二	一	二	一	二
PLC的输入/输出（I/O）地址分配表						
PLC的输入/输出（I/O）接线图（改造后的控制电路图）						
PLC梯形图程序的设计		画出顺序功能图及梯形图				
PLC指令程序的设计						

表8-2　“专业能力训练环节一”经验小结

经验小结：

（5）实训指导教师对本任务的实施情况进行小结与评价。

2. “专业能力训练环节二”训练步骤

（1）本训练环节的任务要求采用步进指令进行编程，按照设计要求填写表8-1“专业能力训练环节二”对应的表格。

（2）参照“专业能力训练环节一”的训练步骤（2）、（3）的要求完成本训练环节的能力训练，待实训指导教师对自己的“专业能力训练环节二”进行评价后，简要小结本环节的训练经验并填入表8-3，进入“职业核心能力训练环节”的能力训练。

表 8-3 "专业能力训练环节二"经验小结

经验小结：

（3）实训指导教师对本任务的实施情况进行评价。

3. "职业核心能力训练环节"训练步骤

职业核心能力的训练步骤与训练要求同任务一。

任务评价

（1）"专业能力训练环节一"的评价标准见表 4-6，表中定额时间要修改。

（2）"专业能力训练环节二"的评价标准见表 4-6，表中定额时间要修改。

（3）职业核心能力评价表同任务一的表 1-14～表 1-17。

（4）个人单项任务总评成绩建议按照表 2-10 进行。

相关知识

一、经验设计法介绍

经验设计法类似于传统的继电接触电路设计方法，对具有继电接触电路设计与安装基础的电气工作人员较为适用。经验设计法一般根据现有继电接触控制电路，把它改造为 PLC 控制，大多数可以直译，对简单电路采用经验设计法比较方便且容易上手，不宜适用复杂电路的改造。现在以本课题为例说明方法。

（1）熟悉被控制设备的加工工艺与机械动作过程，分析继电接触控制电路图的工作原理。

（2）确定 PLC 的输入信号和输出控制对象。

在继电器电路图中，交流接触器和电磁阀等执行机构用 PLC 的输出继电器来驱动控制，它们的线圈接在 PLC 的输出端，称为 PLC 的输出负载。在本任务中，PLC 的输出负载为：KM1、KM2、KM3、KM4。按钮、控制开关、限位开关、接近开关等用来给 PLC 提供控制命令和反馈信号，它们接在 PLC 的输入端，称为 PLC 的输入信号。在本课题中，输入信号为 SB1、SB2、KH。KH 可以接在输入端，也可以接在输出端。

此外，中间继电器和时间继电器分别用 PLC 内部的辅助继电器 M 和定时器 T 来完成，不需要再由 PLC 来驱动中间继电器和时间继电器。例如，在继电器电路中中间继电器要驱动主电路的，如驱动电磁阀，就可以做为 PLC 的输出负载。另外，由于 PLC 内部的定时器只有延时触点，实际的继电器电路有瞬时触点，所以要用 PLC 实现定时器的瞬时触点的功能只有通过辅助继电器来解决。

（3）写出 PLC 的输入/输出（I/O）地址分配表。

在设计 PLC 的 I/O 接线图前，首先要确定 PLC 的各输入接口和各输出接口对应的输入信

号和输出继电器或输出控制对象，本任务的输入/输出（I/O）地址分配表见表 8-4。

表 8-4　三相异步电动机自动变速双速运转能耗制动控制电路的 I/O 分配表

PLC 输入接口编号	控制信号设备	PLC 输出接口编号	被控对象设备
X0	热继电器 KH	Y1	接触器 KM1
X1	起动按钮 SB1	Y2	接触器 KM2
X2	停止按钮 SB2	Y3	接触器 KM3
X3		Y4	接触器 KM4

（4）绘制 PLC 的输入/输出（I/O）接线图。

PLC 外部接线图也称输入/输出接口图或 I/O 接口图，能明确表达 PLC 各输入/输出点与外部元件的连线状况，是进行 PLC 线路连接的依据。

（5）设计 PLC 梯形图。

根据继电接触控制电路图设计 PLC 梯形图。把继电接触控制电路图转变成 PLC 的梯形图，应按梯形图的编写规则进行，线圈应在最右边。本任务可按照 PLC 输出继电器 Y1 的逻辑控制要求设计 Y1 的控制梯形图。先画 Y1 线圈，Y1 是图 8-1 继电接触控制电路图中的 KM1 的替代物，在绘制梯形图时只要把 Y1 画在最右边（与梯形图右母线相连），然后把控制 KM1 线圈的所有触点转变成 PLC 的相应触点后画在梯形图左母线与 Y1 的左侧即可。在图 8-1 中，控制 KM1 线圈的触点有 KH、SB2 的常闭触点、KM4、KA、KM1、SB1、KT1、KM2、KM3，把相应的 PLC 触点代入分别是 X0、X2、Y4、M0（KA 用 PLC 的 M0 代替）、Y1、X1、T1（KT 用 PLC 的 T1 代替）、Y2、Y3。这样就可以画出相应的梯形图，因 KT 的线圈也在其中，也应按照逻辑关系绘制好 T1 的线圈，如图 8-2 所示。同理，可以设计图 8-1 其他支路对应的梯形图。

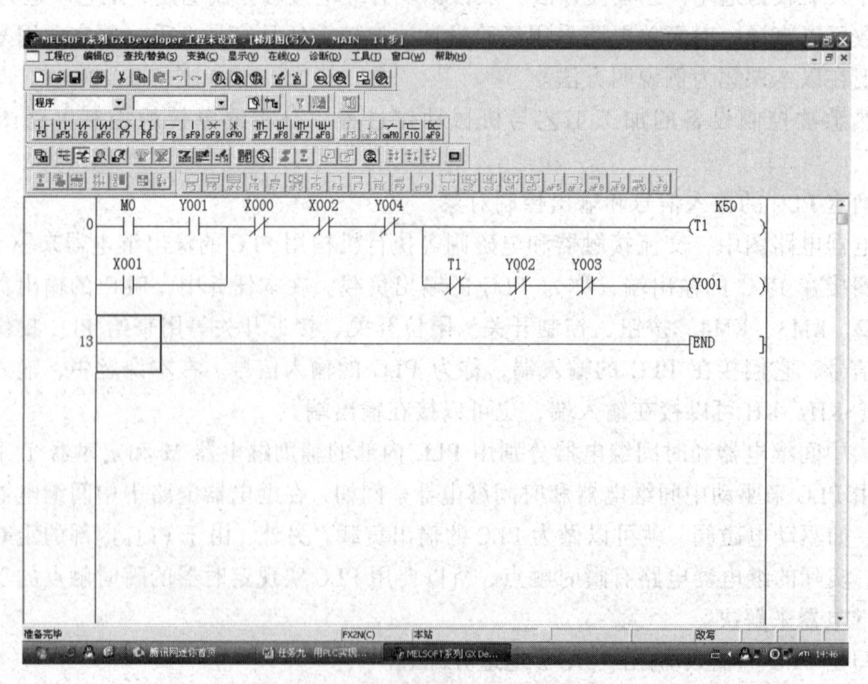

图 8-2　经验设计法在本任务中的应用介绍（Y1 和 T1 梯形图的设计）

二、状态转移图及步进顺控指令介绍

很多设备的动作都具有一定的顺序，如流水线、物件的搬运等，都是一步接着一步进行的，针对这些类似工序步进动作的控制，可以用顺序功能图来解决，在 PLC 软件中有专门的顺序功能图（Sequence Function Chart，SFC）和步进指令。

（一）流程图

首先，分析一下电动机循环正反转控制的例子，其控制要求为：电动机正转 3 s，暂停 2 s，反转 3 s，暂停 2 s，如此循环 5 个周期，然后自动停止；运行中，可按停止按钮停止，热继电器动作也应停止。

从上述的控制要求中可知：电动机循环正反转控制实际上是一个顺序控制，整个控制过程可分为如下 6 个工序（也叫阶段）：复位、正转、暂停、反转、暂停、计数；每个阶段又分别完成如下工作（也叫动作）：初始复位、停止复位、热保护复位，正转、延时，暂停、延时，反转、延时，暂停、延时，计数；各个阶段之间只要条件成立就可以过渡（也叫转移）到下一阶段。因此，可以很容易地画出电动机循环正反转控制的工作流程图，如图 8-3 所示。

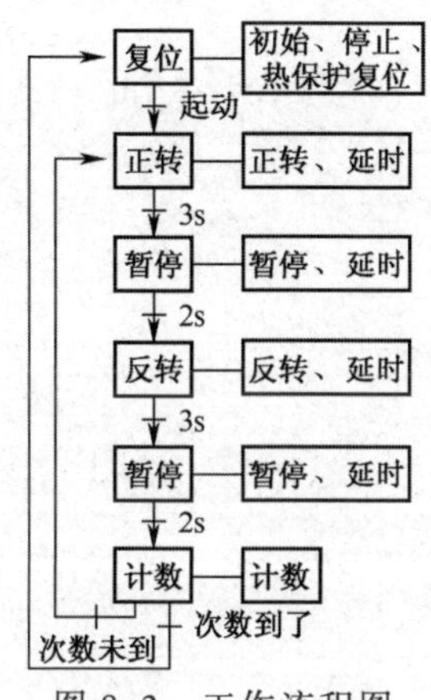

图 8-3　工作流程图

（二）状态转移图

1. 状态转移图

一是将流程图中的每一个工序（或阶段）用 PLC 的一个状态继电器来替代；二是将流程图中的每个阶段要完成的工作（或动作）用 PLC 的线圈指令或功能指令来替代；三是将流程图中各个阶段之间的转移条件用 PLC 的触点或电路块来替代；四是流程图中的箭头方向就是 PLC 状态转移图中的转移方向。

2. 设计状态转移图的方法和步骤

（1）将整个控制过程按任务要求分解，其中的每一个工序都对应一个状态（即步），并分配状态继电器。电动机循环正反转控制的状态继电器的分配如下：

复位→S0，正转→S20，暂停→S21，反转→S22，暂停→S23，计数→S24。

（2）搞清楚每个状态的功能、作用。状态的功能是通过 PLC 驱动各种负载来完成的，负载可由状态元件直接驱动，也可由其他软触点的逻辑组合驱动。

（3）找出每个状态的转移条件和方向，即在什么条件下将下一个状态“激活”。状态的转移条件可以是单一的触点，也可以是多个触点的串、并联电路的组合。

（4）根据控制要求或工艺要求，画出状态转移图。

3. 状态转移图的特点

（1）可以将复杂的控制任务或控制过程分解成若干个状态。

（2）相对某一个具体的状态来说，控制任务简单了，给局部程序的编制带来了方便。

（3）整体程序是局部程序的综合，只要搞清楚各状态需要完成的动作、状态转移的条件和转移的方向，就可以进行状态转移图的设计。

（4）这种图形很容易理解，可读性很强，能清楚地反映全部控制的工艺过程。

根据要求可以画出如图 8-4 所示的状态转移图。

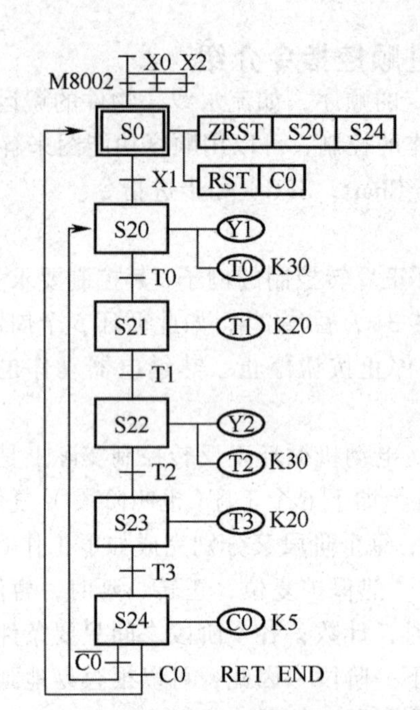

图 8-4 电动机机循环正反转控制的状态转移图

（三）状态继电器

FX_{2N}共有 1 000 个状态寄存器，其编号及用途见表 8-5。

表 8-5 FX 系列 PLC 的状态继电器

类　别	元件编号	个　数	用途及特点
初始状态	S0 ~ S9	10	用作 SFC 的初始状态
返回状态	S10 ~ S19	10	多运行模式控制当中，用作返回原点的状态
一般状态	S20 ~ S499	480	用作 SFC 的中间状态
掉电保持状态	S500 ~ S899	400	具有停电保持功能，用于停电恢复后需继续执行的场合
信号报警状态	S900 ~ S999	100	用作报警元件使用

说明：

（1）状态的编号必须在规定的范围内选用。

（2）各状态元件的触点，在 PLC 内部可以无数次使用。

（3）不使用步进指令时，状态元件可以作为辅助继电器使用。

（4）通过参数设置，可改变一般状态元件和掉电保持状态元件的地址分配。

（四）步进顺控指令

FX 系列 PLC 的步进顺控指令有两条：一条是步进触点（也叫步进开始）指令 STL（Step Ladder），一条是步进返回（也叫步进结束）指令 RET。

1. STL 指令

STL 步进触点指令用于“激活”某个状态，其梯形图符号为—[ ]—。

2. RET 指令

RET 指令用于返回主母线，其梯形图符号为—[RET]。

图 8-5 所示为状态转移图的梯形图对应的关系图。

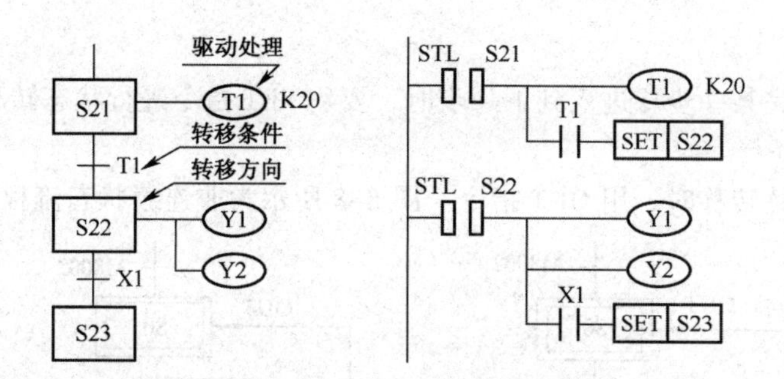

图 8-5 状态转移图和梯形图的对应关系

图 8-6 所示为旋转工作台的状态转移图和梯形图。

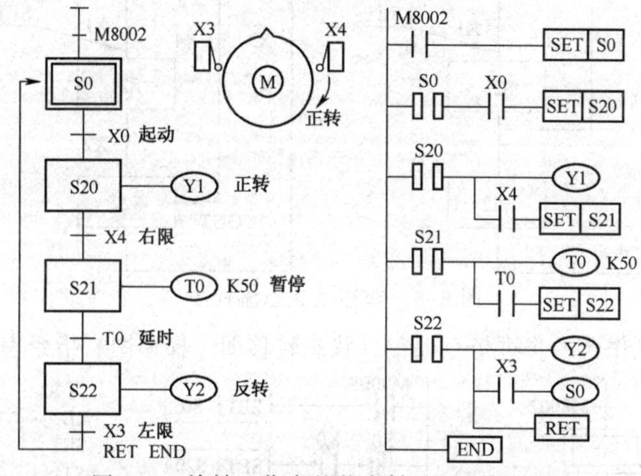

图 8-6 旋转工作台的状态转移图和梯形图

（五）状态转移图的编程方法

1. 状态的三要素

状态转移图中的状态有驱动负载、指定转移目标和指定转移条件 3 个要素，如图 8-7 所示。图中 Y5 表示驱动的负载；S21 表示转移目标，X3 表示转移条件。

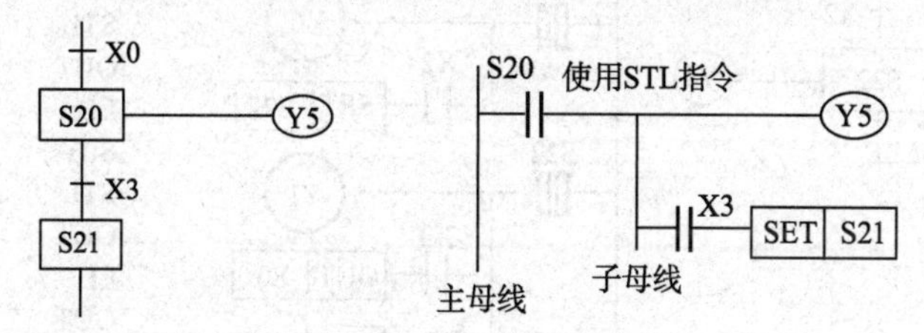

图 8-7 状态的三要素

2. 状态转移图的编程方法

步进顺控的编程原则：先进行负载驱动处理，然后进行状态转移处理。

STL	S20	使用 STL 指令
OUT	Y5	负载驱动处理
LD	X3	转移条件
SET	X21	转移处理

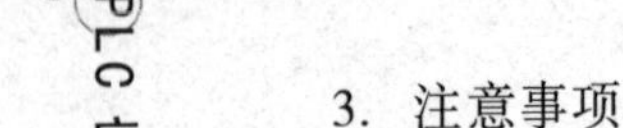

3. 注意事项

（1）程序执行完某一步要进入到下一步时，要用 SET 指令进行状态转移，激活下一步，并把前一步复位。

（2）状态不连续转移时，用 OUT 指令。图 8-8 所示为非连续状态流程图。

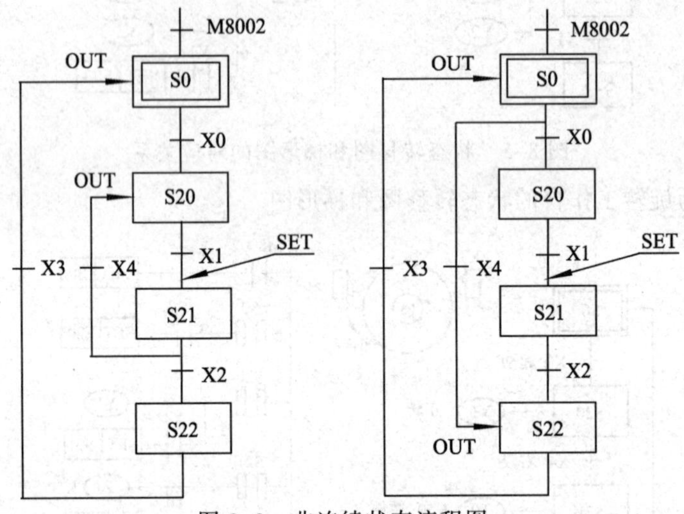

图 8-8　非连续状态流程图

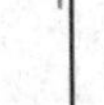

【例 8-1】液压工作台的步进指令编程，状态转移图、梯形图、指令表如图 8-9 所示。

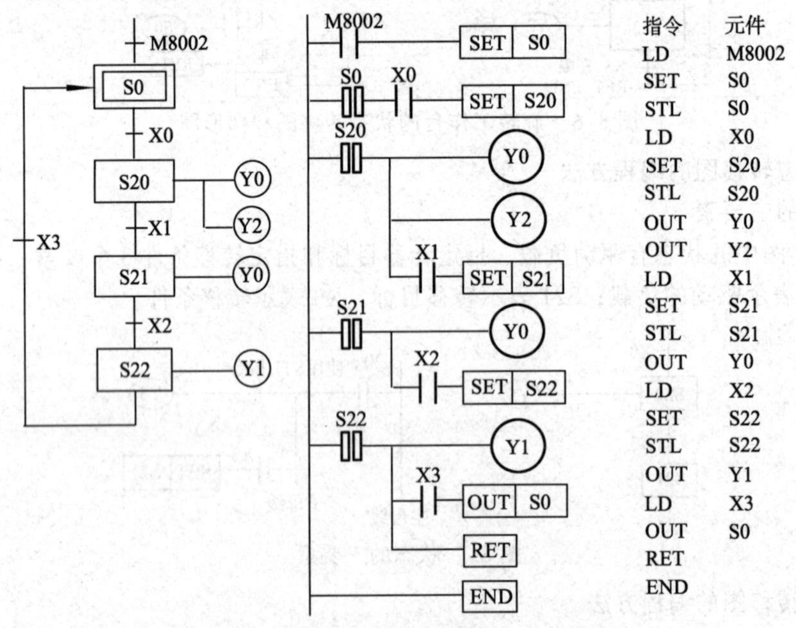

指令	元件
LD	M8002
SET	S0
STL	S0
LD	X0
SET	S20
STL	S20
OUT	Y0
OUT	Y2
LD	X1
SET	S21
STL	S21
OUT	Y0
LD	X2
SET	S22
STL	S22
OUT	Y1
LD	X3
OUT	S0
RET	
END	

图 8-9　状态转移图、梯形图和指令表

【例 8-2】小车两地卸料控制线路（见图 8-10），每个工作周期的控制工艺要求如下：

（1）按下启动按钮 SB，小车前进，碰到限位开关 SQ1 停 5 s 后，小车后退。

（2）小车后退压合 SQ2 后，小车停 5 s 后，第二次前进，碰到限位开关 SQ3，再次后退。

（3）后退再次碰到限位开关 SQ2 时，小车停止。

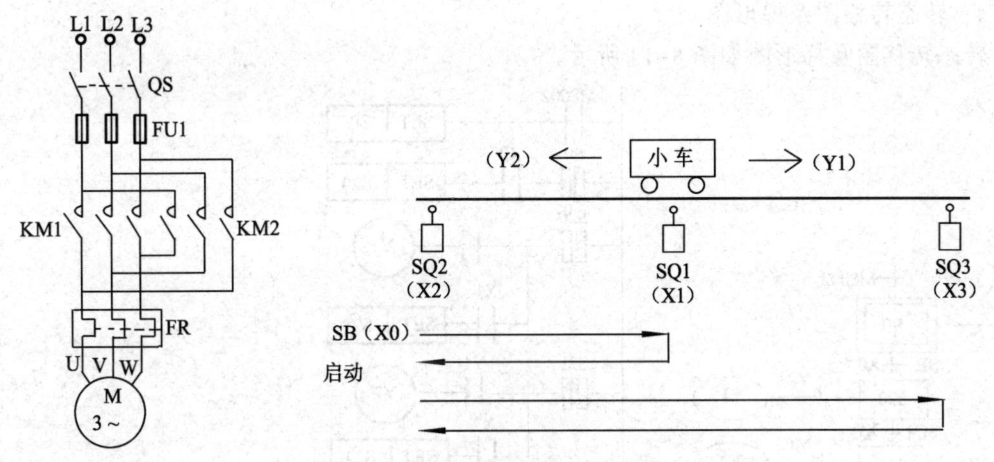

图 8-10　小车两地卸料控制线路及要求

解：（1）PLC 接线图，如图 8-11 所示。

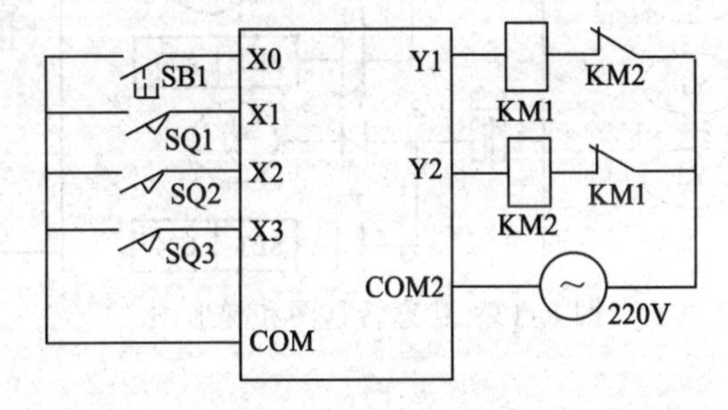

图 8-11　PLC 接线图

（2）将整个过程按任务要求分解为各状态，并分配状态元件：

初始状态 S0→前进→S20→后退 S21→延时 5 s S22→再前进 S23→再后退 S24

注意：S20 与 S23，S21 与 S24 虽然功能相同，但状态不同，故编号也不同。

（3）弄清每个状态的功能、作用。

① S0 PLC 上电作好工作准备；

② S20 前进（输出 Y1，驱动电动机 M 正转）；

③ S21 后退（输出 Y2，驱动电动机 M 反转）；

④ S22 延时 5 s（定时器 T0，设定为 5 s，延时到 T0 动作）；

⑤ S23 同 S20；

⑥ S24 同 S21。

说明：各状态的输出可由状态元件直接驱动，也可由其他软元件触点的逻辑组合驱动，如图 8-12 所示。

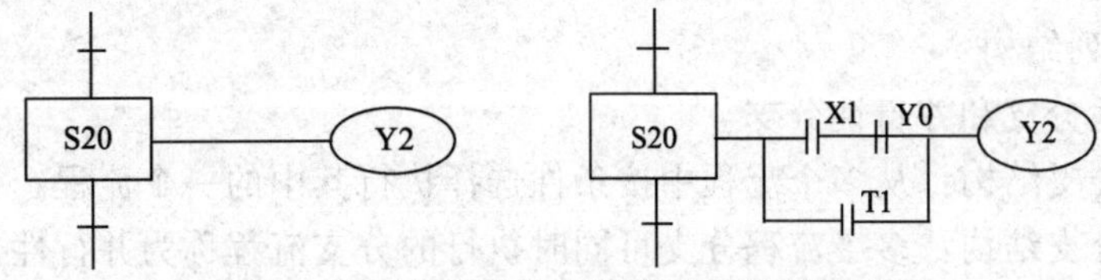

图 8-12　状态元件直接驱动和间接驱动

4. 转态转移图及梯形图

转态转移图及梯形图如图 8-13 所示。

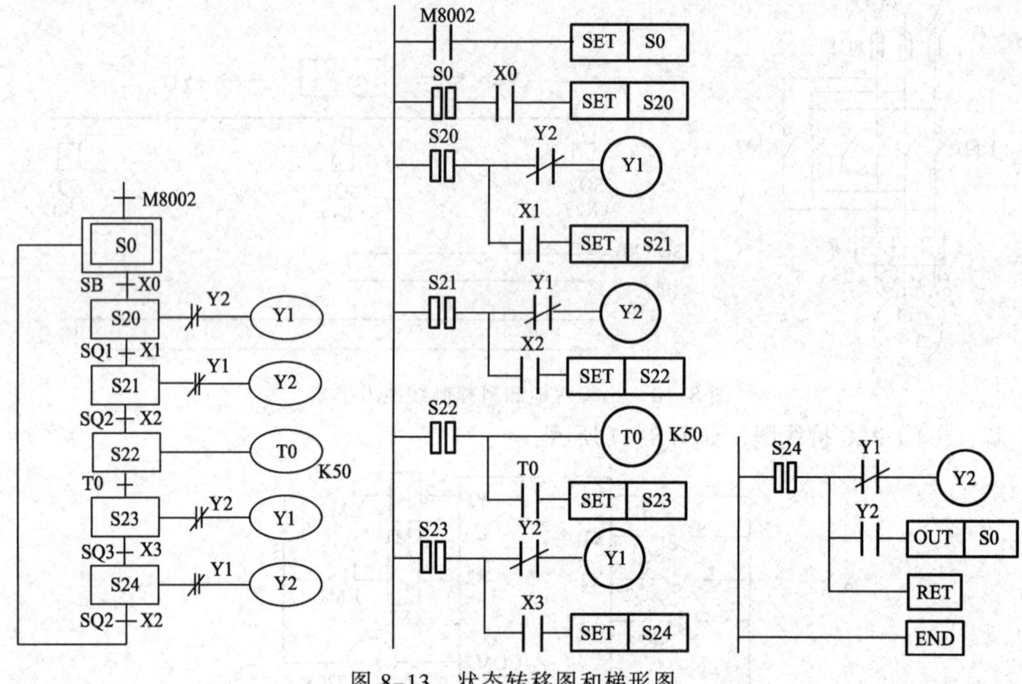

图 8-13　状态转移图和梯形图

5. 指令

指令如图 8-14 所示。

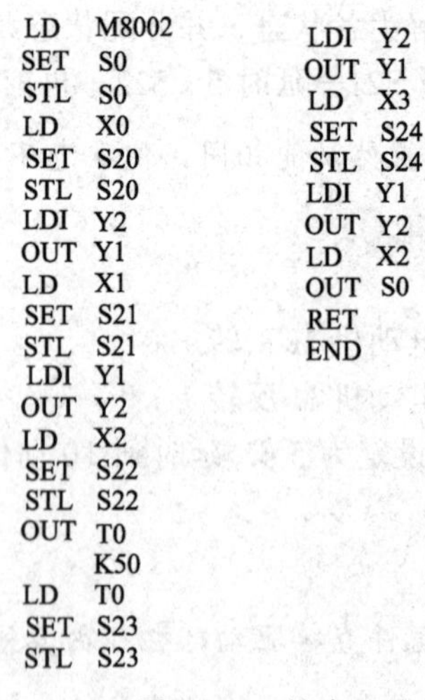

```
LD   M8002        LDI  Y2
SET  S0           OUT  Y1
STL  S0           LD   X3
LD   X0           SET  S24
SET  S20          STL  S24
STL  S20          LDI  Y1
LDI  Y2           OUT  Y2
OUT  Y1           LD   X2
LD   X1           OUT  S0
SET  S21          RET
STL  S21          END
LDI  Y1
OUT  Y2
LD   X2
SET  S22
STL  S22
OUT  T0
     K50
LD   T0
SET  S23
STL  S23
```

图 8-14　指令

（六）分支序列结构

分类：选择性分支和并行性分支。

（1）选择性分支结构：从多个流程中按条件选择执行其中的一个流程。

（2）并行性分支结构：多个流程分支可同时执行的分支流程称为并行性分支。

1. 选择性分支的状态转移图

存在多种工作顺序的状态流程图为分支、汇合流程图。分支流程可分为选择性分支和并行性分支两种。

（1）选择性分支状态转移图的特点：

从多个流程顺序中选择执行一个流程，称为选择性分支。图 8-15 所示为一个选择性分支的状态转移图。

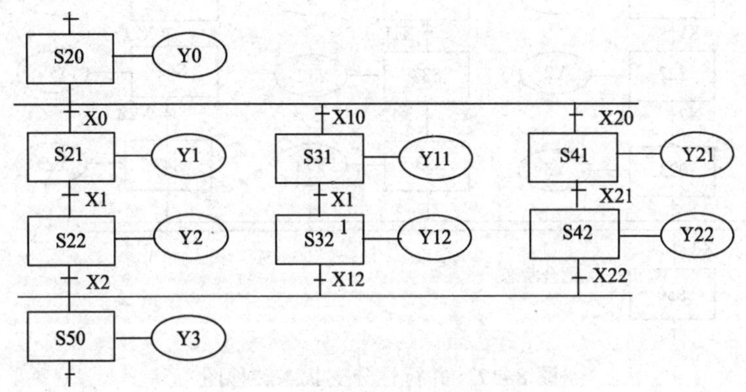

图 8-15　选择性分支状态转移图

该状态转移图有 3 个流程，其中 S20 为分支状态，根据不同的条件（ X0，X10，X20），选择执行其中一个条件满足的流程。

X0 为 ON 时执行第一个流程，X10 为 ON 时执行第二个流程，X20 为 ON 时执行第三个流程。X0、X10、X20 不能同时为 ON。

S50 为汇合状态，可由 S22、S32、S42 任一状态驱动。

（2）选择性分支、汇合的编程：

编程原则是先集中处理分支状态，然后再集中处理汇合状态。

编程方法是先进行分支状态的驱动处理，再依顺序进行转移处理；进行汇合时，将每条分支的最后的状态进行汇合处理。

指令如图 8-16 所示。

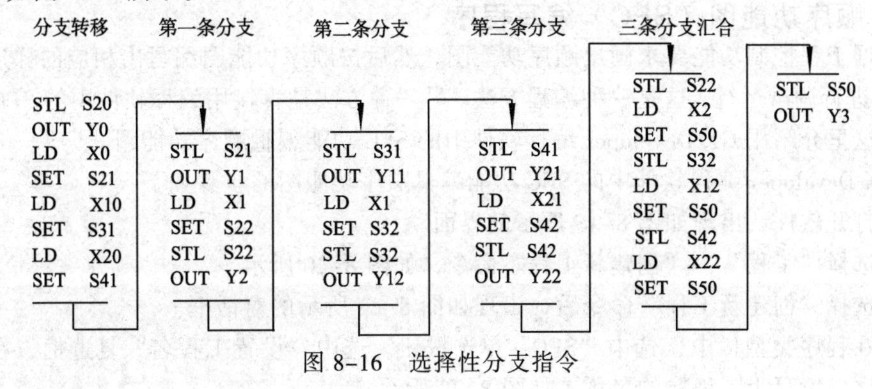

图 8-16　选择性分支指令

2. 并行性分支、汇合的编程

多个流程分支可同时执行的分支流程称为并行性分支，如图 8-17 所示。

并行性分支的编程原则是先集中进行并行性分支的转移处理，然后处理每条分支的内容，最后再集中进行汇合处理。

指令如图 8-18 所示。

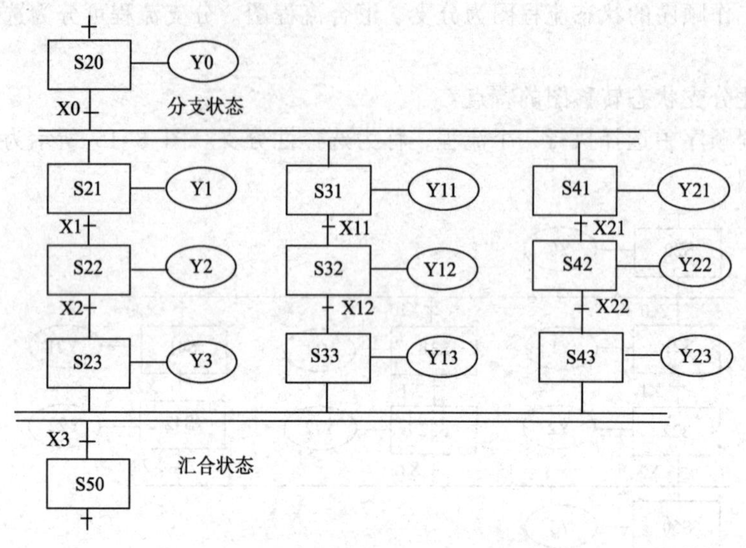

图 8-17　并行性分支状态转移图

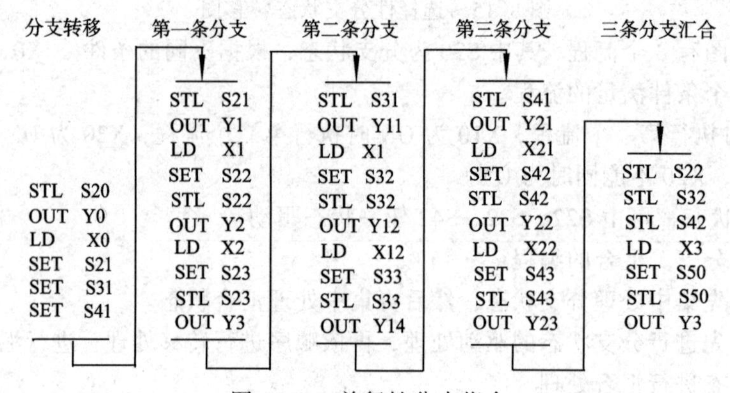

图 8-18　并行性分支指令

三、顺序功能图（SFC）编写程序

先根据工程控制功能要求画出顺序功能图，然后按顺序功能图编写出相应的梯形图，再输入 PLC 进行调试运行，这是一种编程方法。另一种方法是直接用编程软件中的 SFC 功能进行编程。这里介绍用 GX Developer 编程软件中的 SFC 功能编辑顺序功能图。

用 GX Developer 编程软件中的 SFC 功能编辑顺序功能图的步骤如下：

（1）打开软件，出现如图 8-19 所示的界面。

（2）选择“工程”→“创建新工程”命令，如图 8-20 所示。

（3）选择“创建新工程”命令后，出现如图 8-21 所示的对话框。

（4）在程序类型栏中，选中“SFC”单选按钮，选中“设置工程名”复选框，在“工程名”文本框中填写为工程取的名称，如图 8-22 所示。

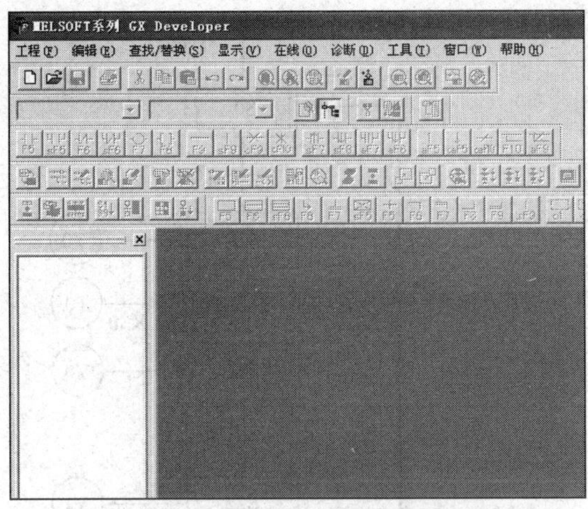

图 8-19 GX Developer 编程软件界面

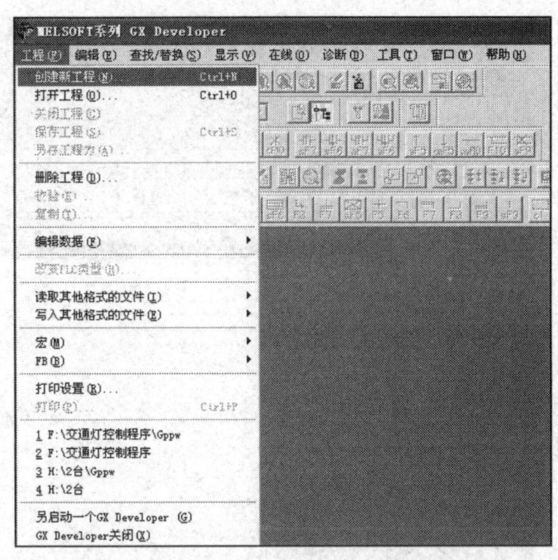

图 8-20 选择“工程”→“创建新工程”命令

图 8-21 “创建新工程”对话框

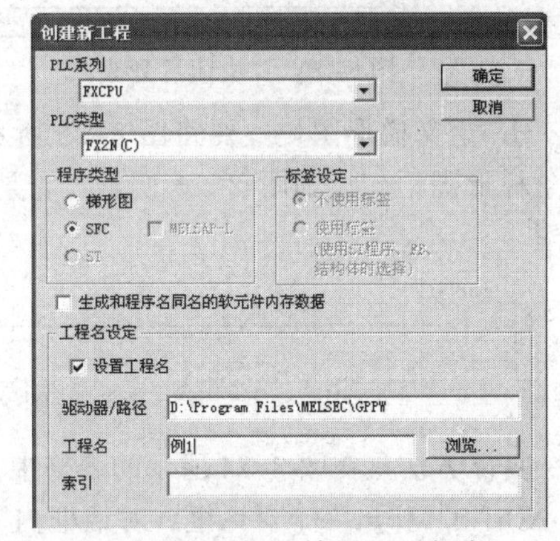

图 8-22 填入工程名称

(5)单击“确定”按钮，弹出如图 8-23 所示的对话框。

图 8-23 对话框

(6)单击“是”按钮，出现如图 8-24 所示的表格。

这是一份有关块信息的表格。在进行 SFC 编程时，块分为两种类型，一种是梯形图块，另一种是 SFC 块。所谓梯形图块，是指不属于步状态、游离在整个步结构之外的梯形图部分，如起始、结束、单独关停及其他有专门要求的内容，这些内容无法编到 SFC 块中，只能单独处理。而 SFC 块指的是步与步相连的顺序功能图。一个完整的顺序功能图都由两部分组成，即梯形图块和 SFC 块。两类块的数量根据程序具体情况而定，分别编写。编写前要对每一个块进行定义，编写完成后要对每一个块进行“转换”。“转换”后的每一个块自动组合成一个完整的程序。

(7)以图 8-25 所示的简单顺序功能图为例，说明块的定义与具体的编写过程。

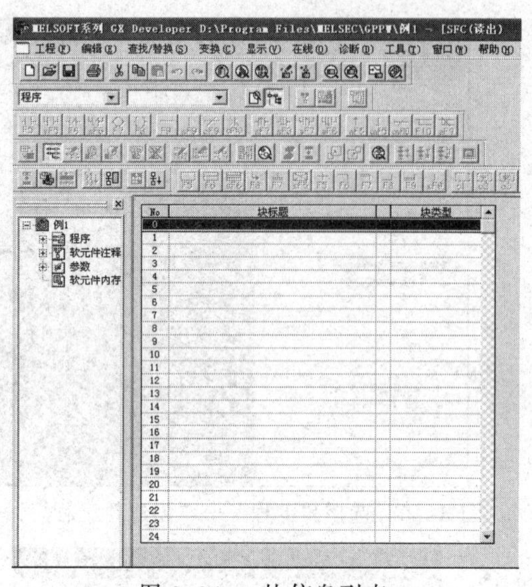

图 8-24　块信息列表

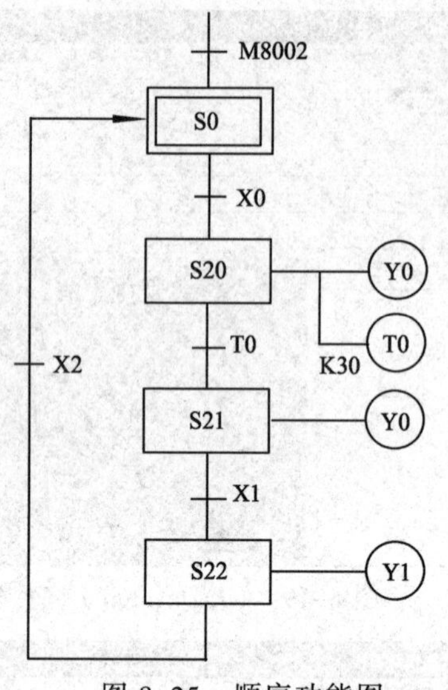

图 8-25　顺序功能图

① 定义梯形图块。要将图 8-25 所示的顺序功能图进行 SFC 软件编辑，第一步必须有一条梯形图语句，如图 8-26 所示。它是梯形图块，不属于 SFC，所以要单独作为一个块来处理。

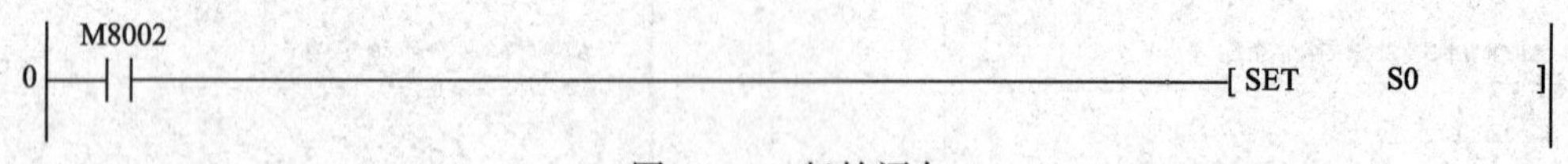

图 8-26　起始语句

具体方法是在图 8-24 所示的表格中，专门把它作为一个块来处理。如图 8-27 所示，双击 NO“0”弹出一个对话框，对话框内写入块名称，如“起始步”，然后选中“梯形图块”单选按钮，再单击“执行”按钮。

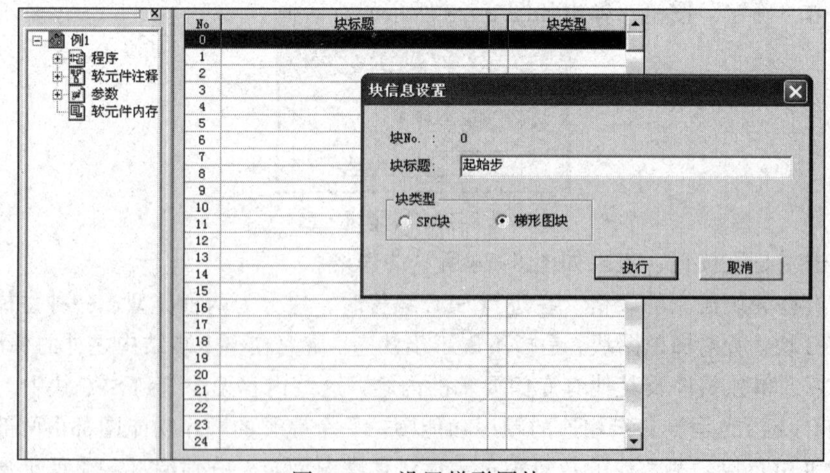

图 8-27　设置梯形图块

单击“执行”按钮后，出现如图 8-28 所示的界面。

按梯形图的画法，在右框处写入语句，如图 8-29 所示。

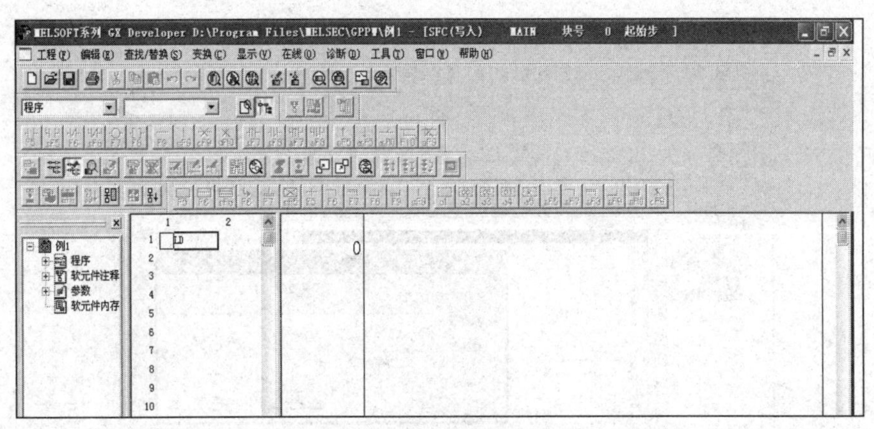

图 8-28 梯形图块编辑界面

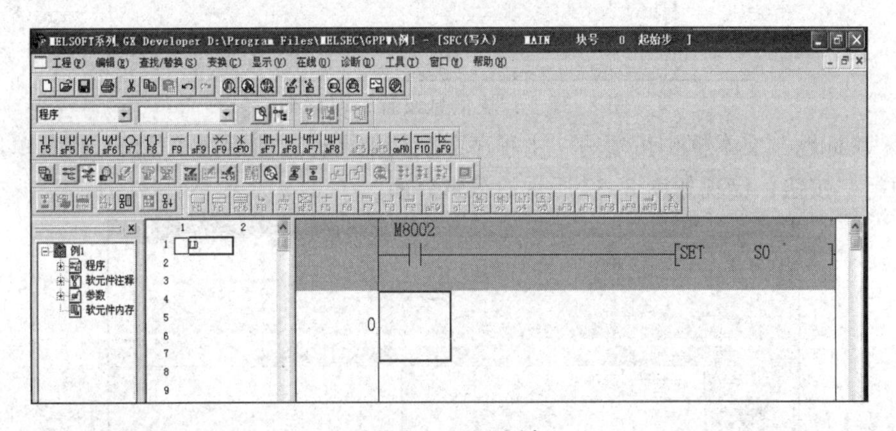

图 8-29 写入语句

单击工具栏上的“转换”按钮，回到如图 8-30 所示的块信息列表。若回不来，选择左侧框内的“程序”→“MAIN”即可。“梯形图块”前面的“—”表示已转换。如果是“*”表示未转换，需要再单击“转换”按钮，使“*”变成“—”。

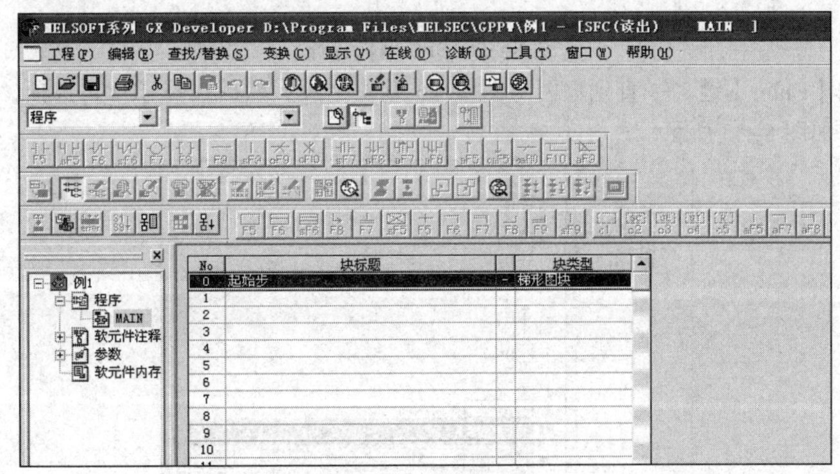

图 8-30 块信息列表

② 定义 SFC 块。把鼠标移到下一栏 NO“1”后双击，出现如图 8-31 所示的对话框。

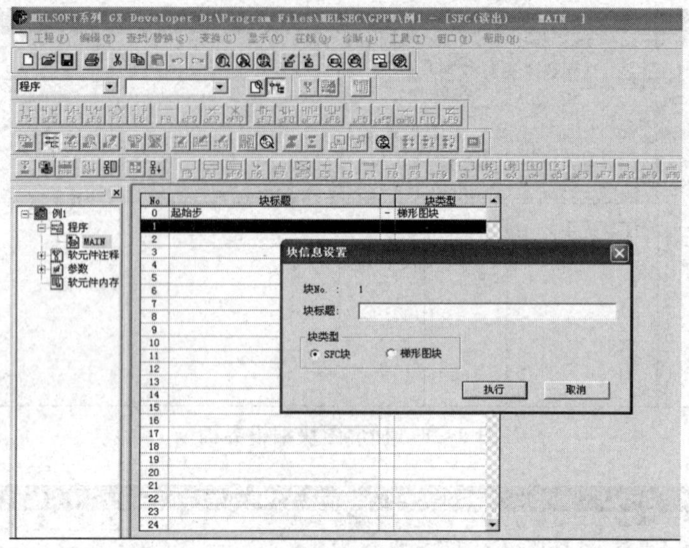

图 8-31 “块信息设置”对话框

在 “块标题”文本框中可填写“主程序”或其他名称，然后选中“SFC 块”单选按钮，单击“执行”按钮，出现如图 8-32 所示的编辑界面。

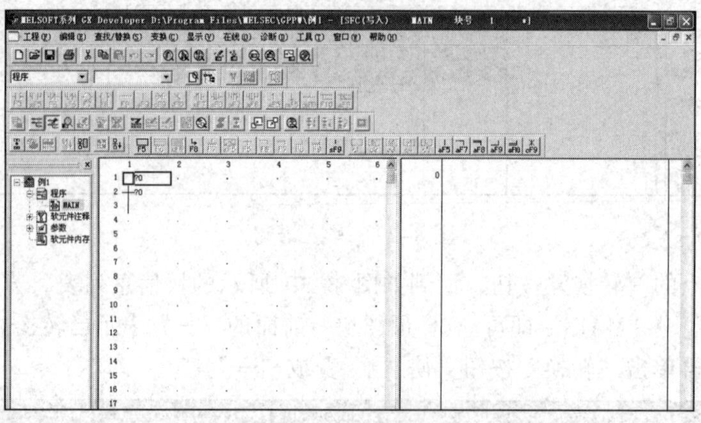

图 8-32 SFC 编辑界面

连续按【Enter】键，一直到框图与图 8-25 基本一致，然后选择 JUMP 选项，把“12”改成“0”，如图 8-33 所示。

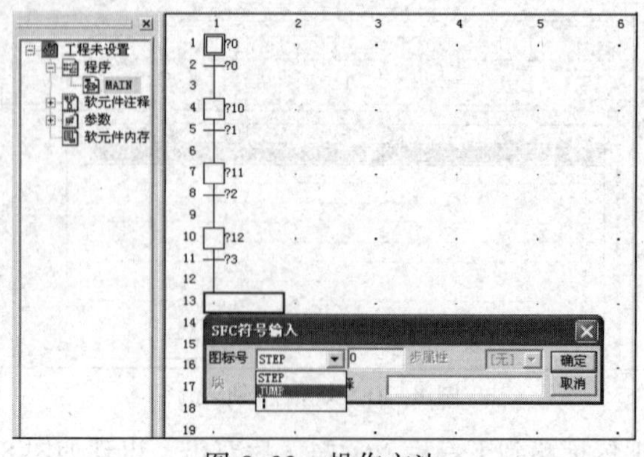

图 8-33 操作方法

单击“确定”按钮后，出现如图 8-34 所示的框图。

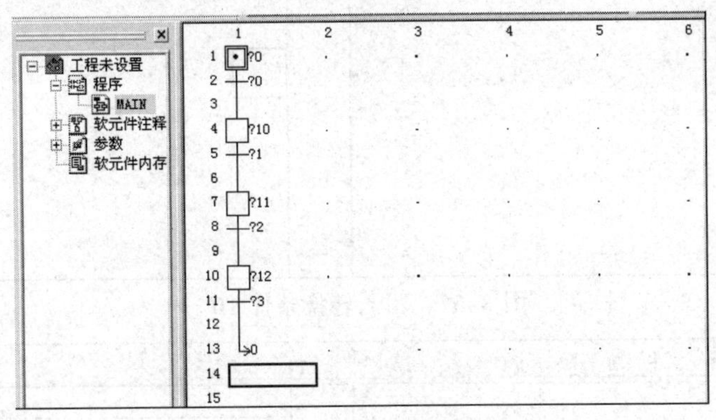

图 8-34　基本框图

把光标移到条件“？0”处，在右框内填写“X000”，如图 8-35 所示。每一个转移条件后，都要加一个 TRAN。这个 TRAN 可以像指令一样用字符输入，也可以用快捷键【F8】来完成，然后进行程序转换。

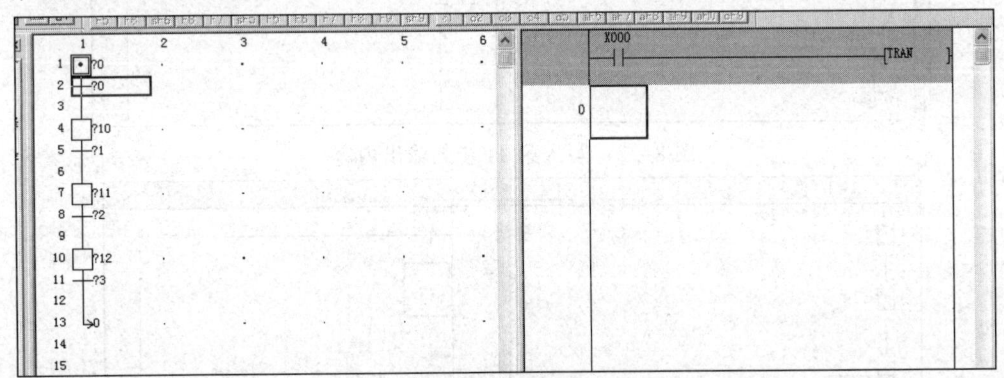

图 8-35　转移条件的写入方法

把光标放到第 10 步，写入第 10 步输出的部分内容，如图 8-36 所示。

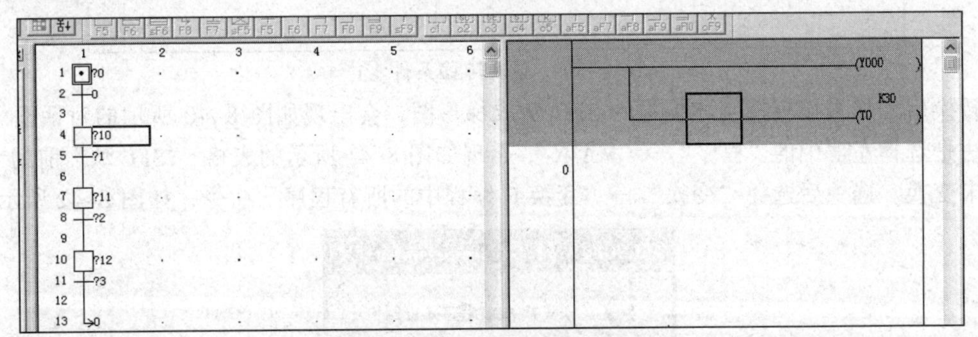

图 8-36　写入第 10 步的输出内容

写入后进行转换，然后把光标移到下一个转移条件，写入 T0 和 TRAN，如图 8-37 所示。按同样的步骤，完成第 11 步，如图 8-38 所示。

写后进行转换，然后把光标移到下一个转移条件，写入 X001 和 TRAN，如图 8-39 所示。用同样的方法再输入第 12 步和下一个转移条件并进行转换。

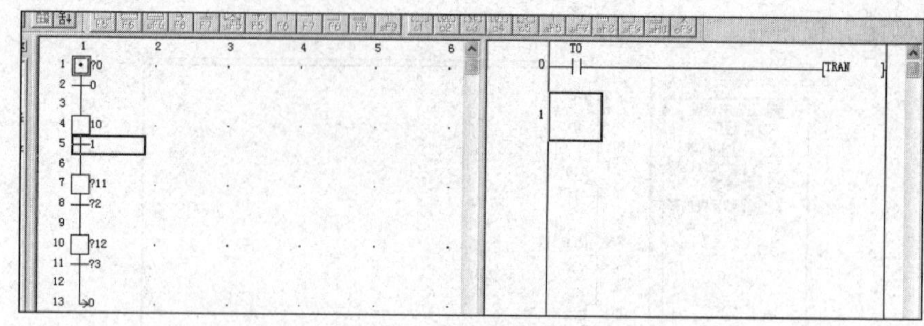

图 8-37　写入转换条件 T0

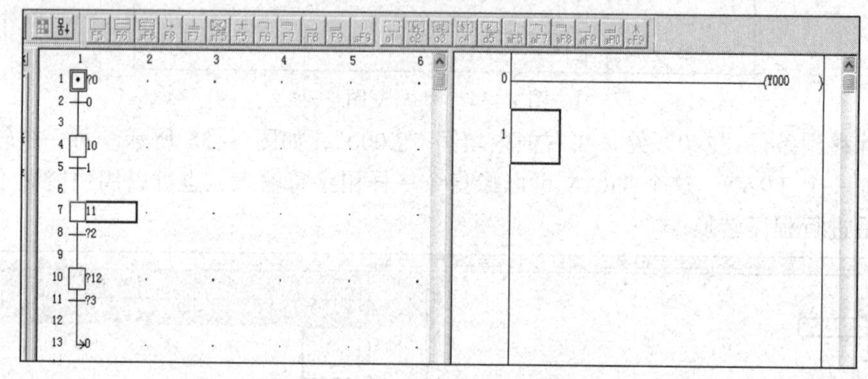

图 8-38　写入第 11 步的输出内容

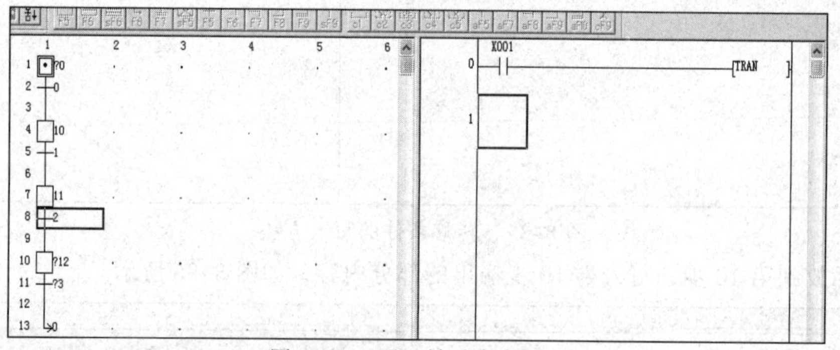

图 8-39　写入转移条件 X1

转换后，如直接想把刚才编写的 SFC 变成梯形图，会出现如图 8-40 所示的对话框。解决办法是选择左框中的“程序”→“MAIN”，出现如图 8-41 所示的表格，“SFC 块”前的“*”表示未变换。选中后选择“变换”→“变换 C 编程中的所有程序”命令，如图 8-42 所示。

图 8-40 对话框

“*”变成“—”，表示转换完成，如图 8-43 所示。转换的另一种方式是回到 SFC 编程界面，单击“转换”按钮或按【F4】键。

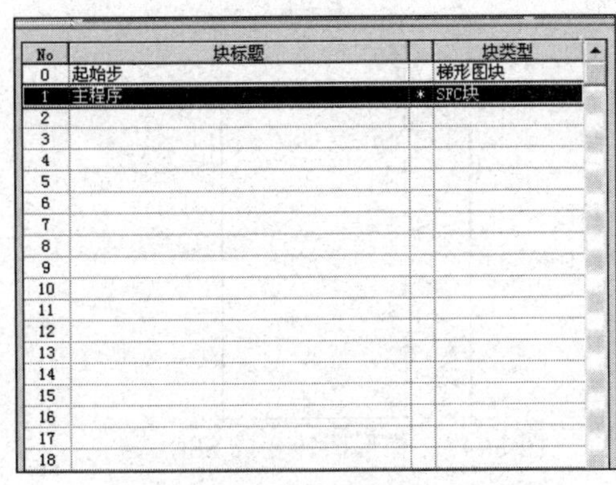

图 8-41　块信息列表

图 8-42　变换（编辑中的所有程序）

（8）把 SFC 转换成梯形图的方法。整个 SFC 块转换完成后，才能把 SFC 变成梯形图。操作方法如是：选择“工程”→“编辑数据”→“改变程序类型”命令，如图 8-44 所示。

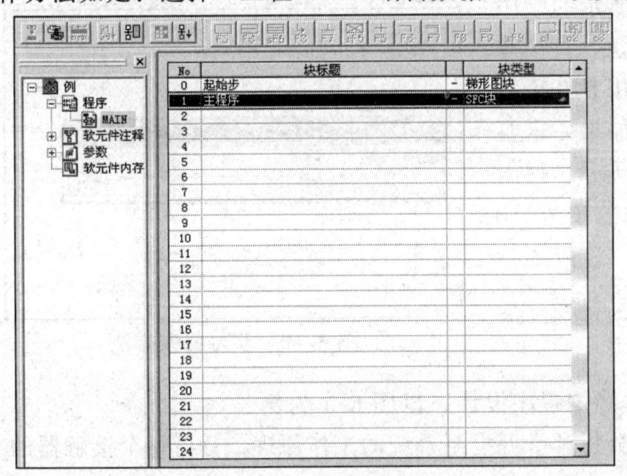

图 8-43　转换完成

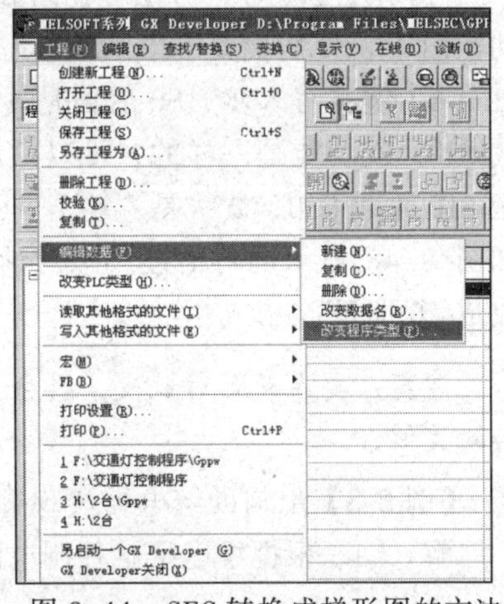

图 8-44　SFC 转换成梯形图的方法

此时，GX Developer 软件就自动把 SFC 变成梯形图，如图 8-45 所示。

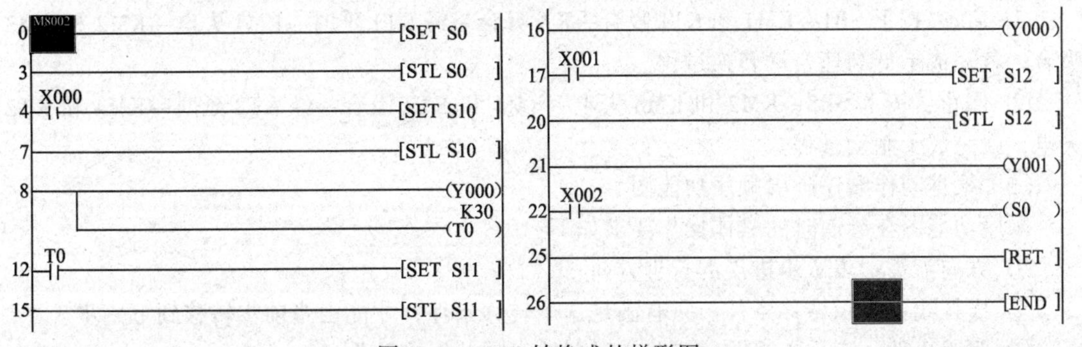

图 8-45　SFC 转换成的梯形图

（9）把梯形图变换成 SFC 的方法。选择“工程”→“编辑数据”→“改变程序类型”命令，在如图 8-46 所示的对话框中选中 SFC 单选按钮，单击“确定”按钮，梯形图就变换成 SFC，如图 8-47 所示。

图 8-46　选中 SFC

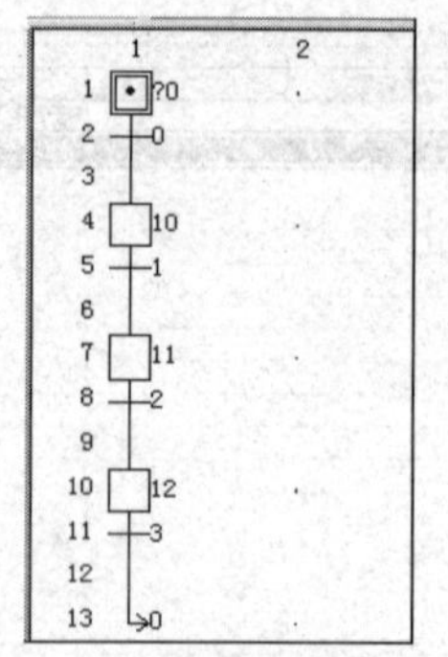

图 8-47　梯形图转变成 SFC

注意：步进梯形图中的 RET 指令从 SFC 块的末端自动写入至梯形图块的连接部分，因此不能将 RET 指令输入至 SFC 块或梯形图块，RET 指令也不会出现在画面中。

（10）改变步号的方法。在图 8-25 所示的顺序功能图中，S0 后面是 S20，如按上述方法，直接按【Enter】键来写入步，S0 后面是 S10。用 S10 来替代 S20，其功能是一样的，可以默认。如果一定要把 S10 改成 S20，方法是：单击 S10 的步号，弹出如图 8-48 所示的对话框，把对话框中的步号 10 改成 20 即可。

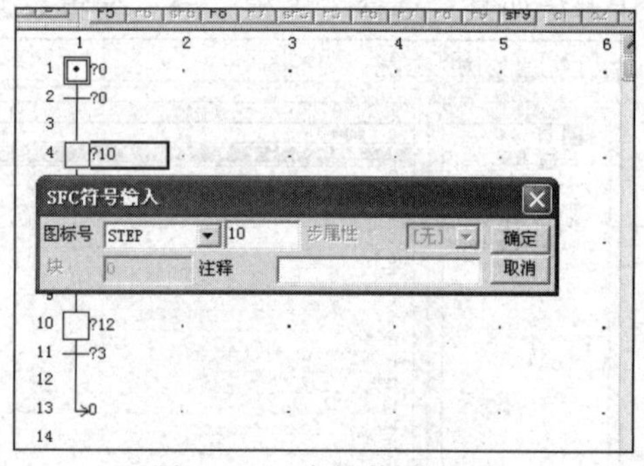

图 8-48　步号修改方法

注意：要在开始时改变。其余步号的修改方法与此类似。

【例 8-3】用辅助继电器实现顺序功能图程序设计，以图 8-1 为例。

解：（1）根据继电接触控制电路图分析和掌握控制系统的工作原理，分析每个接触器的动作顺序。

根据图 8-1 的工作原理，可以写出如下动作过程：

① 启动：按下 SB1→KM1 和 KT1 吸合→KA 吸合→经 KT1 延时→KM1 失电→KM2 和 KM3 吸合，就完成了低高速自动转换过程。

② 停止：按下 SB2→KM2 和 KM3 失电→KM4 和 KT2 吸合→经 KT2 延时→KM4 和 KT2 失电，就完成了制动过程。

（2）根据动作顺序画出顺序功能图。

顺序功能图在绘制时的具体操作要求如下：

① 方向箭头：表示步进点的行进方向。

② 横杠线：表示转移条件。只有满足这个转移条件，才能由当前步转移到下一步。

③ 驱动事件：表示在当前的步状态时要执行的功能或动作。

④ 原点：在流程图与顺序功能图中以双层方块表示，以示与一般步的区别。

⑤ 步进点在三菱编程软件中，用 S 表示。在此用辅助继电器 M 来实现步进功能。

根据要求画出如下流程图和顺序功能图，如图 8-49 和图 8-50 所示。

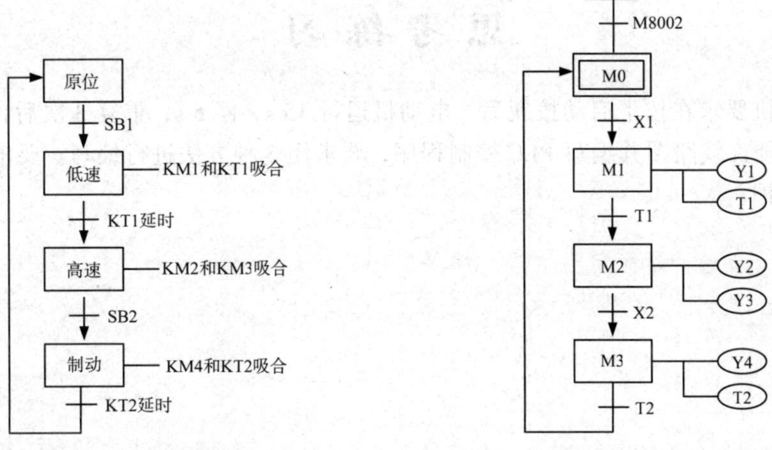

图 8-49　流程图　　　　图 8-50　顺序功能图

⑥ 根据顺序功能图设计梯形图。

设计的梯形图如图 8-51 所示，图中没有把 KH 画出，可以接在输出。

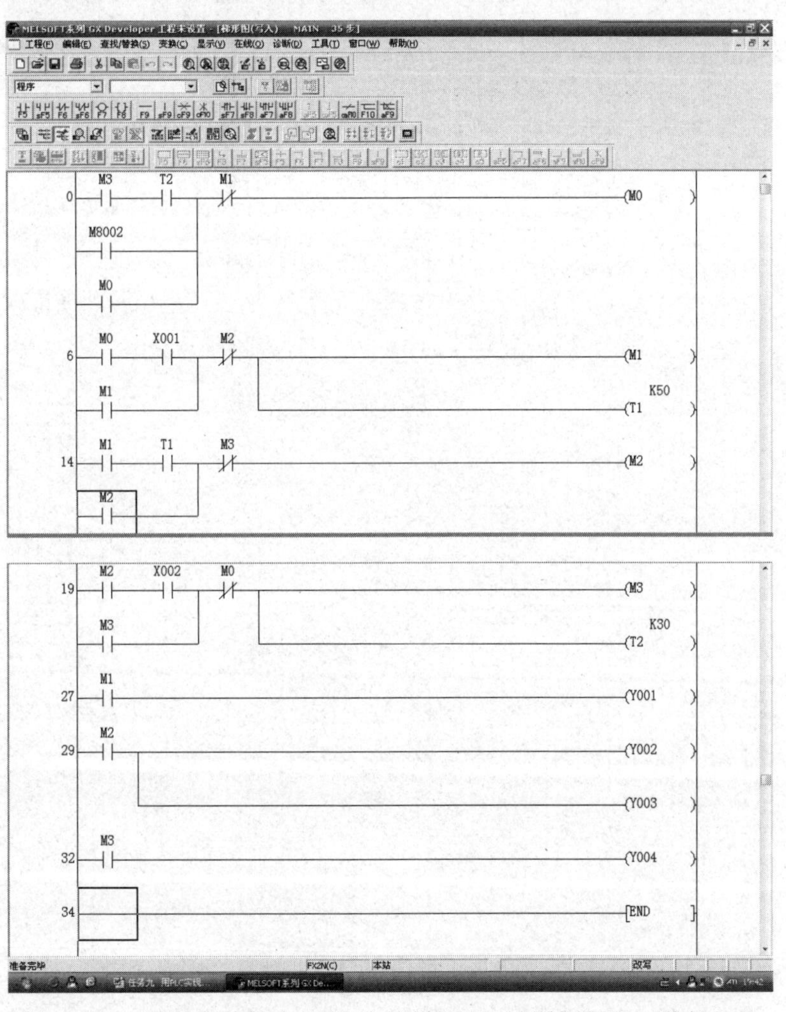

图 8-51　用顺序功能方法设计的梯形图（用辅助继电器实现）

思 考 练 习

一台电动机要求在按下启动按钮后，电动机运行 15 s，停 5 s，重复 3 次后，电动机自动停止。试设计硬件线路图并编写 PLC 控制程序，要求用 3 种方法进行编写。要求有手动停机按钮和过载保护。

任务九

用 PLC 实现十字路口交通信号灯的控制

任务目标

（1）掌握触点比较指令的应用方法。

（2）会应用状态转移图及步进顺控指令实现十字路口交通信号灯的控制。

（3）学会用多种方法实现十字路口交通信号灯的控制，并熟练进行 PLC 程序设计、安装与调试。

（4）提高自我学习、信息处理、数字应用等方法能力及与人交流、与人合作、解决问题等社会能力；自查 6S 执行力。

任务描述

一、专业能力训练环节一

在实际生活中，出行时经常会遇到十字路口的红绿灯，如图 9-1 所示。控制这组红绿灯的方法很多，可以用单片机来实现，也可用 PLC 来实现红绿灯的控制。现在请大家来设计一个用 PLC 控制的十字路口交通灯的控制系统。

1. 控制要求

（1）自动运行模式：自动运行时，按下启动按钮，信号灯系统按图 9-2 所示要求开始工作（绿灯闪烁的周期为 3 s），周而复始，不断往复，当按下停止按钮时，所有信号灯熄灭。

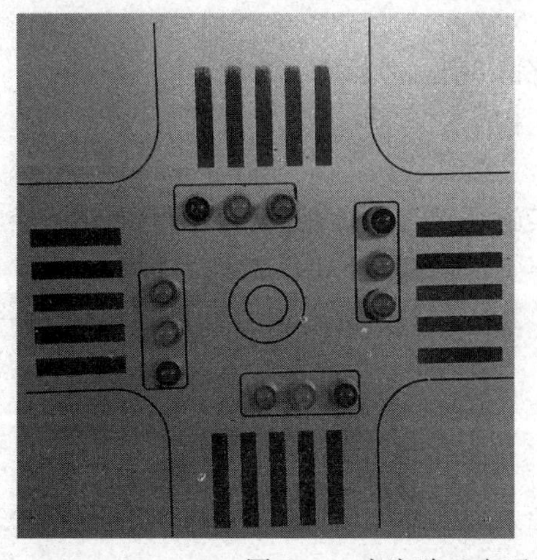

图 9-1　十字路口交通灯示意图

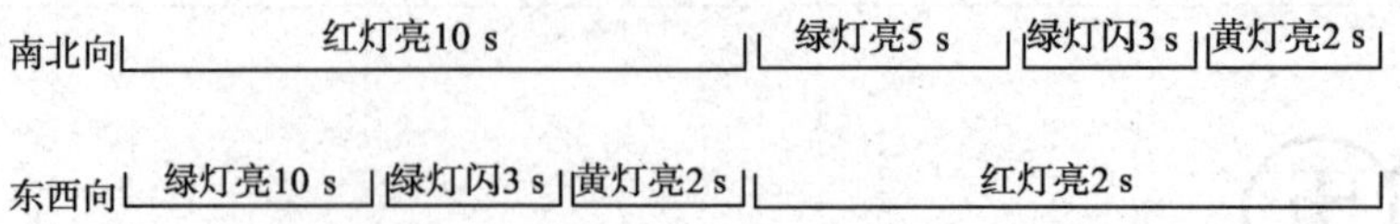

南北向 红灯亮10 s | 绿灯亮5 s | 绿灯闪3 s | 黄灯亮2 s

东西向 绿灯亮10 s | 绿灯闪3 s | 黄灯亮2 s | 红灯亮2 s

图 9-2　交通灯自动运行的动作要求

（2）手动运行模式：手动运行时，东西、南北两路方向的黄灯同时闪烁，闪烁周期为 1 s。

2. 设计要求

（1）用步进指令实现单流程编程，即把东西和南北方向信号灯的动作视为一个顺序动作过程，其中每一个时序同时有两个输出，一个输出控制东西方向的信号灯，另一个输出控制南北方向的信号灯，这样可以按单流程进行编程。

（2）按照控制要求设计 PLC 的输入/输出（I/O）地址分配表并将设计结果填入表 9-1“专业能力训练环节一”对应的表格（以下相同）。

（3）按照控制要求进行 PLC 的输入/输出（I/O）接线图的设计并将设计结果填入表 9-1。

（4）按照控制要求写出单流程编程的状态转移图，并将设计结果填入表 9-1。

（5）按照控制要求写出单流程编程的步进梯形图，并将设计结果填入表 9-1。

（6）按照控制要求进行 PLC 指令程序的设计并将设计结果填入表 9-1。

（7）用 PLC 及十字路口交通灯模拟实验板实现十字路口交通灯的程序设计与模拟调试，并一次成功。

（8）工时：90 min，每超时 5 min 扣 5 分。

（9）配分：本任务满分为 100 分，比重占 50%。

二、专业能力训练环节二

控制要求同“专业能力训练环节一”，要求用步进指令实现双流程编程，即东西方向和南北方向信号灯的动作过程可以看成是两个独立的顺序动作过程。其他要求同“专业能力训练环节一”，要求将设计结果填入表 9-1“专业能力训练环节二”对应的表格。

（1）工时：90 min，每超时 5 min 扣 5 分。

（2）配分：本任务满分 100 分，比重占 30%。

三、职业核心能力训练环节

以小组为单位总结以上两个任务的实施经验，并回答教师提出的问题。经验汇报要求与任务一的职业核心能力训练环节相同。

配分：本任务满分 100 分，比重占 20%，职业核心能力评价表同任务一的表 1-14～表 1-17。

四、专业能力拓展训练环节

在“专业能力训练环节一”、“专业能力训练环节二”均调试成功的基础上采用其他编程方法或不同的编程指令进行程序设计。

（1）进行程序录入与调试，并比较3种方法的优缺点。

（2）工时：60 min，每超时5 min扣5分。

（3）配分：本任务满分为5分，为附加分。

一、训练器材

验电笔、尖嘴钳、斜口钳、螺钉旋具、万用表、低压电器、PLC、连接导线。

二、预习内容

（1）预习触点比较指令的应用方法。

（2）复习状态转移图及步进顺控指令。

（3）复习经验设计法。

三、训练步骤

1.“专业能力训练环节一”训练步骤

（1）实训指导教师简要说明“专业能力训练环节一”的要求后，学生各就各位在PLC学习机上进行十字路口交通灯的程序设计、表格填写、实验板的模拟调试。调试操作步骤参照任务五。

（2）依次按下启动按钮SB1、停止按钮SB2及手动按钮SB3，观察PLC输入/输出口的动作过程是否满足红绿灯的控制要求并分析程序的正误。

（3）程序调试成功后按照正确的断电顺序与拆线顺序进行PLC外围线路的拆除，并整理好工位，自检6S执行情况，填写好表9-1“专业能力训练环节一”对应的表格，待实训指导教师对自己的“专业能力训练环节一”进行评价后，简要小结本环节的训练经验并填入表9-2，进入“专业能力训练环节二”的能力训练。

表9-1 笔试回答核心问题

自检 / 要求	请将合理的答案填入相应表格		扣分		得分	
	专业能力训练环节一	专业能力训练环节二	一	二	一	二
PLC的输入/输出（I/O）地址分配表						
PLC的输入/输出（I/O）接线图						
画出状态转移图	单流程编程的状态转移图	双流程编程的状态转移图				
PLC梯形图程序的设计	单流程编程的步进梯形图	双流程编程的步进梯形图				
PLC指令程序的设计						

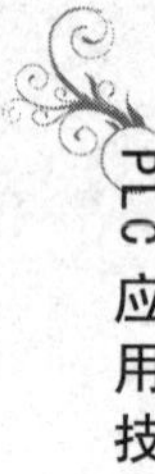

表 9-2 “专业能力训练环节一”经验小结

经验小结：

（4）实训指导教师对本任务的实施情况进行小结与评价。

2. “专业能力训练环节二”训练步骤

（1）按照专业能力训练环节二的要求进行设计，并按照设计要求填写表 9-1“专业能力训练环节二”对应的表格。

（2）参照“专业能力训练环节一”的训练步骤（2）、（3）的要求完成本训练环节的能力训练，对“专业能力训练环节二”进行评价后，简要小结本环节的训练经验并填入表 9-3，进入职业核心能力训练环节的能力训练。

表 9-3 “专业能力训练环节二”经验小结

经验小结：

（3）实训指导教师对本任务的实施情况进行小结与评价。

3. “职业核心能力训练环节”训练步骤

职业核心能力的训练步骤与训练要求同任务一。

任务评价

（1）专业能力训练环节一的评价标准见表 4-6，表中定额时间要修改。

（2）专业能力训练环节二的评价标准见表 4-6，表中定额时间要修改。

（3）职业核心能力评价表同任务一的表 1-14～表 1-17。

（4）个人单项任务总评成绩建议按照表（2-10）进行，表中配分要修改。

相关知识

触点比较指令介绍

触点比较指令使用 LD、AND、OR 与关系运算符组合而成，通过对两个数值的关系运算来实现触点通和断的指令，总共有 18 个，如表 9-4 所示。

表 9-4　触点比较指令

FNC NO.	指令记号	导通条件	FNC NO.	指令记号	导通条件
224	LD=	S1=S2 导通	236	AND<>	S1≠S2 导通
225	LD>	S1>S2 导通	237	AND≤	S1≤S2 导通
226	LD<	S1<S2 导通	238	AND≥	S1≥S2 导通
228	LD<>	S1≠S2 导通	240	OR=	S1=S2 导通
229	LD≤	S1≤S2 导通	241	OR>	S1>S2 导通
230	LD≥	S1≥S2 导通	242	OR<	S1<S2 导通
232	AND=	S1=S2 导通	244	OR<>	S1≠S2 导通
233	AND>	S1>S2 导通	245	OR≤	S1≤S2 导通
234	AND<	S1<S2 导通	246	OR>=	S1≥S2 导通

1. 触点比较指令 LD（见表 9-5）

表 9-5　触点比较指令 LD

	适合软元件		占用步数
FNC224–230 LD（P）（16/32）	字元件	S1 · S2 ·：K、H　KnX　KnY　KnM　KnS　T　C　D　V、Z	16 位：5 步 32 位：9 步
	位元件		

LD 是连接到母线的触点比较指令，它又可以分为 LD=、LD>、LD<、LD<>、LD≥、LD≤这 6 个指令，其编程举例如图 9-3 所示。

当计数器 C10 的值等于 K200 时，驱动 Y000。

当 D200 的内容大于-30，且 X001 非接通时，Y011 置位。

当计数器 C200 的当前值小于 K678493 或 M3 不得电时，驱动 M50。

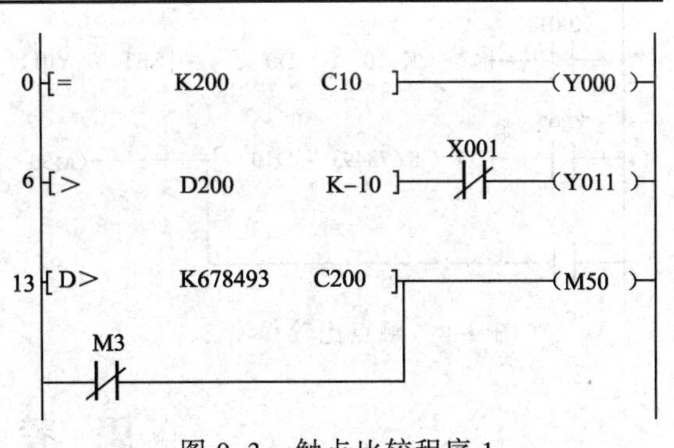

图 9-3　触点比较程序 1

2. 触点比较指令 AND（见表 9-6）

表 9-6　触点比较指令 AND

	适合软元件		占用步数
FNC232–238 AND（P）（16/32）	字元件	S1 · S2 ·：K、H　KnX　KnY　KnM　KnS　T　C　D　V、Z	16 位：5 步 32 位：9 步
	位元件		

AND 是比较触点作串联连接的指令，它又可以分为 AND=、AND>、AND<、AND<>、AND

≥、AND≤这 6 个指令，其编程举例如图 9-4 所示。

当 X000 为 ON 且 C10 的值等于 K200 时，驱动 Y000。

当 X001 为 OFF 且 D0 的值不等于-10 时，Y011 置位。

当 X002 为 ON，且 D11、D10 的内容小于 K678493 或 M3 接通时，驱动 M50。

3. 触点比较指令 OR（见表 9-7）

表 9-7　触点比较指令 OR

	适合软元件										占用步数
FNC240-FNC246（P）（16/32）	字元件	S1 · S2 ·									16 位：5 步 32 位：9 步
		K、H	KnX	KnY	KnM	KnS	T	C	D	V、Z	
	位元件										

OR 是比较触点作并联连接的指令，它又可以分为 OR=、OR>、OR<、OR<>、OR>=、OR<= 这 6 个指令，其编程举例如图 9-5 所示。

当 X0011 为 ON 或 C10 的当前值等于 K200 时，驱动 Y000。

当 X0011 和 M30 都 ON，或 D101、D100 的值大于等于 K100000 时，驱动 M60。

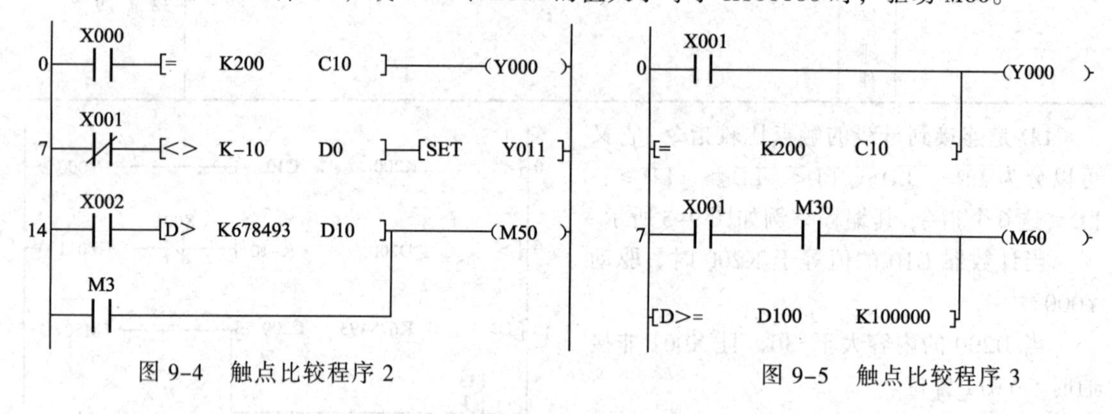

图 9-4　触点比较程序 2

图 9-5　触点比较程序 3

思 考 练 习

设计一饮料灌装生产线的控制程序。要求如下：

1. 系统通过开关设定为自动操作模式，一旦起动，则传送带的驱动电动机起动并一直保持到停止开关动作或灌装设备下的传感器检测到瓶子时停止。瓶子装满饮料后，传送带驱动电动机自动起动，并保持到又检测到瓶子或停止开关动作。当瓶子定位在灌装设备下面时，停 1 s，灌装设备开始工作，灌装过程为 5 s，灌装过程应有报警显示,5 s 后停止并不再显示报警。报警方式为红灯以 0.5 s 间隔闪烁。

2. 以每 24 瓶为一箱，记录产品箱数。

3. 每隔 8 h 将记录产品的箱数的计数器当前值转存至其他寄存器，然后对计数器自动清零，重新开始计数。

4. 可以手动对计数器清零（复位）。

根据上述要求进行 PLC 的 I/O 分配，画出 I/O 接线图，并分别采用常规的梯形图和顺序功能图进行程序设计。

任务十

用 PLC 实现自控轧钢机的控制

任务目标

（1）熟练掌握置位（SET）复位（RST）指令的应用方法。

（2）会应用置位（SET）复位（RST）指令实现自控轧钢机的控制。

（3）学会用多种方法实现的自控轧钢机的 PLC 程序设计、安装与调试。

（4）提高自我学习、信息处理、数字应用等方法能力及与人交流、与人合作、解决问题等社会能力；自查 6S 执行力。

任务描述

一、专业能力训练环节一

在实际生产中，经常会用到打包机，如废钢打包机、垃圾打包机等，这种机械有一种挤压功能，能加工成某一形状的产品，现在用 PLC 来实现这个功能。

设计一个用 PLC 控制的自控轧钢机的控制系统。

1. 控制要求

（1）初始状态。当原料放入成型机时，各液压缸的初始状态：Y1=Y2=Y4=OFF，Y3=ON；S1=S3=S5=OFF， S2=S4=S6=ON。

（2）启动运行。当按下启动键后，系统动作要求如下：

① Y2=ON 上面油缸的活塞向下运动，使 S4=OFF。

② 当该液压缸活塞下降到终点时，S3=ON，此时，启动左液压缸 A 的活塞向右运动，右液压缸 C 的活塞向左运动，Y1=Y4=ON 时，Y3=OFF，使 S2=S6=ON。

③ 当 A 缸活塞运动到终点 S1=ON，并且 C 缸活塞也到终点 S5=ON 时，原料已成型，各液压缸开始退回到原位。首先，A、C 缸返回，Y1=Y4=OFF，Y3=ON，使 S1=S5=OFF。

④ 当 A、C 缸返回到原位，S2=S6=ON 时，B 缸返回，Y2=OFF，S3=OFF。

⑤ 当 B 缸返回到原位，S4=ON 时，系统回到初始状态，取出成品，放入原料后，按动启动键，重新启动，开始下一工件的加工。自控扎钢机的动作示意图如图 10-1 所示。

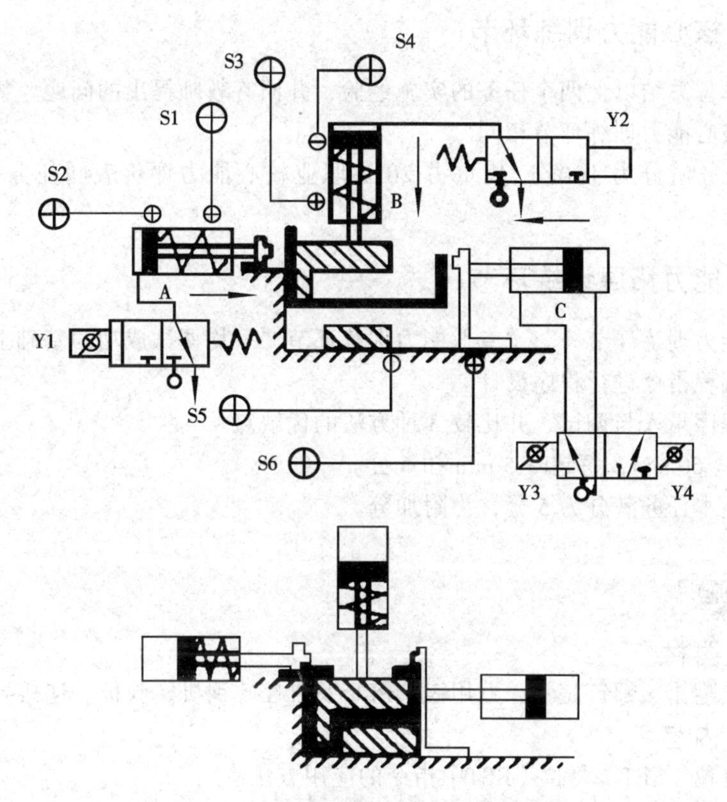

图 10-1　自控轧钢机的动作示意图

2. 设计要求

（1）用置位（SET）复位（RST）指令来实现自控轧钢机的控制系统。

（2）按照控制要求列出 PLC 的输入/输出（I/O）地址分配表，并将设计结果填入表 10-1 “专业能力训练环节一”对应的表格（以下相同）。

（3)按照控制要求进行 PLC 的输入/输出(I/O)接线图的设计，并将设计结果填入表 10-1。

（4）按照控制要求进行 PLC 梯形图程序的设计并将设计结果填入表 10-1。

（5）按照控制要求列出 PLC 指令表，并将设计结果填入表 10-1。

（6）用 PLC 及自控轧钢机模拟实验板实现自控轧钢机的程序设计与模拟调试，并一次成功。

（7）工时：90 min，每超时 5 min 扣 5 分。

（8）配分：本任务满分为 100 分，比重占 40%。

二、专业能力训练环节二

用步进指令实现自控轧机控制的程序设计、调试与模拟安装。其他要求同“专业能力训练环节一”，要求将设计结果填入表 10-1“专业能力训练环节二”对应的表格。本环节可以用 SFC 编程，也可以用梯形图的形式编程。

（1）工时：60 min，每超时 5 min 扣 5 分。

（2）配分：本任务满分 100 分，比重占 40%。

三、职业核心能力训练环节

以小组为单位总结以上两个任务的实施经验，并回答教师提出的问题。经验汇报要求与任务一的职业核心能力训练环节相同。

配分：本任务满分为 100 分，比重占 20%，职业核心能力评价表同任务一的表 1-14～表 1-17。

四、专业能力拓展训练环节

在“专业能力训练环节一”、“专业能力训练环节二”均调试成功的基础上采用其他编程方法或不同的编程指令进行程序设计。

（1）进行程序录入与调试，并比较 3 种方法的优缺点。

（2）工时： 60 min，每超时 5 min 扣 5 分。

（3）配分：本任务满分为 5 分，为附加分。

任务实施

一、训练器材

验电笔、尖嘴钳、螺钉旋具、万用表、PLC 及自控轧钢机实验板、连接导线

二、预习内容

（1）预习置位（SET）复位（RST）指令的应用方法。

（2）预习传送和比较指令的应用方法。

（3）复习触点比较指令的应用方法。

（4）复习状态转移图及步进顺控指令。

三、训练步骤

1.“专业能力训练环节一”训练步骤

（1）明确“专业能力训练环节一”的要求后，各组成员在 PLC 学习机上进行自控轧钢机的程序设计、表格填写、实验板的模拟调试。调试操作步骤参照任务五。

（2）依次按下启动按钮 SB1、停止按钮 SB2，在程序监控状态下观察 PLC 各输入/输出继电器的动作过程是否满足自控轧钢机的控制要求并分析程序的正误。

（3）程序调试成功后按照正确的断电顺序与拆线顺序进行 PLC 外围线路的拆除，并整理好工位，自检 6S 执行情况，填写好表 10-1“专业能力训练环节一”对应的表格，对“专业能力训练环节一”进行评价后，简要小结本环节的训练经验并填入表 10-2，进入“专业能力训练环节二”的能力训练。

表 10-1　笔试回答核心问题

自检 要求	请将合理的答案填入相应表格		扣分		得分	
	专业能力训练环节一	专业能力训练环节二	一	二	一	二
PLC 的输入/输出（I/O）地址分配表						

续表

自检 要求	请将合理的答案填入相应表格		扣分		得分	
	专业能力训练环节一	专业能力训练环节二	一	二	一	二
PLC 的输入/输出（I/O）接线图						
画出顺序功能图						
PLC梯形图程序的设计						
PLC 指令程序的设计						

表 10–2 “专业能力训练环节一”经验小结

经验小结：

（4）实训指导教师对本任务的实施情况进行小结与评价。

2. “专业能力训练环节二”训练步骤

（1）按照“专业能力训练环节二”的要求进行设计，并按照设计要求填写表 10–1“专业能力训练环节二”对应的表格。

（2）参照“专业能力训练环节一”的训练步骤（2）、（3）的要求完成本训练环节的能力训练，对“专业能力训练环节二”进行评价后，简要小结本环节的训练经验并填入表 10–3，进入职业核心能力训练环节的能力训练。

表 10–3 “专业能力训练环节二”经验小结

经验小结：

（3）实训指导教师对本任务的实施情况进行小结与评价。

3. “职业核心能力训练环节”训练步骤

职业核心能力的训练步骤与训练要求同任务一。

任务评价

（1）“专业能力训练环节一”的评价标准见表 4-6，表中定额时间要修改。

（2）“专业能力训练环节二”的评价标准见表 4-6，表中定额时间要修改。

（3）职业核心能力评价表同任务一的表 1-14～表 1-17。

（4）个人单项任务总评成绩建议按照表 2-10 进行。

相关知识

一、置位（SET）与复位（RST）指令介绍

用于各继电器 Y、S 和 M 等置位和复位，还可在用户程序的任何地方对某个状态或事件设置或清除标志。

（1）SET（置位）：置位指令。

（2）RST（复位）：复位指令。

（3）指令使用说明。

置位与复位指令见表 10-4。

表 10-4　置位与复位指令

助记符名称	操作功能	梯形图与目标组件	程序步数
SET（置位）	线圈得电保持	SET YMS	YM：1 S 特 M：2
RST（复位）	线圈失电保持	RST YMSTCD	STC：2 DVZ 特 D：3

（4）指令功能说明：

① SET 和 RST 指令有自保功能，在图 10-2（a）中，X000 一旦接通，即使再断开，Y000 仍保持接通。

② SET 和 RST 指令的使用没有顺序限制，并且 SET 和 RST 之间可以插入别的程序，但只在最后执行的一条才有效。

③ RST 指令的目标组件，除与 SET 相同的 YMS 外，还有 TCD。

例如，阅读图 10-2（a）梯形图，试解答：

（1）写出图 10-2（a）梯形图所对应的指令表。

（2）X000 和 X001 的波形如图 10-3（a）所示，画出 Y000 的波形图。

解：指令表如图 10-2（b）所示。

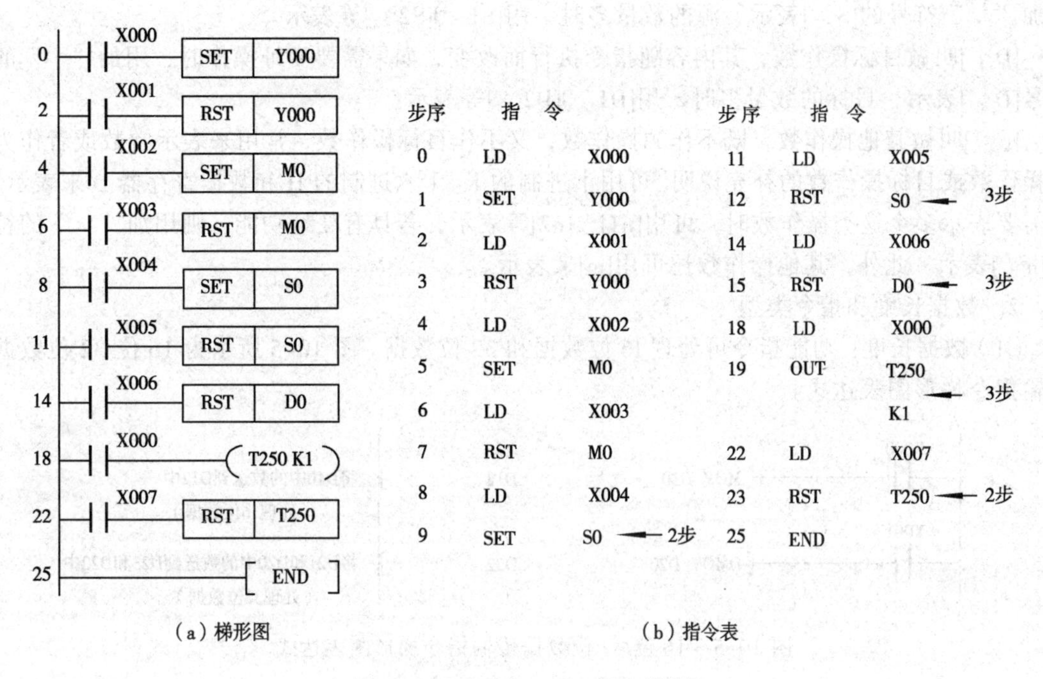

步序	指 令		步序	指 令	
0	LD	X000	11	LD	X005
1	SET	Y000	12	RST	S0 ←3步
2	LD	X001	14	LD	X006
3	RST	Y000	15	RST	D0 ←3步
4	LD	X002	18	LD	X000
5	SET	M0	19	OUT	T250 K1 ←3步
6	LD	X003			
7	RST	M0	22	LD	X007
8	LD	X004	23	RST	T250 ←2步
9	SET	S0 ←2步	25	END	

图 10-2　SET 和 RST 指令举例

根据 SET 和 RST 指令功能，容易分析得出：常开触点 X000 接通时，线圈 Y000 得电并保持，一直至常开触点 X001 接通时，线圈 Y000 才失电并保持，所以 Y000 的波形如图 10-3（b）所示。

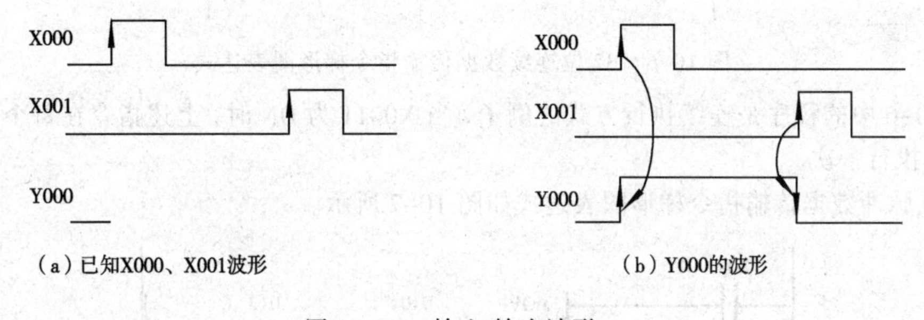

图 10-3　输入/输出波形

二、功能指令的表示形式

1. 功能指令的表现的形式

功能指令的表现形式如图 10-4 所示。

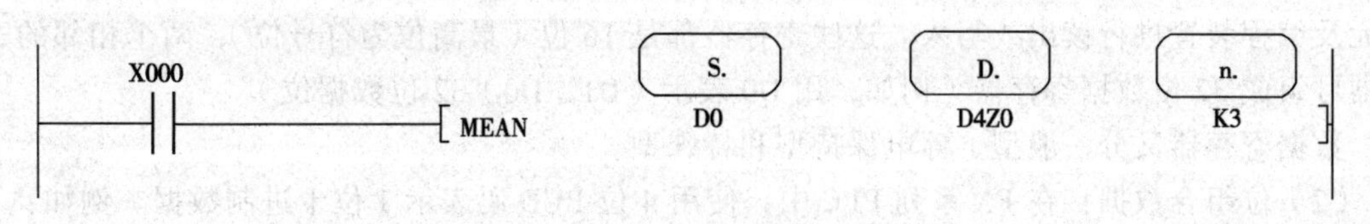

图 10-4　功能指令基本形式

[S ·]叫做源操作数，其内容不随指令执行而变化，在可利用变址修改软元件的情况下，

用加“·”符号的[S·]表示，源的数量多时，用[S1·][S2·]等表示。

[D·]叫做目标操作数，其内容随指令执行而改变，如果需要变址操作时，用加“·”的符号[D·]表示，目标的数量多时，用[D1·][D2·]等表示。

[n·]叫做其他操作数，既不作源操作数，又不作目标操作数，常用来表示常数或者作为源操作数或目标操作数的补充说明。可用十进制的K、十六进制的H和数据寄存器D来表示。在需要表示多个这类操作数时，可用[n1]、[n2]等表示，若具有变址功能，则用加“·”的符号[n·]表示。此外，其他操作数还可用[m]来表示。

2. 数据长度和指令类型

（1）数据长度：功能指令可处理l6位数据和32位数据。图10–5所示为16位/32位数据传输指令梯形图表达式。

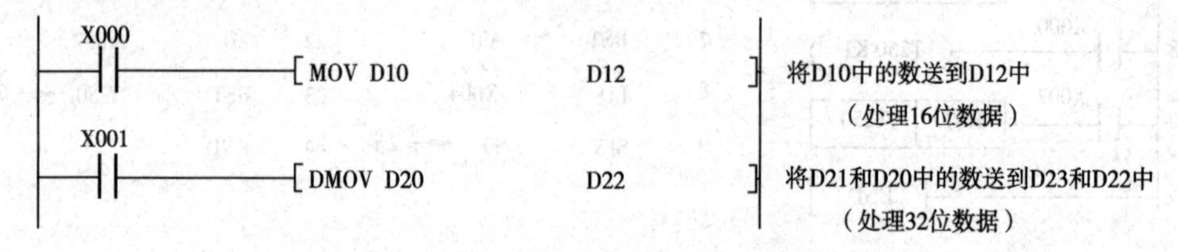

图 10–5　16位/32位数据传输指令梯形图表达式

（2）指令类型：FX系列PLC的功能指令有连续执行型和脉冲执行型两种形式。图10–6所示为连续数据传输指令梯形图表达式。

图 10–6　32位连续数据传输指令梯形图表达式

图10–6中的程序是连续执行方式的例子，当X0011为ON时，上述指令在每个扫描周期都被重复执行一次。

16位脉冲数据传输指令梯形图表达式如图10–7所示。

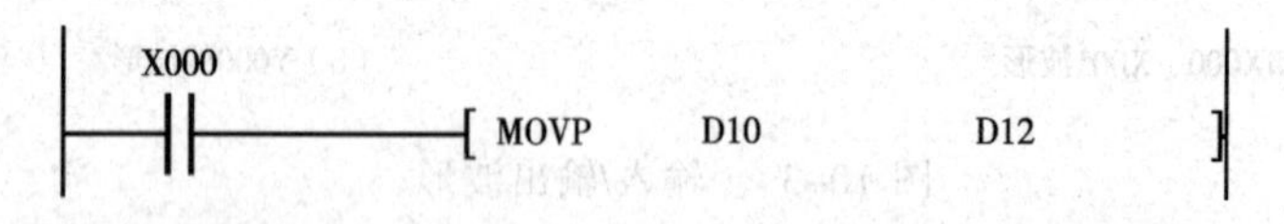

图 10–7　16位脉冲数据传输指令梯形图表达式

3. 操作数

（1）数据寄存器（D）：数据寄存器用于存储数值数据，其值可通过应用指令、数据存取单元及编程装置进行读出或写入。这些寄存器都是16位（最高位为符号位），两个相邻的寄存器可组成32位数据寄存器（例如，用D0表示（D1，D0）32位数据位）。

数据寄存器又分一般型、停电保持型和特殊型。

（2）位组合数据：在FX系列PLC中，使用4位BCD码表示1位十进制数据。例如：

K1X0就表示由X3～X0这4个输入继电器的组合。

K2X0就表示由X7～X0这8个输入继电器的组合。

（3）标志位：功能指令在操作过程中，其运算结果要影响某些特殊继电器或寄存器，通常称其为标志。

① 一般标志（位）：

- M8020：零标志，如运算结果为 0 时动作。
- M8021：借位标志，如做减法时被减数不够减时动作。

2）运算出错标志（位）：

M8067：运算出错标志。

4. 传送和比较指令说明

（1）传送指令：该指令的助记符、指令代码、操作数范围、程序步见表 10-5。

表 10-5　传送指令表

指令名称	助记符/功能号	操作数范围		程序步
		[S·]	[D·]	
传送	FNC12 （D）MOV（P）	K、H KnX、KnY、KnM、KnS T、C、D、V、Z	KnY、KnM、KnS T、C、D、V、Z	16 位-5 步 32 位-9 步

① 传送指令 MOV 是将源操作数内的数据传送到指定的目标操作数内，即 [S] → [D]，其基本形式如图 10-8 所示。

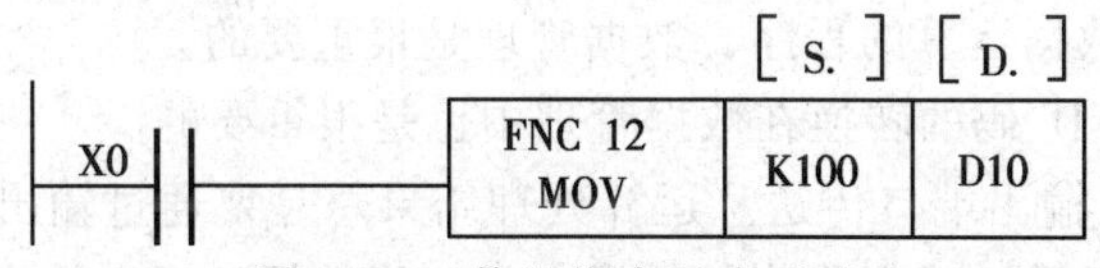

图 10-8　传送指令基本形式

② 传送指令 MOV 的说明（见图 10-8）。当 X0=ON 时，源操作数 [S.] 中的常数 K100 传送到目标操作元件 D10 中 。当指令执行时，常数 K100 自动转换成二进制数。当 X0 断开时，指令不执行，数据保持不变。

（2）比较指令：该指令的助记符、指令代码、操作数范围、程序步见表 10-6。

表 10-6　比较指令表

指令名称	助记符/功能号	操作数范围		程序步
		[S1.][S2.]	[D.]	
比较	FNC10（D）CMP(P)	K、H KnX、KnY、KnM、KnS T、C、D、V、Z	Y 、M 、S	16 位-7 步 32 位-13 步

比较指令 CMP 是将源操作数 [S1.] 和 [S2.] 的数据进行比较，结果送到目标操作数 [D.] 中。如图 10-9 所示，在 X0 断开，即不执行 CMP 指令时， M0～M2 保持 X0 断开前的状态。

数据比较是进行代数值大小比较（即带符号比较），所有的源数据均按二进制处理。当比较指令的操作数不完整（若只指定一个或两个操作数），或者指定的操作数不符合要求（例如把 X、D、T、C 指定为目标操作数），或者指定的操作数的元件号超出了允许范围等情况，用比较指令就会出错。

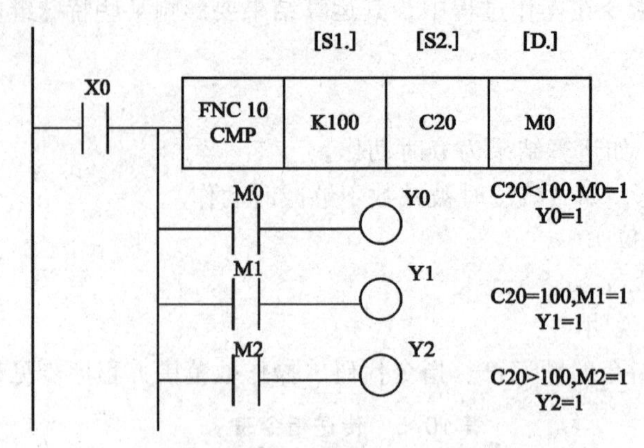

图 10-9　比较指令基本形式

（3）传送和比较指令的作用。这些数据可以从输入端口上连接的外部器件获得，需要使用传送指令读取这些器件上的数据并送到内部单元；初始数据也可以用程序设置，即向内部单元传送立即数；另外，某些运算数据存储在机内的某个地方，等程序开始运行时通过初始化程序送到工作单元。

① 机内数据的存取管理。在数据运算过程中，机内的数据传送是不可缺少的。运算可能要涉及不同的工作单元，数据需在它们之间传送；运算可能会产生一些中间数据，这需要传送到适当的地方暂时存放；有时机内的数据需要备份保存，这要找地方把这些数据存储妥当。总之，对一个涉及数据运算的程序，数据管理是很重要的。

此外，二进制和 BCD 码的转换在数据管理中也是很重要的。

② 运算处理结果向输出端口传送。运算处理结果总是要通过输出实现对执行器件的控制，或者输出数据用于显示，或者作为其他设备的工作数据。对于输出口连接的离散执行器件，可成组处理后看做是整体的数据单元，按各口的目标状态送入一定的数据，可实现对这些器件的控制。

③ 比较指令用于建立控制点。控制现场常有将某个物理量的量值或变化区间作为控制点的情况。例如，温度低于多少度就打开电热器，速度高于或低于一个区间就报警等。作为一个控制“阀门”，比较指令常出现在工业控制程序中。

思 考 练 习

1. 用功能指令设计一个 8 站小车的呼叫控制系统（见图 10-10），其控制要求如下：

（1）车所停位置号小于呼叫号时，小车右行至呼叫号处停车；

（2）车所停位置号大于呼叫号时，小车左行至呼叫号处停车；

（3）小车所停位置号等于呼叫号时，小车原地不动；

（4）小车运行时呼叫无效；

（5）具有左行、右行定向指示、原点不动指示；

（6）具有小车行走位置的七段数码管显示。

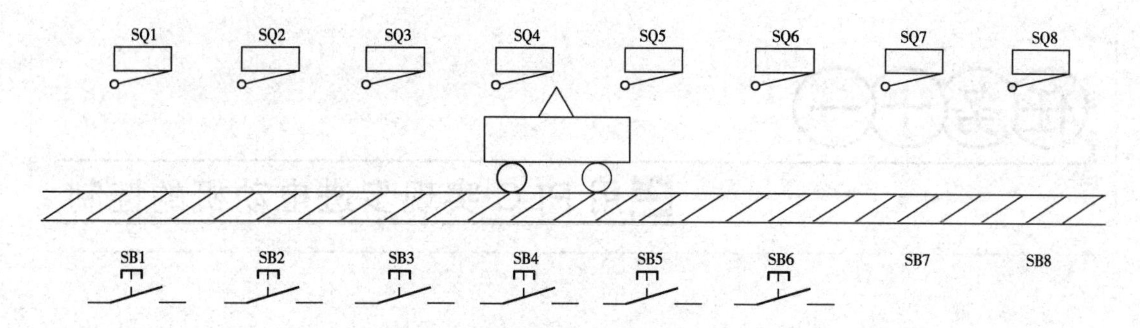

图 10-10　8 站小车的呼叫控制系统

2. 根据图 10-11 所示梯形图和 X0 的时序图，画出 M20、M21 和 Y10 的时序图，并分析所给梯形图的作用。

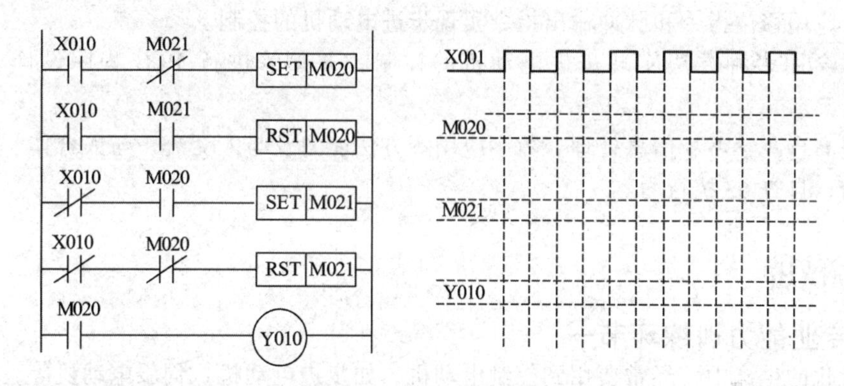

图 10-11　第 1 题的梯形图

3. 写出题图 10-12 所示梯形图的指令语句表，并补画 M0、M1、M2 和 Y0 的时序图。如果 PLC 的输入点 X0 接一个按钮，输出点 Y0 所接的接触器控制一台电动机，则通过这段程序能否用该按钮控制电动机启动和停止。

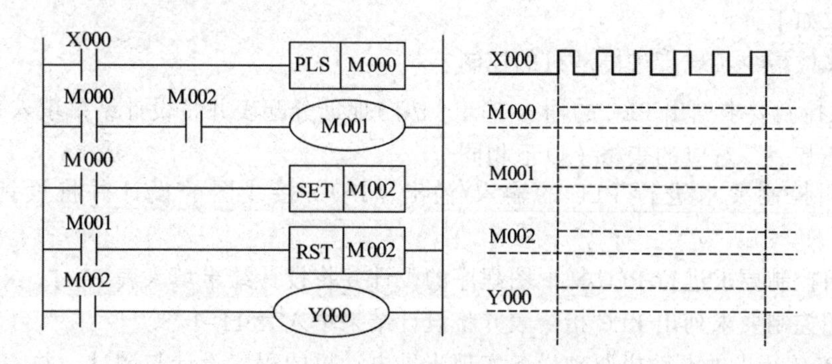

图 10-12　第 2 题的梯形图

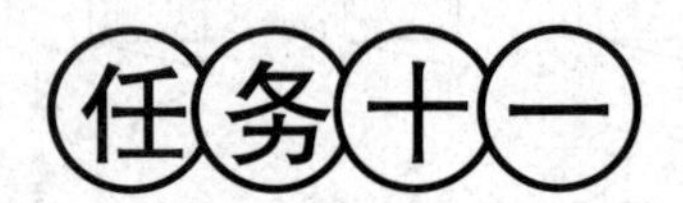

任务十一 用PLC实现步进电动机的控制

任务目标

（1）熟练掌握移位指令和脉冲输出指令的应用方法。

（2）会应用移位指令和脉冲输出指令实现步进电动机的控制。

（3）学会用多种方法实现步进电动机的控制，并熟练进行 PLC 程序设计、安装与调试。

（4）提高自我学习、信息处理、数字应用等方法能力及与人交流、与人合作、解决问题等社会能力；自查 6S 执行力。

任务描述

一、专业能力训练环节一

在现代化的生产中，经常要用到控制电动机，如步进电动机、伺服电动机等，掌握步进电动机的控制方法是中高级以上的电气工作人员在专业能力上的基本要求，下面设计一个用 PLC 控制步进电动机的控制程序。其控制要求如下：

设置 X1 为开关，X2 为加速按钮，X3 为减速按钮，步进电动机为三相步进电动机，设计以三相三拍工作方式的步进电动机控制程序。

设计要求如下：

（1）用移位指令实现步进电动机的控制。

（2）按照控制要求列出 PLC 的输入/输出（I/O）地址分配表并将设计结果填入表 11-1“专业能力训练环节一”对应的表格（以下相同）。

（3）按照控制要求进行 PLC 的输入/输出（I/O）接线图的设计并将设计结果填入表 11-1。

（4）按照控制要求进行 PLC 梯形图程序的设计并将设计结果填入表 11-1。

（5）按照控制要求列出 PLC 指令表并将设计结果填入表 11-1。

（6）用 PLC 及步进电动机驱动设备实现步进电动机的程序设计与调试，并一次成功。

（7）工时：90 min，每超时 5 min 扣 5 分。

（8）配分：本任务满分为 100 分，比重占 40%。

二、专业能力训练环节二

用脉冲输出指令实现步进电动机的控制。其他要求同专业能力训练环节一，要求将设计结果填入表 11-1“专业能力训练环节二”对应的表格。

（1）工时：60 min，每超时 5 min 扣 5 分。

（2）配分：本任务满分 100 分，比重占 40%。

三、职业核心能力训练环节

以小组为单位总结以上两个任务的实施经验，并回答教师提出的问题。经验汇报要求与任务一的职业核心能力训练环节相同。

配分：本任务满分 100 分，比重占 20%，职业核心能力评价表同任务一的表 1-14～表 1-17。

一、训练器材

验电笔、尖嘴钳、斜口钳、剥线钳、螺钉旋具、万用表、PLC、步进电动机及步进电驱动器、连接导线。

二、预习内容

（1）预习步进电动机的工作原理。

（2）预习步进电动机驱动电路的工作原理。

（3）预习移位指令的结构及应用方法。

（4）预习步进指令的结构及应用方法。

（5）熟悉什么型号的三菱 PLC 适用于控制步进电动机。

（6）熟悉 PLC 的哪些输出口用于控制步进电动机。

三、训练步骤

1.“专业能力训练环节一”训练步骤

（1）明确“专业能力训练环节一”的要求后，各组成员在 PLC 学习机上进行步进电动机的程序设计、表格填写、程序调试。调试操作步骤参照任务五。

（2）依次按下启动按钮 SB1、停止按钮 SB2，在程序监控状态下观察 PLC 各输入/输出继电器的动作过程是否满足步进电动机的控制要求并分析程序的正误。

（3）程序调试成功后按照正确的断电顺序与拆线顺序进行 PLC 外围线路的拆除，并整理好工位，自检 6S 执行情况，填写好表 11-1“专业能力训练环节一”对应的表格，对“专业能力训练环节一”进行评价后，简要小结本环节的训练经验并填入表 11-2，进入“专业能力训练环节二”的能力训练。

表 11-1　笔试回答核心问题

自检要求	请将合理的答案填入相应表格		扣分		得分	
	专业能力训练环节一	专业能力训练环节二	一	二	一	二
PLC 的输入 / 输出（I/O）地址分配表						
PLC的输入/输出（I/O）接线图						
画出顺序功能图						
PLC梯形图程序的设计						
PLC 指令程序的设计						

表 11-2　“专业能力训练环节一”经验小结

经验小结：

（4）实训指导教师对本任务的实施情况进行评价。

2.“专业能力训练环节二”训练步骤

（1）按照“专业能力训练环节二”的要求进行设计，并按照设计要求填写表 11-1“专业能力训练环节二”对应的表格。

（2）参照“专业能力训练环节一”的训练步骤（2）、（3）的要求完成本训练环节的能力训练，对“专业能力训练环节二”进行评价后，简要小结本环节的训练经验并填入表 11-3，进入职业核心能力训练环节的能力训练。

表 11-3　“专业能力训练环节二”经验小结

经验小结：

（3）实训指导教师对本任务的实施情况进行小结与评价。

3. “职业核心能力训练环节”训练步骤

职业核心能力的训练步骤与训练要求同任务一。

任务评价

（1）“专业能力训练环节一”、“专业能力训练环节二”的评价标准见表 4–6。

（2）职业核心能力评价表同任务一的表 1–14～表 1–17。

（3）个人单项任务总评成绩建议按照表（2–10）进行。

相关知识

一、步进电动机

步进电动机有两种基本的形式：可变磁阻型和混和型。步进电动机的基本工作原理，结合图 11–1 所示的结构示意图进行叙述。

图 11–1 是四相可变磁阻型的步进电动机结构示意图。这种电动机定子上有 8 个凸齿，每一个齿上有一个线圈。线圈绕组的连接方式，是对称齿上的两个线圈进行反相连接，如图 11–1 所示。8 个齿极构成 4 对，所以称为四相步进电动机。图 11–2 所示为 6 个齿极构成 3 对为三相步进电动机。

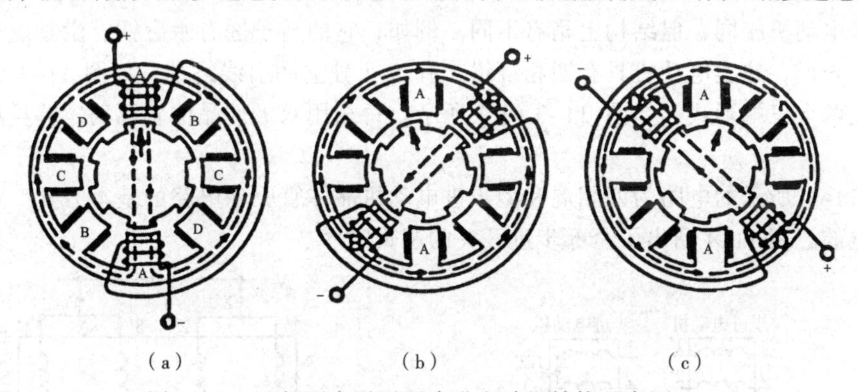

图 11–1　四相可变磁阻型步进电动机结构示意图

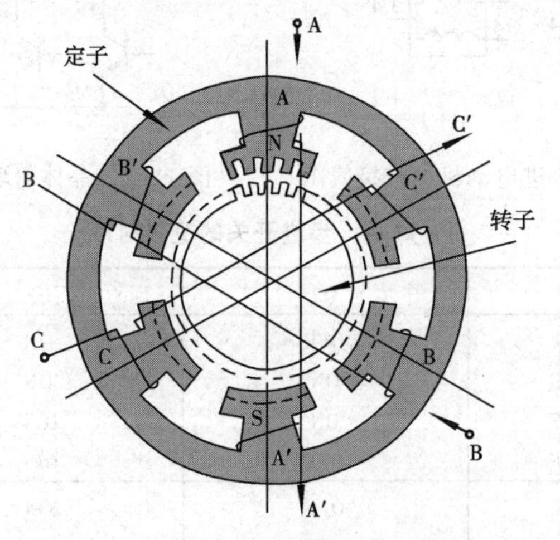

图 11–2　三相步进电动机结构示意图

四相可变磁阻型步进电动机的工作原理：

当有一相绕组被激励时，磁通从正相齿，经过软铁心的转子，并以最短的路径流向负相齿，而其他6个凸齿并无磁通。为使磁通路径最短，在磁场力的作用下，转子被强迫移动，使最近的一对齿与被激励的一相对准。图 11-1（a）中 A 相是被激励的绕组（即有脉冲信号经过 A 相绕组），转子上大箭头所指向的那个齿，与正向的 A 齿对准。从这个位置再对 B 相进行激励，如图 11-1 中的（b），转子顺时针转过 15°。若是 D 相被激励，如图 11-1 中的（c），则转子逆时针转过 15°。下一步是 C 相被激励。因为 C 相有两种可能性：A—B—C—D 或 A—D—C—B。一种为反时针转动；另一种为顺时针转动。但每步都使转子转动 15°。电动机步长（步距角）是步进电动机的主要性能指标之一，不同的应用场合，对步长大小的要求不同。改变控制绕组数(相数)或极数（转子齿数），可以改变步长的大小。它们之间的相互关系，可由下式计算：

$$L\theta = 360\ P \times N$$

式中：Lθ 为步长；P 为相数；N 为转子齿数。在图 11-1 中，步长为 15°，表示电动机转一圈需要 24 步。

混和步进电动机的工作原理：

在实际应用中，最流行的还是混和型的步进电动机，其工作原理与图 11-1 所示的可变磁阻型同步电动机相同，但结构上稍有不同。例如，它的转子嵌有永磁铁。激励磁通平行于 X 轴。一般来说，这类电动机具有四相绕组，有 8 个独立的引线终端，如图 11-3（a）所示。或者接成两个三端形式，如图 11-3（b）所示。每相用双极性晶体管驱动，并且连接的极性要正确。

图 11-4 所示的电路为四相混和型步进电动机晶体管驱动电路的基本方式。它的驱动电压是固定的。表 11-4 列出了全部步进开关的逻辑时序。

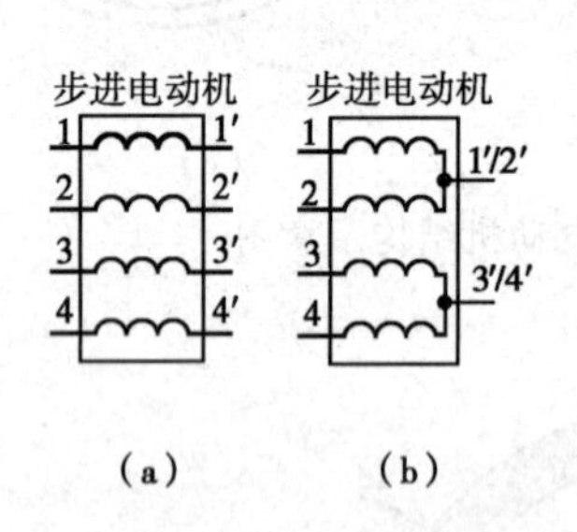

图 11-3　四相步进电动机标准接线图

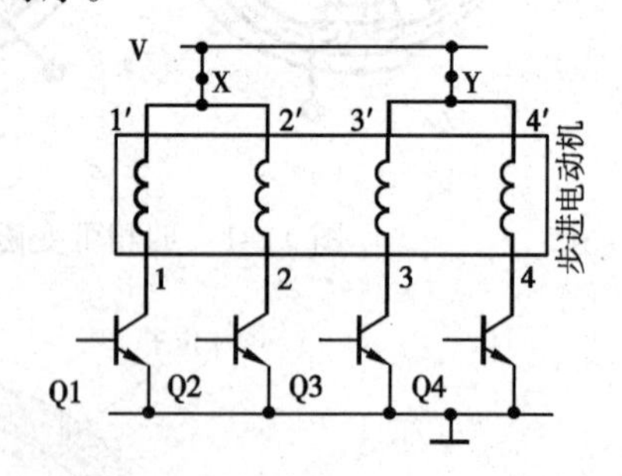

图 11-4　晶体管驱动步进电动机基本电路

表 11-4　步进开关的逻辑时序一

步进 NO	Q1	Q2	Q3	Q4
0	ON	OFF	ON	OFF
1	OFF	ON	ON	OFF
2	OFF	ON	OFF	ON
3	ON	OFF	OFF	ON
4	ON	OFF	ON	OFF
5	OFF	ON	ON	OFF

值得注意的是，电动机步进为 1—2—3—4 的顺序。在同一时间，有两相被激励。但是 1 相和 2 相，3 相和 4 相绝对不能同时激励。

四相混和型步进电动机，有一特点很有用处。它可以用半步方式驱动。就是说，在某一时间，步进角仅前进一半。用单个混合或用双向开关即可实现，这种逻辑时序见表 11–5。

四相混和型步进电动机，也能工作于比额定电压高的情况。这可以用串联电阻进行降压。因为 1 相和 2 相、3 相和 4 相是不会同时工作的，所以每对仅有一个降压电阻，串接在图中的 X 和 Y 点之间。因此，额定电压为 6 V 的步进电动机，就可以工作在 12 V 的电源下。这时需串一个 6 W、6 Ω 的电阻。

表 11–5 步进开关的逻辑时序二

步进 NO	Q1	Q2	Q3	Q4
0	ON	OFF	ON	OFF
1	ON	OFF	OFF	OFF
2	ON	OFF	OFF	ON
3	OFF	OFF	OFF	ON
4	OFF	ON	OFF	ON
5	OFF	ON	OFF	OFF
6	OFF	ON	ON	OFF
7	OFF	OFF	ON	OFF
8	ON	OFF	ON	OFF
9	ON	OFF	OFF	OFF

步进电动机的控制系统示意如图 11–5 所示。

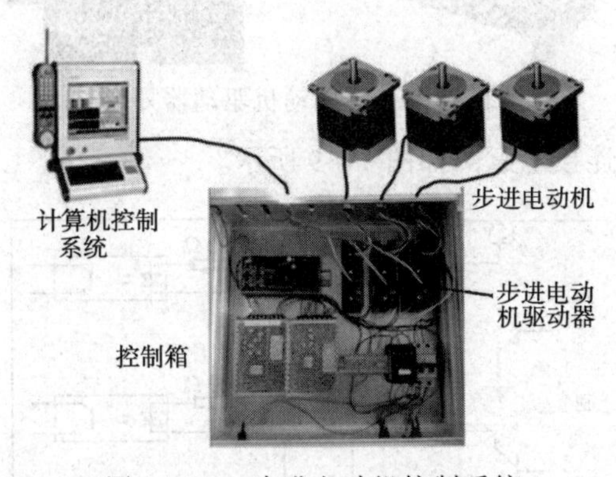

图 11–5 步进电动机控制系统

步进电动机的外形如图 11–6 所示。

图 11–6 步进电动机外形

步进电动机的内部结构如图 11-7 所示。

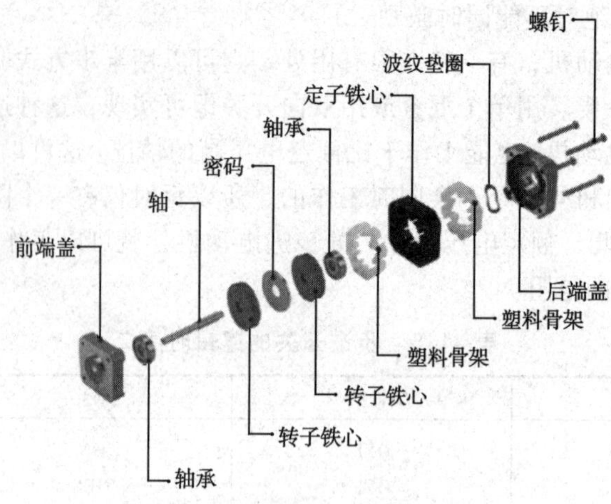

图 11-7　步进电动机内部结构

步进电动机的驱动器外形如图 11-8 所示。

图 11-8　步进电动机驱动器外形

步进电动机和驱动器连接示意图如图 11-9 所示。

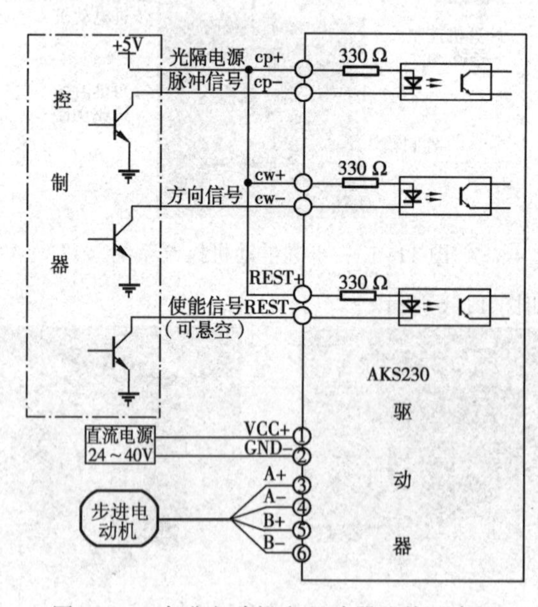

图 11-9　步进电动机和驱动器连接示意图

二、移位指令的介绍

移位指令主要用于数据的移位等，这类功能指令也是比较常用的指令。移位指令的指令格式如表 11-6 所示。

表 11-6　移位指令

功能号	指令格式					程序步	指令功能
PNC30	(D) ROR (P)	(D.)	n			5/9 步	循环右移
PNC31	(D) ROL (P)	(D.)	n			5/9 步	循环左移
PNC32	(D) RCR (P)	(D.)	n			5/9 步	带进位右移
PNC33	(D) RCL (P)	(D.)	n			5/9 步	带进位左移
PNC34	SFTR (P)	(S.)	(D.)	n1	n2	9 步	位右移
PNC35	SFTL (P)	(S.)	(D.)	n1	n2	9 步	位左移
PNC36	WSFR (P)	(S.)	(D.)	n1	n2	9 步	字右移
PNC37	WSFT (P)	(S.)	(D.)	n1	n2	9 步	字左移
PNC38	SFWR (P)	(S.)	(D.)	n		7 步	移位写入
PNC39	SFRD (P)	(S.)	(D.)	n		7 步	移位读出

1. 循环右移指令(ROR)

（1）指令格式：

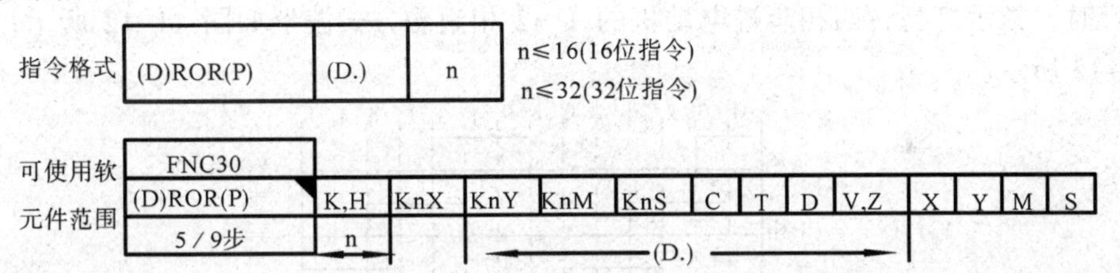

（2）指令说明：

循环右移指令(ROR)是将(D.)中的数值从高位向低位移动 n 位，最右面的 n 位回转到高位，如图 11-10 所示。

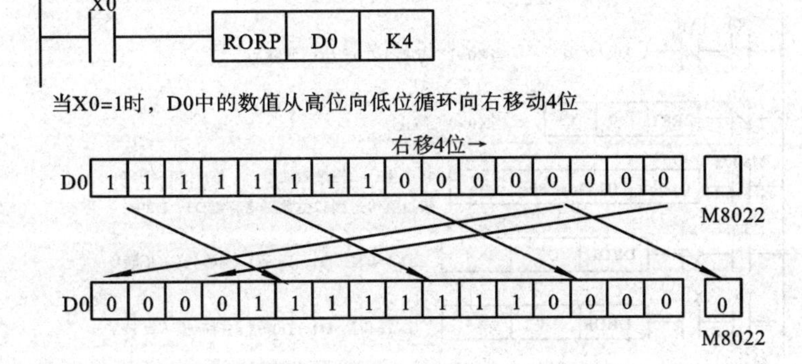

图 11-10　循环右移指令(ROR) 说明

2. 循环左移指令(ROL)

（1）指令格式：

指令格式	(D)ROL(P)	(D.)	n	n≤16（16位指令） n≤32（32位指令）

可使用软元件范围：FNC (D)ROL(P) 5/9步

K,H	KnX	KnY	KnM	KnS	C	T	D	V,Z	X	Y	M	S
n												
		(D.)	(D.)	(D.)	(D.)	(D.)	(D.)	(D.)				

（2）指令说明：

循环左移指令(ROL)是将(D.)中的数值从低位向高位移动 n 位。最左面的 n 位回转到低位，如图 11-11 所示。

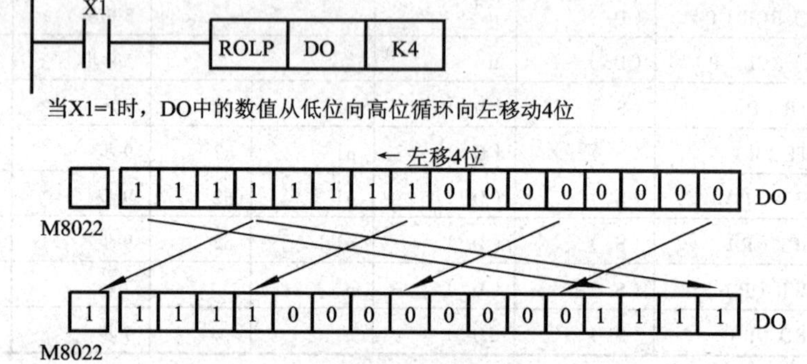

图 11-11　循环左移指令(ROL) 说明

例如：按 1～2 相激磁方式控制一个四相步进电动机。可正反转控制，每步为 1 s。电动机运行时，指示灯亮，四相步进电动机的 1～2 相激磁方式波形如图 11-12 所示；梯形图如图 11-13 所示。

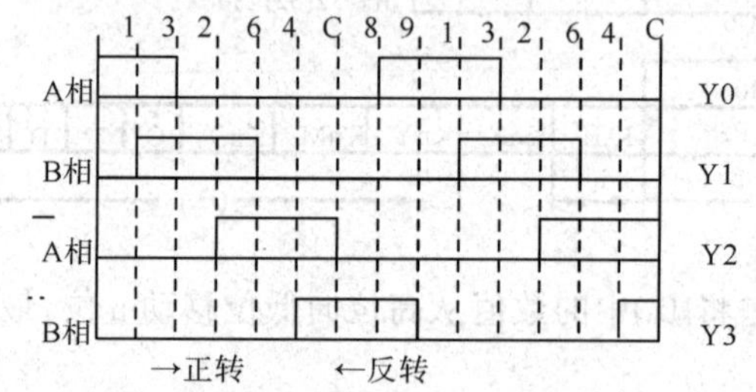

图 11-12　四相步进电动机 1～2 相激磁方式波形

```
X0   T0
─┤├──┤/├──(T0) K10        当X0=1（起动）T0产生1 s的脉冲
X0
─┤/├──[ZRST  Y0  Y3]       当X0=0（停止）
M8002
─┤├──[DMOV  H13264C89  D0] 将产生1～2相激磁波形 值H13264C89
                           初始值传送到32位数据寄存器D1，D0中
T0   X1
─┤├──┤/├──[DROL  D0  K4]   当X1=0时，D1，D0每1 s左移4位（正转）
T0   X1
─┤├──┤├──[DROR  D0  K4]    当X1=1时，D1，D0每1 s右移4位（反转）
M8000
─┤├──[MOV  D0  K1Y0]       将D0中的低4位传送到Y3～Y0
                           以驱动步进电动机
──[END]
```

图 11-13　四相步进电动机 1～2 相激磁方式控制梯形图

3. 循环带进位右移指令(RCR)

（1）指令格式：

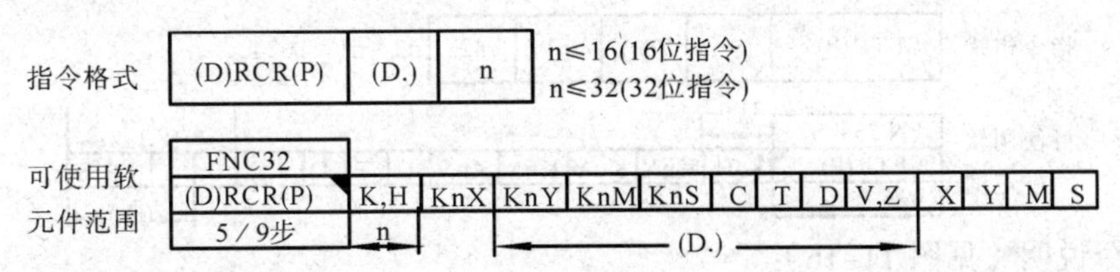

（2）指令说明：

带进位右移指令(RCR)和指令(ROR)基本一样，不同的是在右移时连同进位位 M8022 一起右移，如图 11-14 所示。

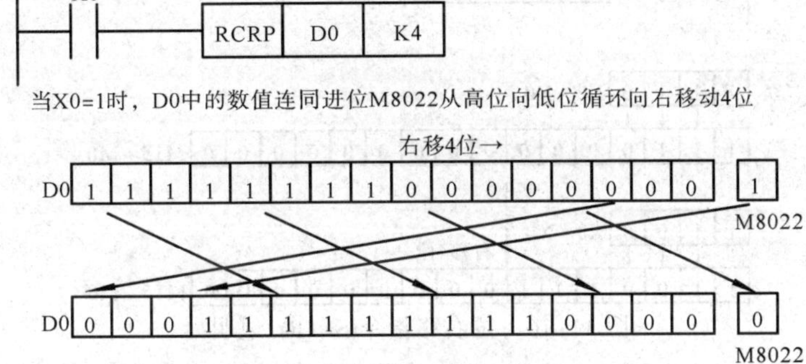

图 11-14 带进位右移指令(RCR) 说明

4. 循环带进位左移指令(RCL)

（1）指令格式：

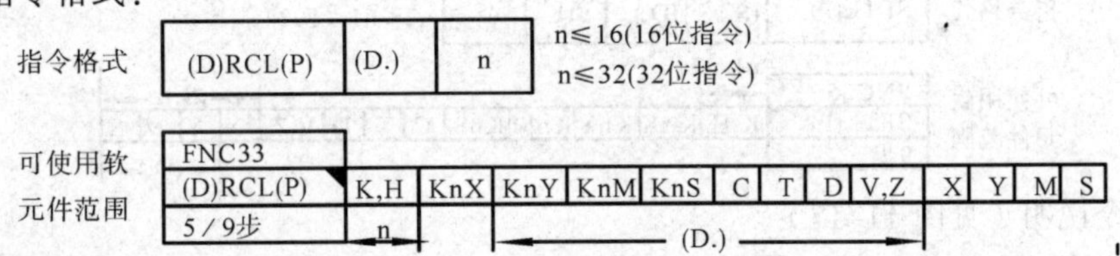

（2）指令说明：

带进位左移指令(RCL)和指令(ROL)基本一样，不同的是在左移时连同进位位 M8022 一起左移，如图 11-15 所示。

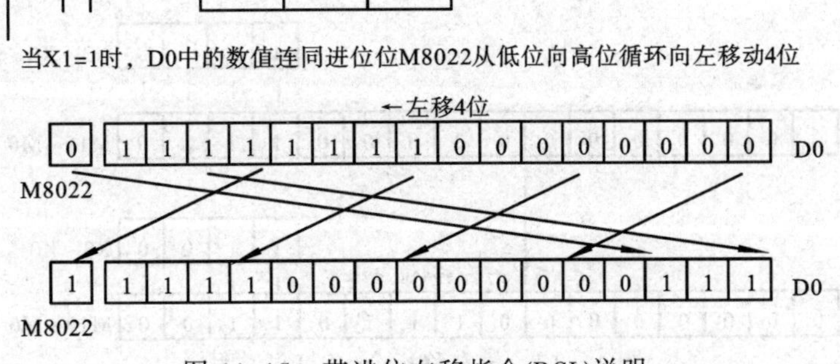

图 11-15 带进位左移指令(RCL)说明

5. 位右移指令(SFTR)

（1）指令格式：

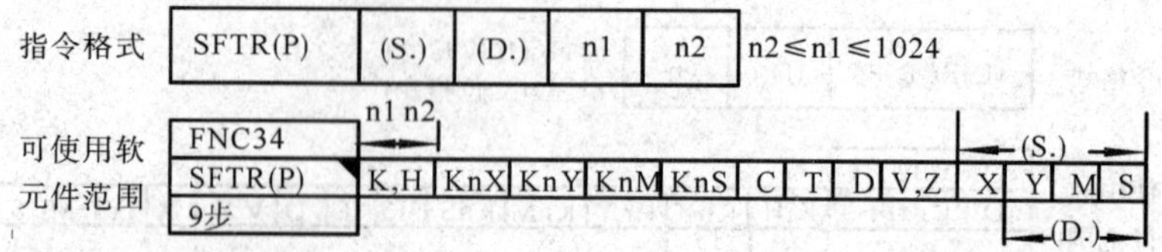

（2）指令说明（见图 11-16）：

位右移指令(SFTR) 用于位元件的右移。(D.)为 n1 位移位寄存器，(S.)为 n2 位数据，当执行该指令时，n1 位移位寄存器(D.)将(S.)的 n2 位数据向右移动 n2 位。

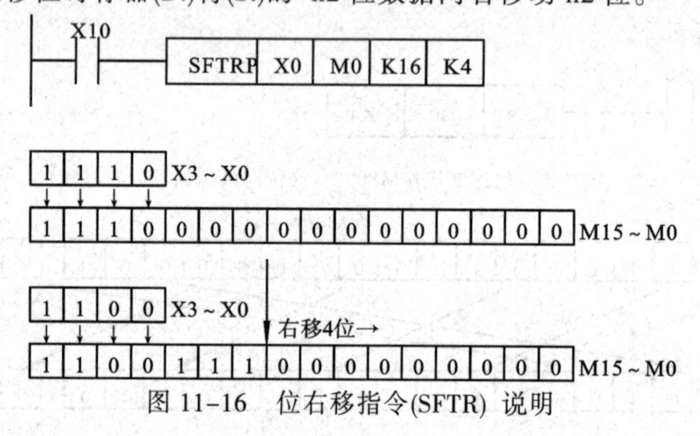

图 11-16　位右移指令(SFTR) 说明

6. 位左移指令(SFTL)

（1）指令格式：

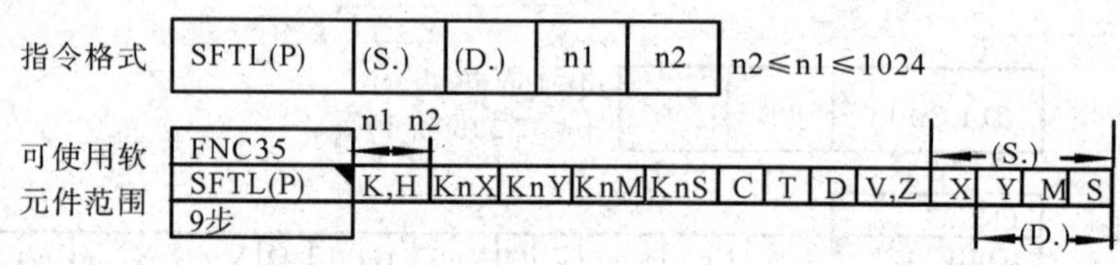

（2）指令说明（见图 11-17）：

位左移指令(SFTL) 用于位元件的左移。(D.)为 n1 位移位寄存器，(S.)为 n2 位数据，当执行该指令时，n1 位移位寄存器(D.)将(S.)的 n2 位数据向左移动 n2 位。

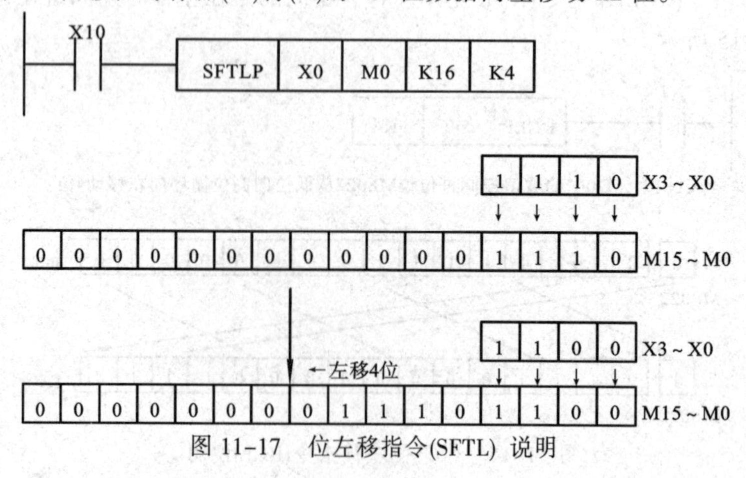

图 11-17　位左移指令(SFTL) 说明

例如：用按钮控制 5 条皮带传送机的顺序控制。

皮带传送机由 5 个三相异步电动机 M1～M5 控制。起动时，按下起动按钮，起动信号灯亮 5 s 后，电动机按从 M1 到 M5 每隔 5 s 起动一台，电动机全部起动后，起动信号灯灭。停止时，再按下停止按钮，停止信号灯亮，同时电动机按从 M5 到 M1 每隔 3 s 停止一台，电动机全部停止后，停止信号灯灭，如图 11-18 所示。

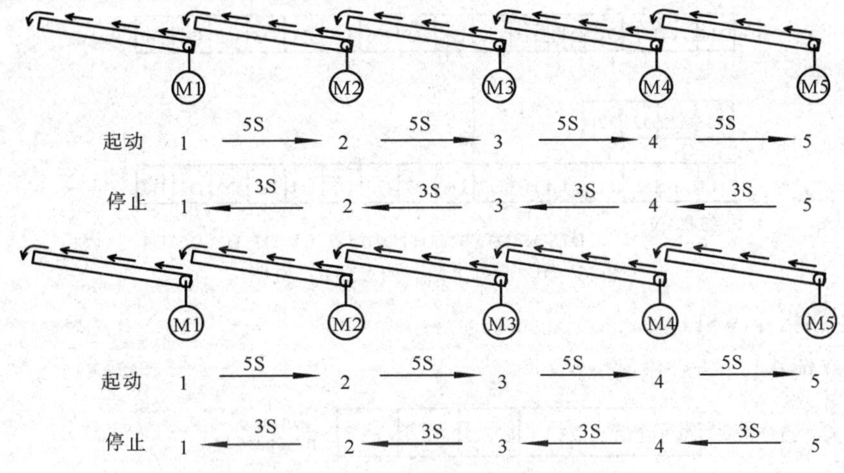

图 11-18　5 条皮带传送机的顺序控制

5 条皮带传送机顺序控制的梯形图、接线图如图 11-19 所示。

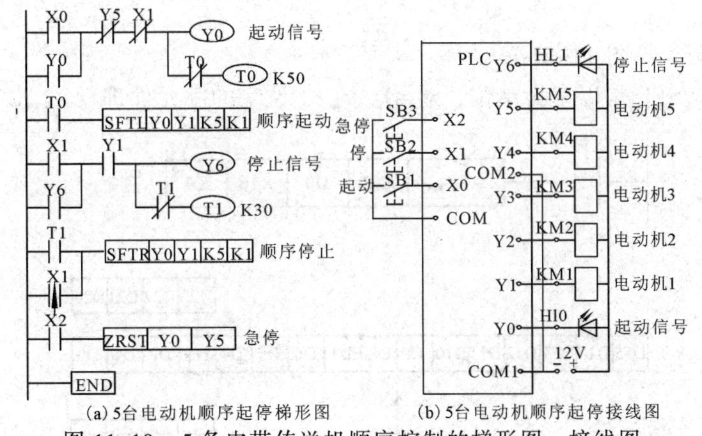

图 11-19　5 条皮带传送机顺序控制的梯形图、接线图

7. 字右移指令(WSFR)

（1）指令格式：

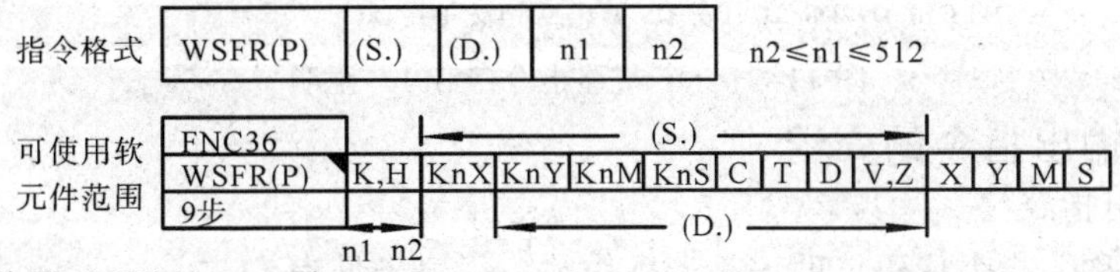

指令格式	WSFR(P)	(S.)	(D.)	n1	n2

n2≤n1≤512

（2）指令说明（见图 11-20）：

字右移指令(WSFR)是以字为单位，对 (D.)的 n1 位字的字元件进行 n2 位字的向右移位。

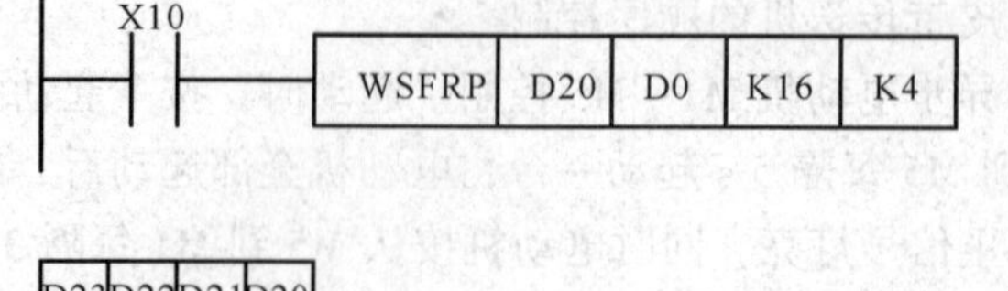

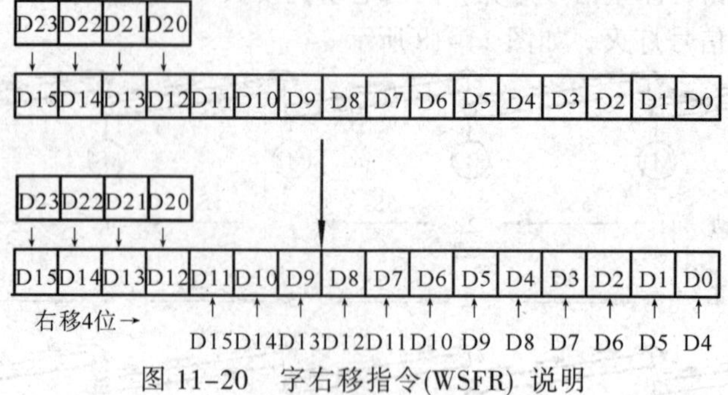

图 11-20 字右移指令(WSFR) 说明

8. 字左移指令(WSFL)

（1）指令格式：

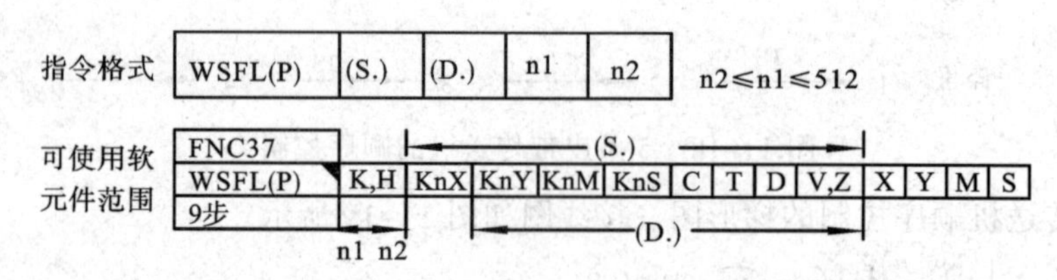

（2）指令说明（见图 11-21）：

字左移指令(WSFL)是以字为单位，对 (D.)的 n1 位字的字元件进行 n2 位字的向左移位。

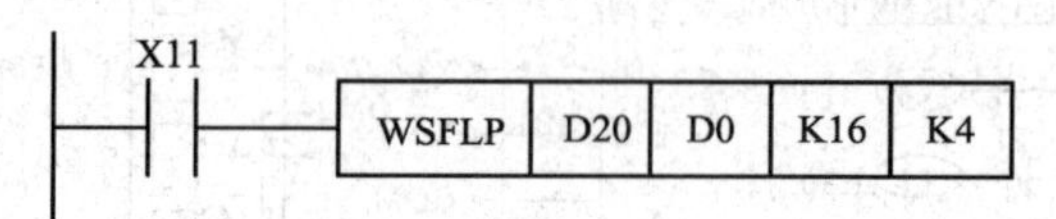

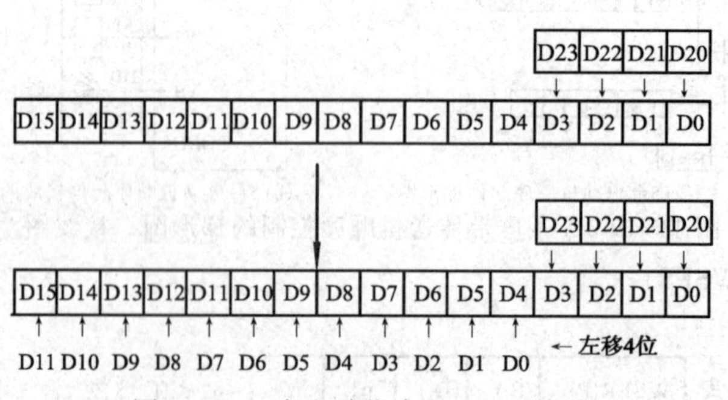

图 11-21 字左移指令(WSFL) 说明

三、脉冲输出指令的介绍

1. 脉冲输出指令

该指令的名称、指令代码、助记符、操作数、程序步见表 11-7。

表 11-7

指令名称	指令代码位数	助记符	操作数		程序步
			[S1.]/[S2.]	[D.]	
脉冲输出指令	FNC57（16/32）	PLSY（D）PLSY	K、H、KnX、KnY、KnM、KnS、T、C、D、V、Z	只能指定晶体管型 Y000 或 Y001	PLSY … 7 步 PLSY（D）…13 步

该指令可用于指定频率、产生定量脉冲的场合，使用说明如图 11-22 所示。图中[S1.]用于指定频率，范围为 2~20 kHz；[S2.]用于指定产生脉冲的数量，16 位指令指定范围为 1~32 767，32 位指令指定范围为 1~2 147 483 647。[D.]用以指定输出脉冲的 Y 号（仅限于晶体管型 Y000、Y001），输入脉冲的高低电平各占一半。指令的执行条件 X010 接通时，脉冲开始输出，X010 中途中断时，脉冲输出停止，再次接通时，从初始状态开始动作。设定脉冲量输出结束时，指令执行结束标志 M8029 动作，脉冲输出停止。当设置输出脉冲总数为 0 时为连续脉冲输出。[S1.]中的内容在指令执行中可以变更，但[S2.]的内容不能变更。输出口 Y000 输出脉冲的总数存于 D8140（下位）D8141（上位）中，Y001 输出脉冲总数存于 D8142（下位）D8143（上位）中，Y000 及 Y001 两输出口已输出脉冲的总数存于 D8136（下位）D8137（上位）中。

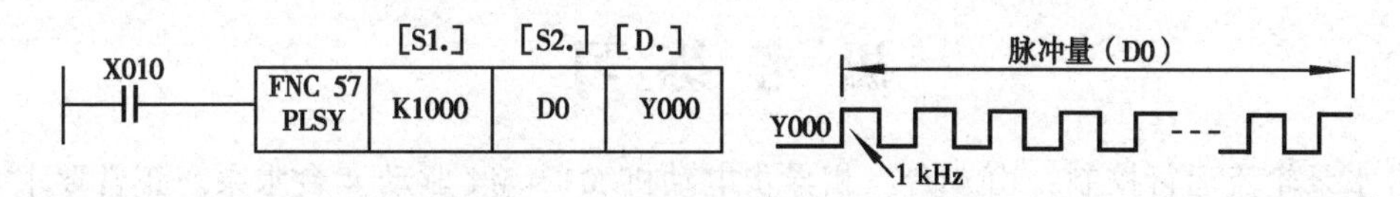

图 11-22　脉冲输出指令使用说明

2. 可调速脉冲输出指令

该指令的名称、指令代码、助记符、操作数、程序步见表 11-8。

表 11-8　可调速脉冲输出指令

指令名称	指令代码位数	助记符	操作数		程序步
			[S1.]/[S2.]/ [S3.]	[D.]	
可调脉冲输出指令	FNC59（16/32）	PLSR（D）PLSR	K、H、KnX、KnY、KnM、KnS、T、C、D、V、Z	只能指定晶体管型 Y000 或 Y001	PLSR … 9 步 PLSR（D）…17 步

该指令是带有加减速功能的定尺寸传送脉冲输出指令。其功能是对指定的最高频率进行指定加减时间的加减速调节，并输出所指定的脉冲数。使用说明如图 11-23 所示。图 11-23（a）为指令梯形图，当 X010 接通时，从初始状态开始加速，达到所指定的输出频率后再在合适的时刻减速，并输出指定的脉冲数。其波形图如图 11-23（b）所示。

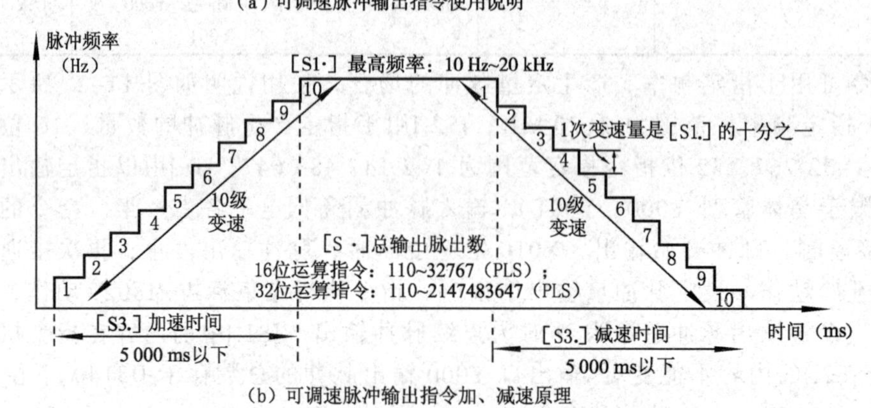

图 11-23　可调速脉冲输出指令使用说明

思 考 练 习

4 台水泵轮流运行控制：由 4 台三相异步电动机 M1 ~ M4 驱动 4 台水泵。正常要求 2 台运行 2 台备用，为了防止备用水泵长时间不用造成锈蚀等问题，要求 4 台水泵中 2 台运行，并每隔 8 小时切换一台，使 4 台水泵轮流运行。4 台水泵运行参考时序图如图 11-24 所示。

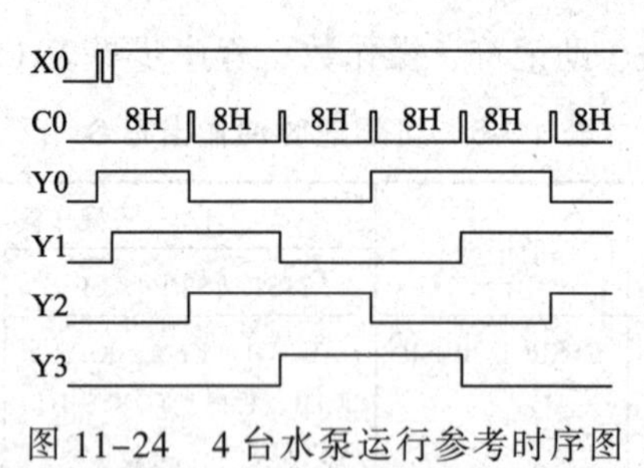

图 11-24　4 台水泵运行参考时序图

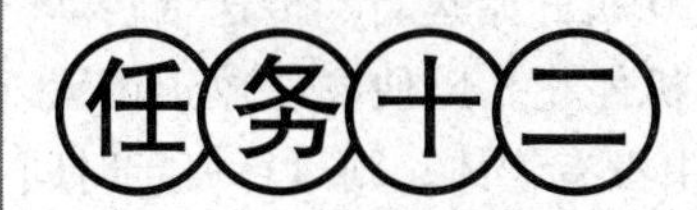

用 PLC 实现自动生产线材料分拣装置的控制

任务目标

（1）了解自动生产线材料分拣实训设备的构造及其作用。

（2）掌握电感传感器、电容传感器、光电传感器基本知识及应用方法。

（3）了解气动技术基本知识及应用方法，了解光电编码盘的作用及工作原理。

（4）掌握 PLC 高速计数指令的应用方法。

（5）提高自我学习、信息处理、数字应用等方法能力及与人交流、与人合作、解决问题等社会能力；自查 6S 执行力。

任务描述

一、专业能力训练环节一

材料分拣实训设备的机械结构采用传送带、气缸、物料导向槽等机械部件组成；电气方面有传送电动机、传感器、开关电源、电磁阀等电子部件组成。其示意图如图 12－1 所示。

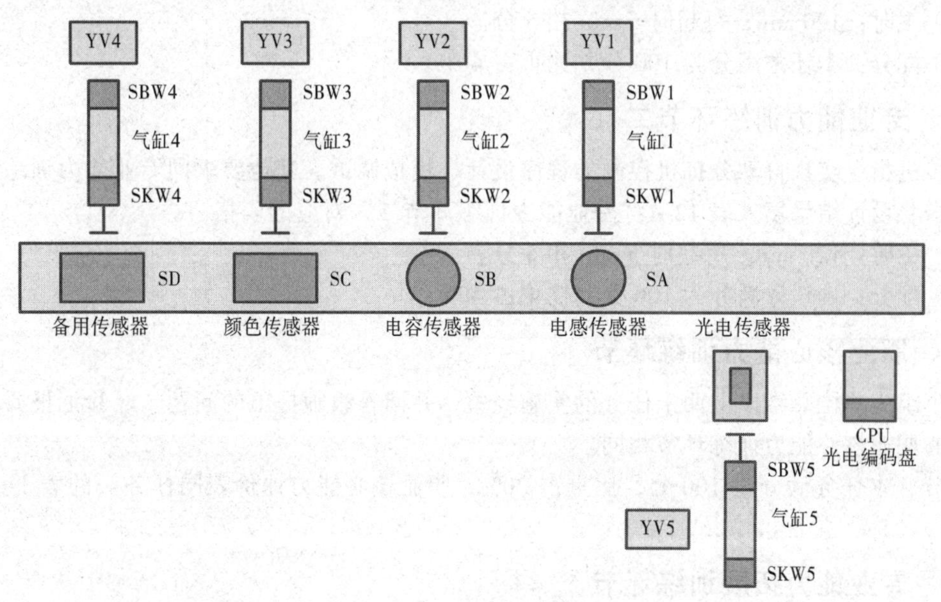

图 12－1　各传感器位置及模型接线图

1. 控制要求

（1）在物料斗中放入 3 个不同的物块，按启动按钮，传送电动机开始运行，传送带转动，运行 6 s 后，气缸 5 动作，将物块推到传送带中。此时传送电动机停止，以便物块放正位置。过 1 s 后，电动机又开始运行。如果程序运行过程中时，物料斗中没有物体，则运行一定时间后自动停止。各传感器位置图如图 12 – 1 所示。

（2）在第一个物块推出到传送带上前行一定路程后，再推出第二个物块，然后再推出第三个物块，过程和推出第一个物块相同。

（3）当检测到物块后，驱动电磁阀控制气缸推动物块到相应的物料槽中。

（4）各传感器依次分别为：电感传感器，可检测出铁质物块；电容传感器，可检测出金属物块；颜色传感器，可检测出不同的颜色，且色度可调。当铁质物块经过第一个传感器时被分拣出，当铝质物块经过第二传感器时被分拣出，非金属物块中的某一颜色在过第三个传感器时被分拣出。

2. 设计要求

（1）用置位（SET）复位（RST）指令来实现材料分拣系统的控制系统设计。

（2）按照控制要求列出 PLC 的输入/输出（I/O）地址分配表，并将设计结果填入表 12–1 “专业能力训练环节一”对应的表格（以下相同）。

（3）按照控制要求进行 PLC 的输入/输出（I/O）接线图的设计，并将设计结果填入表 12–1。

（4）按照控制要求进行 PLC 梯形图程序的设计并将设计结果填入表 12–1。

（5）按照控制要求列出 PLC 指令表并将设计结果填入表 12–1。

（6）用 PLC 及材料分拣系统模拟实训系统实现材料分拣的程序设计与模拟调试，并一次成功。

（7）工时：120 min，每超时 5 min 扣 5 分。

（8）配分：本任务满分为 100 分，比重占 40%。

二、专业能力训练环节二

用步进指令实现自动分拣机控制的程序设计、模拟调试。其他要求同专业能力训练环节一，要求将设计结果填入表 12–1“专业能力训练环节二”对应的表格。

（1）工时：120 min，每超时 5 min 扣 5 分。

（2）配分：本任务满分为 100 分，比重占 40%。

三、职业核心能力训练环节

以小组为单位总结以上两个任务的实施经验，并回答教师提出的问题。经验汇报要求与任务一的职业核心能力训练环节相同。

配分：本任务满分为 100 分，比重占 20%，职业核心能力评价表同任务一的表 1–14～表 1–17。

四、专业能力拓展训练环节

在完成以上基本任务后，完成下面分拣机 PLC 设计：

（1）在物料斗中放 3 个不同的物块，在程序运行后传送电动机开始运行，传送带转动。

运行 5 s 后，气缸 5 动作，将物块推到传送带中。此时传送电动机停止，以便物块放正位置。过 0.5 s 后，电动机又开始运行。如果程序运行时，物料斗中没有物体，则运行一定时间后自动停止。

（2）在第一个物块推出到传送带上前行一定路程后，再推出第二个物块，然后再推出第三个物块，过程和推出第一个物块相同。

（3）当物块靠近各传感器时，就会使传感动作，此时物块并没有到达物料槽的位置，因此要在检测到物块之后再计传送带运行的步距。当光电编码器检测到所走的步距后，驱动相应的电磁阀控制气缸推动物块到相应的物料槽中。

（4）进行程序录入与调试。

（5）工时：120 min，每超时 5 min 扣 5 分。

（6）配分：本任务满分为 5 分，为附加分。

一、训练器材

验电笔、万用表、PLC 模拟学习机、连接导线、分拣机实训系统等。

二、预习内容

（1）预习分拣机工作原理。

（2）预习电容、电感、颜色传感器的工作原理。

（3）预习 PLC 高速计数器工作原理和编程方法。

（4）预习旋转编码器工作原理及应用方法。

三、训练步骤

1．“专业能力训练环节一”训练步骤

（1）明确“专业能力训练环节一”的要求后，各组成员在 PLC 学习机上进行自动分拣机的程序设计、表格填写、自动分拣装置的模拟调试。调试操作步骤参照任务五。

（2）装入物料，按下启动按钮，观察分拣机各部分动作过程是否满足自动分拣机的控制要求并分析程序的正误。

（3）程序调试成功后按照正确的断电顺序与拆线顺序进行 PLC 外围线路的拆除，并整理好工位，自检 6S 执行情况，填写好表 12-1“专业能力训练环节一”对应的表格，对“专业能力训练环节一”进行评价后，简要小结本环节的训练经验并填入表 12-2，进入“专业能力训练环节二”的能力训练。

表 12-1　笔试回答核心问题

自检 / 要求	请将合理的答案填入相应表格		扣分		得分	
	专业能力训练环节一	专业能力训练环节二	一	二	一	二
PLC 的输入/输出（I/O）地址分配表						

续表

自检 要求	请将合理的答案填入相应表格		扣分		得分	
	专业能力训练环节一	专业能力训练环节二	一	二	一	二
PLC 的输入/输出（I/O）接线图						
画出顺序功能图						
PLC 梯形图程序的设计						
PLC 指令程序的设计						

表 12-2 “专业能力训练环节一”经验小结

经验小结：

（4）实训指导教师对本任务的实施情况进行小结与评价。

2.“专业能力训练环节二”训练步骤

（1）按照“专业能力训练环节二”的要求进行设计，并按照设计要求填写表 12-1“专业能力训练环节二”对应的表格。

（2）参照“专业能力训练环节一”的训练步骤（2）、（3）的要求完成本训练环节的能力训练，对“专业能力训练环节二”进行评价后，简要小结本环节的训练经验并填入表 12-3，进入“职业核心能力训练环节”的能力训练。

表 12-3 “专业能力训练环节二”经验小结

经验小结：

（3）实训指导教师对本任务的实施情况进行小结与评价。

3.“职业核心能力训练环节”训练步骤

职业核心能力的训练步骤与训练要求同任务一。

任务评价

（1）专业能力训练环节一、二的评价标准见表 4-6。

（2）职业核心能力评价表同任务一的表 1-14～表 1-17。

（3）个人单项任务总评成绩建议按照表 2-10 进行。

一、自动生产线材料分拣装置介绍

1. 自动分拣系统

自动分拣系统一般由控制装置、分类装置、输送装置及分拣道口组成。控制装置的作用是识别、接收和处理分拣信号，根据分拣信号的要求指示分类装置、按商品品种、按商品送达地点或按货主的类别对商品进行自动分类。这些分拣需求可以通过不同方式，如可通过条形码扫描、色码扫描、重量检测、高度检测及形状识别等方式，输入到分拣控制系统中去，根据对这些分拣信号判断，来决定某一种商品该进入哪一个分拣道口。图 12－2 所示为材料分拣实物教学模型的分类装置，由传送带、气缸等机械部件组成；电气方面由传感器、开关电源、电磁阀等电子部件组成，它是通过传感技术和气动技术来完成分拣物料功能的。

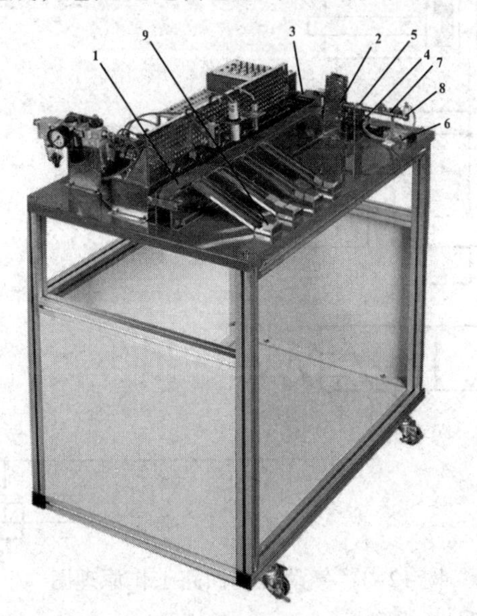

图 12-2　材料分拣系统模型

1—物料传送带；2—光电传感器；3—异步电动机；4—光电编码盘；5—推料气缸；
6—电磁阀；7—动作限位传感器；8—回位限位传感器；9—物料块

当铁块经过推铁块气缸时就会被分拣出，当铝块经过推铝块气缸时也会相应地被分拣出，颜色块也会被相应的气缸分拣出。气缸的动作由有电磁阀、节流阀、前后的限位传感器和气源来控制。输送装置的主要组成部分是传送带或输送机，其主要作用是使待分拣商品依次通过控制装置、分类装置，并输送装置的两侧，一般要连接若干分拣道口，使分好类的商品滑下主传送带以便进行后续作业，通过对异步电动机的驱动，使皮带转动，从而来输送物料。

2. 气动控制回路

气压传动系统的工作原理是利用空气压缩机将电动机或其他原动机输出的机械能转换为空气的压力能，然后在控制元件的控制和辅助元件的配合下，通过执行元件把空气的压力能转换为机械能。气压传动的工作介质是压缩空气，也属于流体，因此在原理上与液压传动有很多类似的地方，甚至某些缸、阀的符号都可以通用。但是，气压传动与液压传动的本质区别在于其工作介质空气是可压缩的，而液压的工作介质则是不可压缩的，从而导致其性能和特性存在较大的差别。采用气压伺服实现高精度控制是困难的，但在能满足精度的场合下，气动驱动装置重量轻、成本低。气动驱动的最大优点是有积木性。由于工作介质是空气，很容易给各个驱动装置接上压缩空气管道，并利用标准构件组建起一个任意复杂的系统。

气动系统的动力源由空气压缩机提供，这个气源可经过一个公用的多路接头为所有的气动模块所共享。气动控制回路是本工作单元的执行机构，该执行机构的控制逻辑控制功能是由 PLC 实现的。气动控制回路的工作原理如图 12-3 所示。图中 1A 为推料气缸，1B1 和 1B2 为安装在推料气缸的两个极限工作位置的磁感应接近开关。1Y1 控制推料气缸电磁阀的电磁控制端。通常，这两个气缸的初始位置均设定在缩回状态。

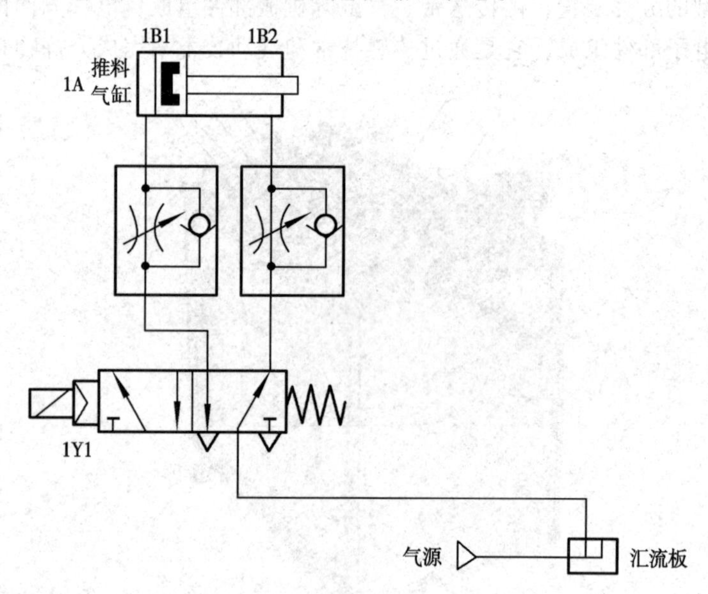

图 12-3　气动控制回路工作原理图

二、传感器相关知识

1. 磁性开关

分拣单元所使用的传感器都是接近传感器，它利用传感器对所接近的物体具有的敏感特性来识别物体的接近，并输出相应的开关信号，因此，接近传感器通常也称为接近开关。

接近传感器有多种检测方式，包括利用电磁感应引起的检测对象的金属体中产生的涡电流的方式、捕捉检测体的接近引起的电气信号的容量变化的方式、利用磁石和引导开关的方式、利用光电效应和光电转换器件作为检测元件等。

所使用的气缸都是带磁性开关的气缸。这些气缸的缸筒采用导磁性弱、隔磁性强的材料，如硬铝、不锈钢等。在非磁性体的活塞上安装一个永久磁铁的磁环，这样就提供了一个反映气缸活塞位置的磁场。而安装在气缸外侧的磁性开关则是用来检测气缸活塞位置，即检测活塞的运动行程的。

有触点式的磁性开关用舌簧开关作磁场检测元件。舌簧开关成型于合成树脂块内，并且一般还有动作指示灯，过电压保护电路也塑封在内。图 12-4 所示为带磁性开关气缸的工作原理图。当气缸中随活塞移动的磁环靠近开关时，舌簧开关的两根簧片被磁化而相互吸引，触

点闭合；当磁环移开开关后，簧片失磁，触点断开。触点闭合或断开时发出电控信号，在 PLC 的自动控制中，可以利用该信号判断推料及顶料缸的运动状态或所处的位置，以确定工件是否被推出或气缸是否返回。

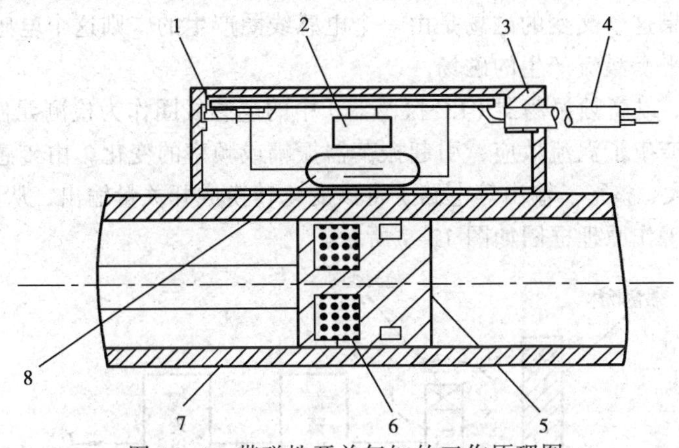

图 12-4　带磁性开关气缸的工作原理图

1—动作指示灯；2—保护电路；3—开关外壳；4—导线；
5—活塞；6—磁环（永久磁铁）；7—缸筒；8—舌簧开关

在磁性开关上设置的 LED 用于显示其信号状态，供调试时使用。磁性开关动作时，输出信号“1”，LED 亮；磁性开关不动作时，输出信号“0”，LED 不亮。

磁性开关的安装位置可以调整，调整方法是松开它的紧定螺栓，让磁性开关顺着气缸滑动，到达指定位置后，再旋紧紧定螺栓。

磁性开关有蓝色和棕色 2 根引出线，使用时蓝色引出线应连接到 PLC 输入公共端，棕色引出线应连接到 PLC 输入端。磁性开关的内部电路如图 12-5 中虚线框内所示。

2. 光电接近开关

“光电传感器” 是利用光的各种性质，检测物体的有无和表面状态的变化等的传感器。其中，输出形式为开关量的传感器为光电式接近开关。

光电式接近开关主要由光发射器和光接收器构成。如果光发射器发射的光线因检测物体不同而被遮掩或反射，到达光接收器的量将会发生变化。光接收器的敏感元件将检测出这种变化，并转换为电气信号进行输出。大多使用可视光（主要为红色，也用绿色、蓝色来判断颜色）和红外光，如图 12-6 所示。

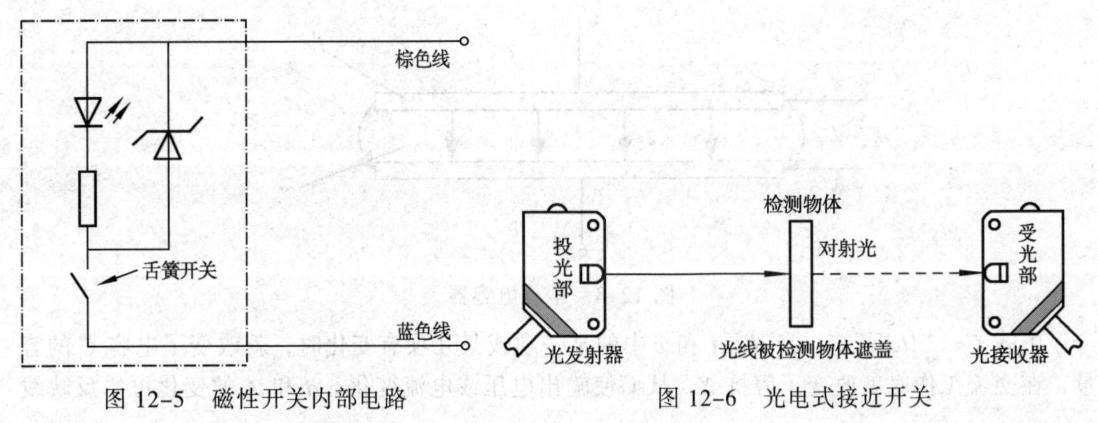

图 12-5　磁性开关内部电路　　图 12-6　光电式接近开关

3. 电感式接近开关

电感式接近开关是利用电涡流效应制造的传感器。电涡流效应是指，当铁质物体处于一个交变的磁场中，在金属内部会产生交变的电涡流，该涡流又会反作用于产生它的磁场这样一种物理效应。如果这个交变的磁场是由一个电感线圈产生的，则这个电感线圈中的电流就会发生变化，用于平衡涡流产生的磁场。

利用这一原理，以高频振荡器（LC 振荡器）中的电感线圈作为检测元件，当被测铁质物体接近电感线圈时产生了涡流效应，引起振荡器振幅或频率的变化，由传感器的信号调理电路（包括检波、放大、整形、输出等电路）将该变化转换成开关量输出，从而达到检测目的。电感式接近传感器工作原理框图如图 12-7 所示。

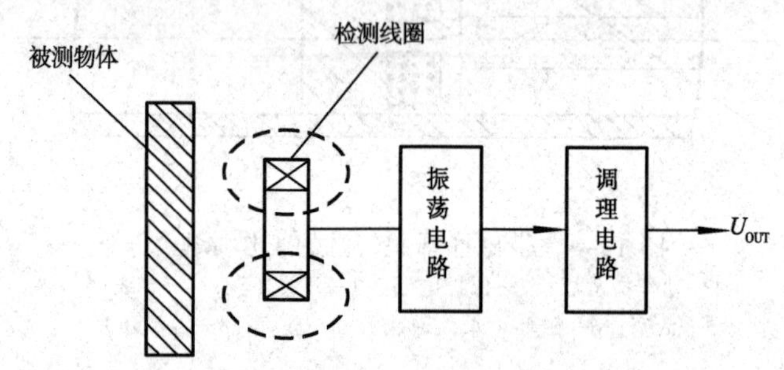

图 12-7　电感式传感器原理框图

4. 电容传感器

电容式传感器是以各种类型的电容器作为传感元件，通过电容传感元件将被测物理量的变化转换为电容量的变化，再经测量转换电路转换为电压、电流或频率。电容式传感器有一系列优点，如结构简单，需要的作用能量小，灵敏度高，动态特性好，能在恶劣环境条件下工作等。随着微电子技术的发展，特别是集成电路的出现，电容式传感器的优点得到进一步发挥，目前已成熟地运用到测厚、测角、测液位、测压力等方向。

电容式传感器的基本工作原理可以用图 12-8 所示的平板电容器来说明。当忽略边缘效应时，平板电容器的电容为：

式中：A—极板面积；

　　d—极板间距离；

　　ε—电容极板间介质的介电常数。

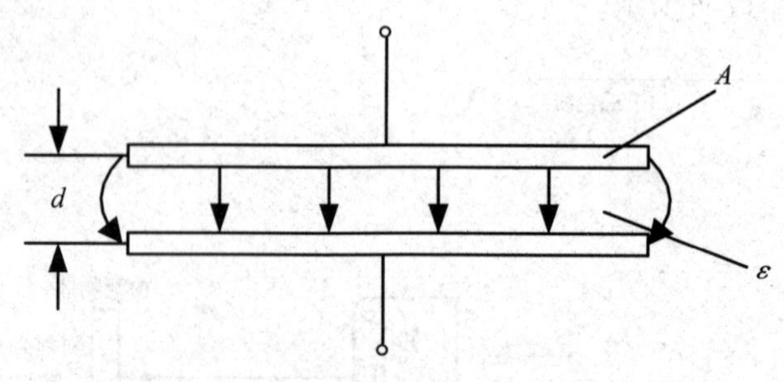

图 12-8　平板电容器

由式 $C=\varepsilon A/d$ 可知，当 d、A 和 ε 中的某一项或某几项有变化时，就改变了电容 C 的容量，在交流工作时就改变了容抗 X，从而使输出电压或电流变化。d 和 A 的变化可以反映线位移或角位移的变化，也可以间接反映弹力、压力等的变化；ε 的变化，则可反映液面的高度、材料的温度等的变化。

实际应用时常使 d、A、ε 3 个参数中的两个保持不变，而改变其中一个参数来使电容发生变化。所以，电容式传感器可以分为 3 种类型：改变极板距离 d 的变间隙式；改变极板面积 A 的变面积式；改变介电常数 ε 的变介电常数式。电容式传感器可测量金属材料。

5. 色彩传感器

色彩传感器是由单晶硅和非单晶态硅制成的半导体器件。物体的颜色是由照射物体的光源和物体本身的光谱反射率决定的。在光源一定的条件下，物体的颜色取决于反射的光谱（波长），能测定物体反射的波长，就可以测定物体的颜色。

在一块单晶硅基片上作了两个 PN 结的三层结构，其等效电路如图 12-9 所示。这三层 PNP 形成的两个光电二极管 PD1 及 PD2 反相连接。光电二极管的光谱特性与 PN 结的厚薄有很大关系。PN 结的面做得薄一点对蓝光的灵敏度高。

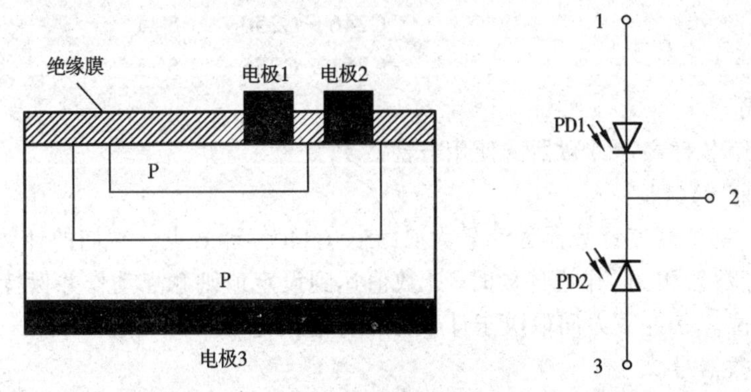

图 12-9　双结型色彩传感器的结构与等效电路

PD1 接近表面，对蓝光（波长 430~460 nm）、绿光（波长 490~570 nm）有较高的灵敏度。PD2 则对红光（波长 650~760 nm）及红外线有较高的灵敏度。分别测 PD1 及 PD2 的短路电流，根据色彩传感器检测的短路电流比，可以求出对应的波长，即可分辨出不同的颜色。

三、高速计数器指令

高速计数器顾名思义是对较高频率的信号计数的计数器，与普通计数器的主要差别有以下几点：

1. 对外部信号计数

工作在中断工作方式，由于待计量的高频信号都是来自机外，可编程序逻辑控制器都设有专用的输入端子及控制端子，一般是在输入端中设置一些带有特殊功能的端子，它们既可完成普通端子的功能，又能接收高频信号。为了满足控制准确性的需要，计数器的计数、启动、复位及数值控制功能都能采取中断方式工作。

2. 计数范围较大

计数频率较高，一般高速计数器均为32位加减计数器。最高计数频率一般可达到数10 kHz。

3. 工作设置较灵活

从计数器的工作要素来说，高速计数器的工作设置比较灵活。高速计数器除了具有普通计数器通过编程指令完成启动、复位，使用特种辅助继电器改变计数方向等功能外，还可通过机外信号实现对其工作状态的控制，如启动、复位、改变计数方向。

4. 计数器工作方式

一般是达到设定值，其触点动作，再通过程序安排其触点实现对其他器件的控制。高速计数器除了普通计数器的这一工作方式外，还具有专门的控制指令，可不通过本身的触点，以中断工作方式直接完成对其他器件的控制。

5. 数量及类型

FX_{2N} 系列可编程序逻辑控制器设有 C235～C255 计 21 点高速计数器。它们共享同一个机箱输入口上的 6 个高速计数器输入端。由于使用某个高速计数器时可能要同时使用多个输入端，而这些输入端又不可被多个高速计数器重复使用，所以在实际应用中，最多只能有 6 个高速计数器同时工作。这样设置是为了使高速计数器具有多种工作方式，方便在各种控制工程中选用。FX_{2N} 系列可编程序逻辑控制器高速计数器的分类如下：

1 相无启动 / 复位端子（输入）	C235～C240	6 点
1 相带启动 / 复位端子（单输入）	C241～C245	5 点
l 相 2 计数输入型	C246～C250	5 点
2 相双计数输入型	C251～C255	5 点

6. 使用方式

下面分类介绍各种高速计数器的使用方法。

（1）1 相高速计数器：

l 相无启动 / 复位高速计数器的编号为 C235～C240，计 6 点。它们的计数方式及触点动作与普通 32 位计数器相同。作增计数时，计数值达到设定值则触点动作并保持；做减计数时，到达计数值则复位。其计数方向取决于计数方向标志继电器 M8235～M8240。M8△△△的后三位为对应的计数器号。

图 12-10 为 1 相无启动 / 复位高速计数器工作的梯形图。这类计数器只有一个脉冲输入端。图中计数器为 C235，其输入端为 X000。图中 X012 为 C235 的启动信号，这是由程序安排的启动信号。X010 为由程序安排的计数方向选择信号，M8235 接通（高电平）时为减计数，相反，X010 断开时为增计数，程序中无辅助继电器 M8235 相关程序时，机器默认为增计数。X011 为复位信号，当 X011 接通时，C235 复位。Y010 为计数器 C235 的控制对象。如果 C235 的当前值大于设定值，则 Y010 接通；反之，小于设定值，则 Y010 断开。

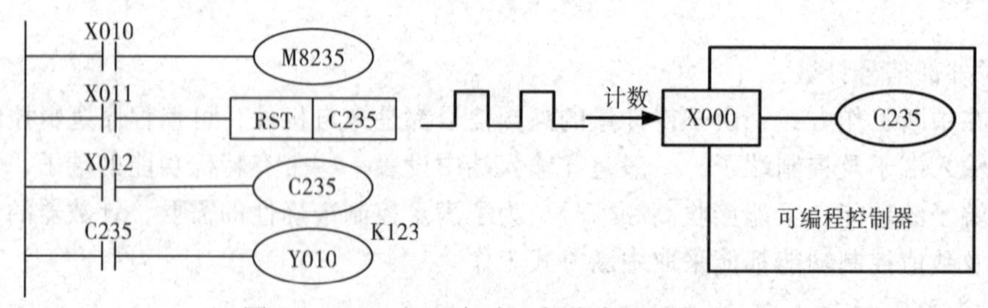

图 12-10　1 相无启动 / 复位高速计数器

1 相带启动/复位端的高速计数器编号为 C241～C240，计 5 点，这些计数器较 l 相无启动/复位型的高速计数器增加了外部启动和外部复位控制端子。不同的是这类计数器可利用 PLC 输入端子 X003、X007 作为外启动及外复位信号。值得注意的是，X007 端子上送入的外启动信号只有在 X015 接通，计数器 C245 被选中时才有效。

（2）1 相 2 计数输入型高速计数器：

1 相 2 计数输入型高速计数器的编号为 C246～C250，计 5 点。1 相 2 计数输入高速计数器有两个外部计数输入端子。在一个端子上送入计数脉冲为增计数，在另一个端子上送入则为减计数。图 12-11（a）为高速计数器 C246 的信号连接情况及梯形图。X000 及 X001 分别为 C246 的增计数输入端及减计数输入端。C246 是通过程序安排启动及复位条件的，如图中的 X010 及 X011。也有的 1 相 2 计数输入型高速计数器还带有外复位及外启动端。图 12-11（b）所示为高速计数器 C250 的端子情况。图中 X005 及 X006 分别为外复位及外启动端。它们的工作情况和 1 相带启动 / 复位计数器相应端子的使用相同。

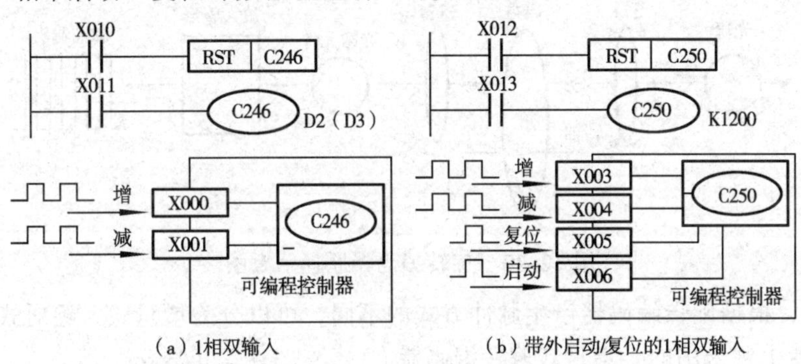

（a）1相双输入　（b）带外启动/复位的1相双输入

图 12-11　1 相 2 计数输入型高速计数器

（3）2 相双计数输入型高速计数器：

2 相双计数输入型高速计数器的编号为 C251～C255，计 5 点。2 相双计数输入型高速计数器的两个脉冲输入端子是同时工作的，外计数方向控制方式由 2 相脉冲间的相位决定。如图 12-12 所示，当 A 相信号为“1”且 B 相信号为上升沿时为增计数；B 相信号为下降沿时为减计数。其余功能与 1 相 2 计数输入型相同。需要说明的是，带有外计数方向控制端的高速计数器也配有编号相对应的特殊辅助继电器，只是它们没有控制功能只有指示功能。当采取外部计数方向控制方式工作时，相应的特殊辅助继电器的状态会随着计数方向的变化而变化。例如，图 12-12（a）中，当外部计数方向由 2 相脉冲的相位决定为增计数时，M8251 闭合。Y003 接通，表示高速计数器 C251 在增计数。高速计数器设定值的设定方法和普通计数器相同，也有直接设定和间接设定两种方式。例如，图 12-12（b）中，也可以使用传送指令修改高速计数器的设定值及现时值。

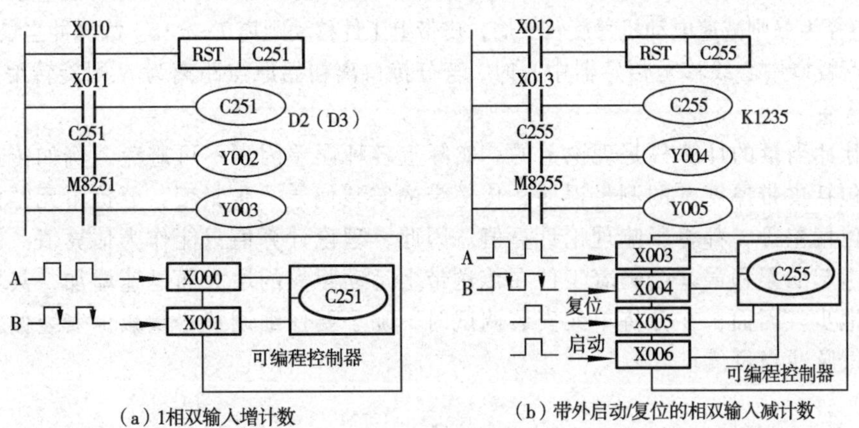

（a）1相双输入增计数　（b）带外启动/复位的相双输入减计数

图 12-12　2 相双计数输入型高速计数器

四、旋转编码器概述

旋转编码器是通过光电转换，将输出至轴上的机械、几何位移量转换成脉冲或数字信号的传感器，主要用于速度或位置（角度）的检测。典型的旋转编码器是由光栅盘和光电检测装置组成。光栅盘是在一定直径的圆板上等分地开通若干个长方形狭缝。由于光电码盘与电动机同轴，电动机旋转时，光栅盘与电动机同速旋转，经发光二极管等电子元件组成的检测装置检测输出若干脉冲信号，其原理示意图如图 12-13 所示。通过计算每秒旋转编码器输出脉冲的个数就能反映当前电动机的转速。

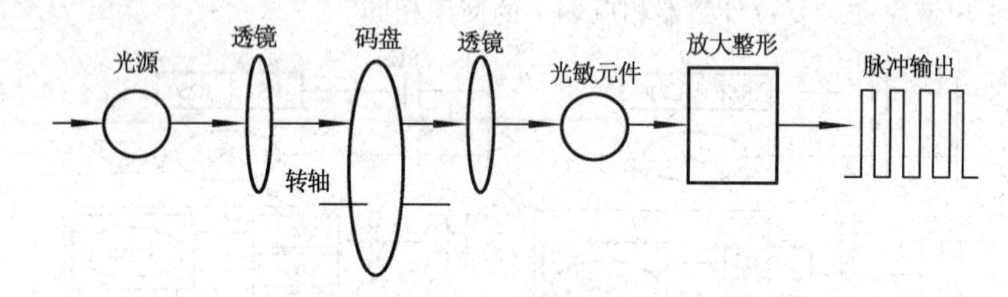

图 12-13　旋转编码器原理示意图

一般来说，根据旋转编码器产生脉冲方式的不同，可以分为增量式、绝对式以及复合式三大类。自动线上常采用的是增量式旋转编码器。

增量式编码器是直接利用光电转换原理输出三组方波脉冲 A、B 和 C 相；A、B 两组脉冲相位差 90°，用于辨向：当 A 相脉冲超前 B 相时为正转方向，而当 B 相脉冲超前 A 相时则为反转方向。C 相为每转一个脉冲，用于基准点定位，如图 12-14 所示。

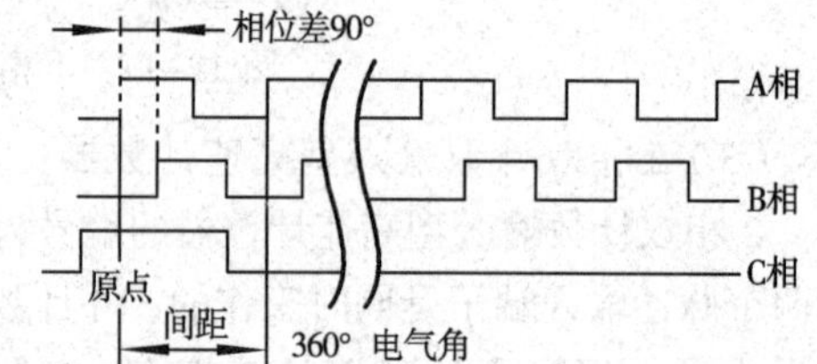

图 12-14　增量式编码器输出的三组方波脉冲

分拣机单元使用了这种具有 A、B 两相 90° 相位差的通用型旋转编码器，用于计算工件在传送带上的位置。编码器直接连接到传送带主动轴上。该旋转编码器的三相脉冲采用 NPN 型集电极开路输出，分辨率 N 线，工作电源 DC12 ~ 24 V。本工作单元没有使用 C 相脉冲，A、B 两相输出端直接连接到 PLC 的高速计数器输入端。

计算工件在传送带上的位置时，需确定每两个脉冲之间的距离，即脉冲当量。分拣单元主动轴的直径为 d,则减速电动机每旋转一周，皮带上工件移动距离 $L=\pi \cdot d$。故脉冲当量 $\mu=L/N$。当工件从下料口中心线移至传感器中心时，若分拣口离初始原点距离为 N,则旋转编码器约发出 N/μ 个脉冲。

上述脉冲当量的计算只是理论上的。实际上各种误差因素不可避免，例如传送带主动轴直径（包括皮带厚度）的测量误差，传送带的安装偏差、张紧度，分拣单元整体在工作台面上定位偏差等，都将影响理论计算值。因此，理论计算值只能作为估算值。脉冲当量的误差所引起的累积误差会随着工件在传送带上运动距离的增大而迅速增加，甚至达到不可容忍的地步。因而，在分拣单元安装调试时，除了要仔细调整尽量减少安装偏差外，尚须现场测试脉冲当量值。

思 考 练 习

1. 在本任务中，要求不能识别的物体经过第四个推杆时推出，请思考编程思路。
2. 用 PLC 高速指令进行位移计算时对 PLC 输入端口接线应注意哪些问题?

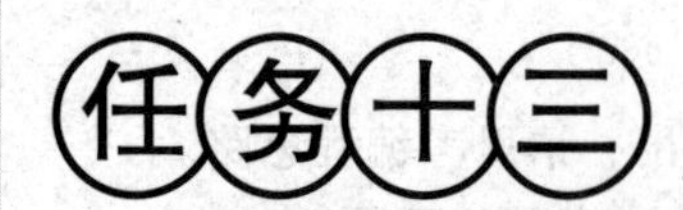

任务十三

用PLC实现自动生产线滚珠丝杆机械手的控制

任务目标

（1）了解步进电动机的原理及使用。

（2）掌握循环移位指令 SFTR、SFTL 的应用。

（3）掌握脉冲输出指令 PLSR 的应用。

（4）了解 PLC 输入/输出接口扩展、接线和安装相关知识。

（5）提高自我学习、信息处理、数字应用等方法能力及与人交流、与人合作、解决问题等社会能力；自查 6S 执行力。

任务描述

一、专业能力训练环节一

滚珠丝杆机械手实物教学模型的机械结构由滚珠丝杆、滑杆、气缸、气夹等机械部件组成；电气方面由步进电动机、限位开关、开关电源、电磁阀等电子器件组成。图 13-1 所示为机械手顺序工作图。

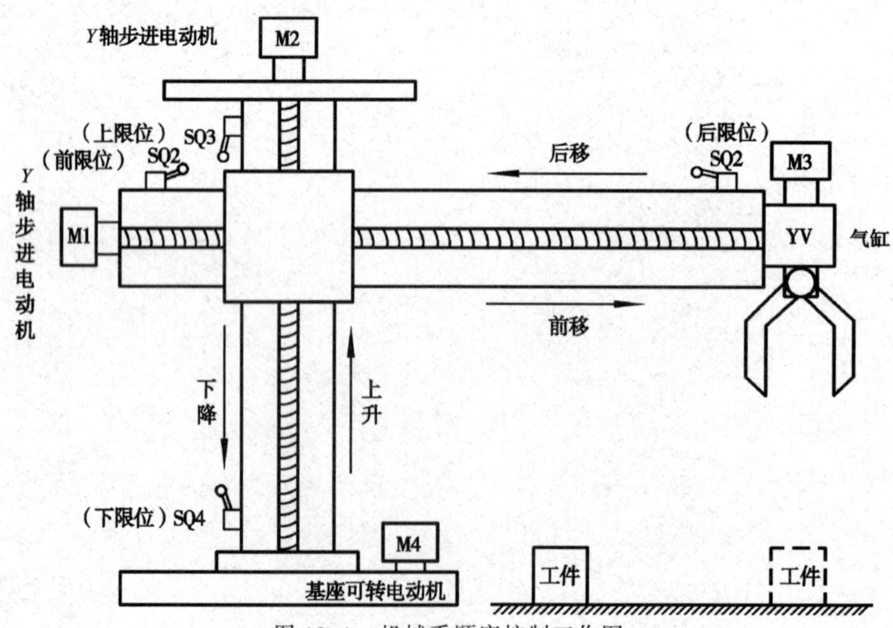

图 13-1　机械手顺序控制工作图

1. 要求机械手实现的控制

(1)启动、竖轴上升;	(2)横轴前伸;	
(3)电磁阀动作，手张开;	(4)竖轴下降;	
(5)电磁阀动作，手夹紧;	(6)竖轴上升;	
(7)横轴缩回;	(8)竖轴下降;	
(9)电磁阀动作，手张开;	(10)竖轴上升;	

(11)运行至上位，停止复位。

在完成单循环控制后，机械手并不停止，循环动作，按停止按钮后，机械手运行一个周期后停止。

2. 设计要求

(1)用移位指令、步进指令来实现滚珠丝杆机械手控制系统设计。

(2)按照控制要求列出PLC的输入/输出(I/O)地址分配表，并将设计结果填入表13-1"专业能力训练环节一"对应的表格(以下相同)。

(3)按照控制要求进行PLC的输入/输出(I/O)接线图的设计，并将设计结果填入表13-1。

(4)按照控制要求进行PLC梯形图程序的设计并将设计结果填入表13-1。

(5)按照控制要求列出PLC指令表并将设计结果填入表13-1。

(6)用PLC及滚珠丝杆机械手模拟实训系统实现机械手的程序设计与模拟调试，并一次成功。

(7)工时：120 min，每超时5 min扣5分。

(8)配分：本任务满分为100分，比重占40%。

二、专业能力训练环节二

用置位(SET)复位(RST)指令实现滚珠丝杆机械手控制的程序设计、模拟调试。其他要求同"专业能力训练环节一"，要求将设计结果填入表13-1"专业能力训练环节二"对应的表格。

(1)工时：120 min，每超时5 min扣5分。

(2)配分：本任务满分为100分，比重占40%。

三、职业核心能力训练环节

以小组为单位总结以上两个任务的实施经验，并回答教师提出的问题。经验汇报要求与任务一的职业核心能力训练环节相同。

配分：本任务满分100为分，比重占20%，职业核心能力评价表同任务一的表1-14～表1-17。

四、专业能力拓展训练

在完成以上基本任务后，完成下面机械手的PLC程序设计：

1. 要求机械手实现的控制

(1)开机复位;	(2)横轴前伸;	(3)手旋转到位;
(4)电磁阀动作，手张开;	(5)竖轴下降;	(6)电磁阀动作，手夹紧;
(7)竖轴上升;	(8)横轴缩回;	(9)底盘旋转到位;

（10）横轴前伸；　　　　　　（11）手旋转；　　　　　（12）竖轴下降；

（13）电磁阀动作，手张开；　　（14）竖轴上升；　　　（15）复位。

2. 设计要求

（1）按照控制要求列出 PLC 的输入/输出（I/O）地址分配表，并将设计结果填入表 13-1“专业能力训练环节一”对应的表格（以下相同）。

（2）按照控制要求进行 PLC 的输入/输出（I/O）接线图的设计，并将设计结果填入表 13-1。

（3）按照控制要求进行 PLC 梯形图程序的设计并将设计结果填入表 13-1。

（4）按照控制要求列出 PLC 指令表并将设计结果填入表 13-1。

（5）用 PLC 及滚珠丝杆机械手模拟实训系统实现机械手的程序设计与模拟调试，并一次成功。

（6）工时：120 min，每超时 5 min 扣 5 分。

（7）配分：本任务满分为 5 分，为附加分。

任务实施

一、训练器材

验电笔、万用表、PLC 模拟学习机、连接导线、珠丝杆机械手实训系统等。

二、预习内容

（1）预习珠丝杆机械手工作原理。

（2）预习步进电动机的工作原理。

（3）预习旋转编码器的工作原理及应用方法。

（4）预习 PLC 外围接口扩展相关知识。

三、训练步骤

1.“专业能力训练环节一”训练步骤

（1）明确“专业能力训练环节一”的要求后，各组成员在 PLC 学习机上进行珠丝杆机械手的程序设计、表格填写、珠丝杆机械手装置的模拟调试。调试操作步骤参照任务五。

（2）按下启动按钮，观察珠丝杆机械手各部分动作过程是否满足控制要求并分析程序的正误。

（3）程序调试成功后按照正确的断电顺序与拆线顺序进行 PLC 外围线路的拆除，并整理好工位，自检 6S 执行情况，填写好表 13-1“专业能力训练环节一”对应的表格，对“专业能力训练环节一”进行评价后，简要小结本环节的训练经验并填入表 13-2，进入“专业能力训练环节二”的能力训练。

表 13-1　笔试回答核心问题

要求＼自检	请将合理的答案填入相应表格		扣分		得分	
	专业能力训练环节一	专业能力训练环节二	一	二	一	二
PLC 的输入/输出（I/O）地址分配表						

续表

自检 要求	请将合理的答案填入相应表格		扣分		得分	
	专业能力训练环节一	专业能力训练环节二	一	二	一	二
PLC 的输入/输出（I/O）接线图						
画出顺序功能图						
PLC 梯形图程序的设计						
PLC 指令程序的设计						

表 13-2 “专业能力训练环节一”经验小结

经验小结：

（4）实训指导教师对本任务的实施情况进行小结与评价。

2. “专业能力训练环节二”训练步骤

（1）按照“专业能力训练环节二”的要求进行设计，并按照设计要求填写表 13-1“专业能力训练环节二”对应的表格。

（2）参照“专业能力训练环节一”的训练步骤（2）、（3）的要求完成本训练环节的能力训练，对“专业能力训练环节二”进行评价后，简要小结本环节的训练经验并填入表 13-3，进入职业核心能力训练环节的能力训练。

表 13-3 “专业能力训练环节二”经验小结

经验小结：

（3）实训指导教师对本任务的实施情况进行评价。

3. “职业核心能力训练环节”训练步骤

职业核心能力的训练步骤与训练要求同任务一。

任务评价

（1）专业能力训练环节一、二的评价标准见表 4-6。

（2）职业核心能力评价表同任务一的表 1-14～表 1-17。

（3）个人单项任务总评成绩建议按照表（2-10）进行。

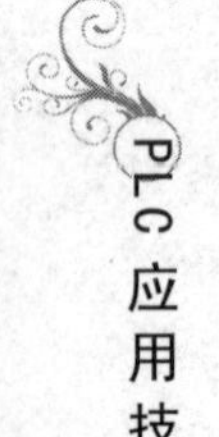

一、滚珠丝杆机械手介绍

机械手机械结构由滚珠丝杆、滑杆、气缸、气夹等机械部件组成；电气方面由步进电动机、步进电动机驱动器、传感器、开关电源、电磁阀等电子器件组成。气夹在电磁阀未通电动作时为夹紧状态，通电后变为张开状态。滚珠丝杆机械手模型如图 13-2 所示。

图 13-2　滚珠丝杆机械手模型

1. 步进电动机

采用二相八拍混合式步进电动机，主要特点：体积小，具有较高的启动和运行频率，有定位转矩等优点。本模型中采用串联型接法，其电气图如图 13-3 所示。

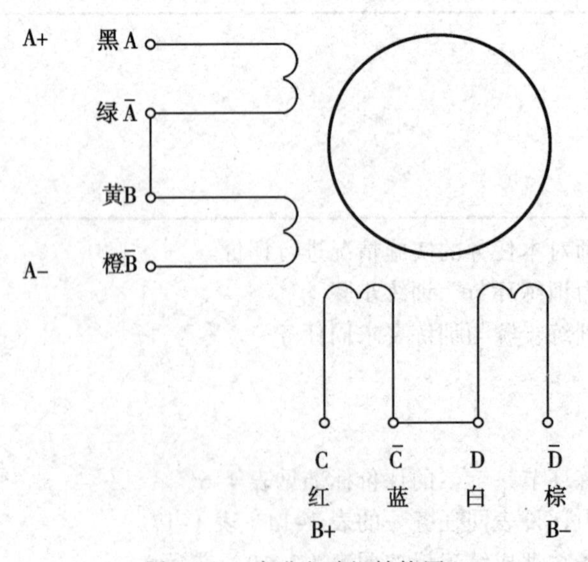

图 13-3　步进电动机结构图

2. 步进电动机驱动器接线信号描述

步进电动机驱动器接线信号见表 13-4。

表 13-4 步进电动机驱动器接线信号

信　号	功　　能
PUL	脉冲信号：上升沿有效，每当脉冲由低变高时电动机走一步
DIR	方向信号：用于改变电动机转向，TTL 平驱动
OPTO	光耦驱动电源
ENA	使能信号：禁止或允许驱动器工作，低电平禁止
GND	直流电源地
+V	直流电源正极，典型值+24V
A+	电动机 A 相
A-	电动机 A 相
B+	电动机 B 相
B-	电动机 B 相

3. PLC 控制器与步进电动机驱动器连接的工作原理

如图 13-4 所示，驱动器电源由面板上电源模块提供，注意正负极性，驱动器信号端采用 +24 V 供电，需加 1.5 kΩ 限流电阻。驱动器输入端为低电平有效，在使用不同厂家的 PLC 产品时，要选择相应的输出方式，或者加入合适的电平转换板进行电平转换。

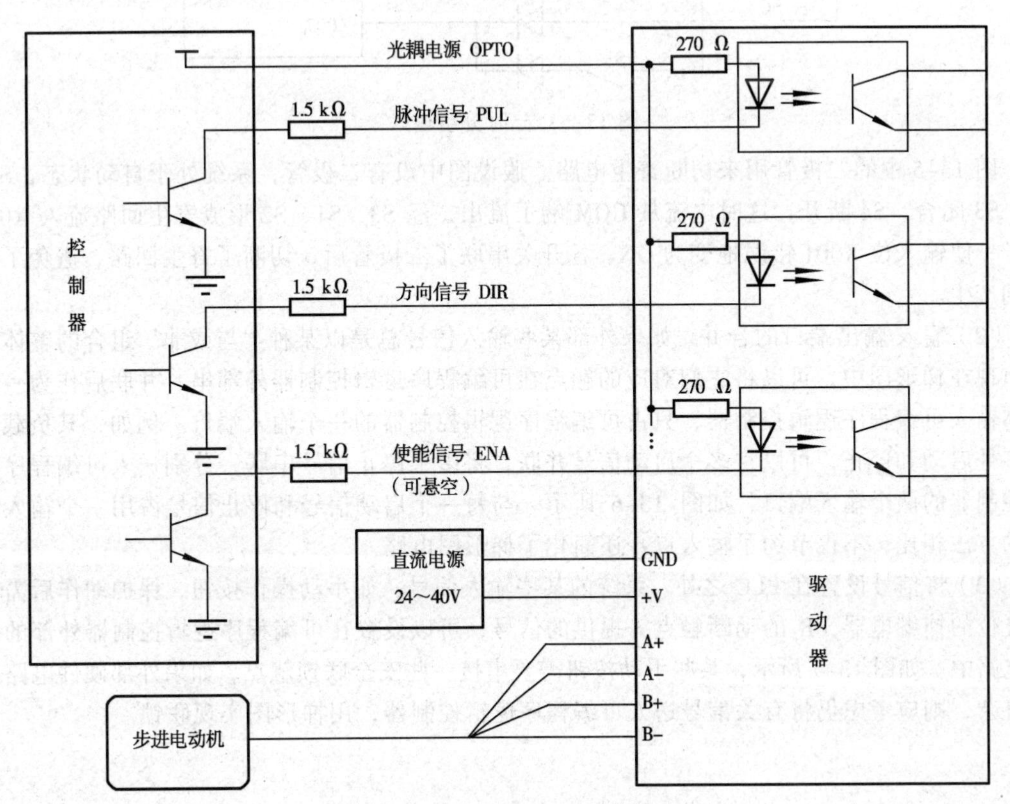

图 13-4 步进电动机驱动接线图

二、输入/输出端口的扩展及保护

输入/输出端口作为 PLC 的重要资源，是 PLC 应用规划中必须要考虑的问题。节省及扩展输入/输出端口是提高 PLC 控制系统经济性能指标的重要手段。本节介绍 PLC 输入/输出端口扩展常见的一些方法。

1. 输入端口的扩展

（1）分时分组输入。分时分组输入指控制系统中不同时使用的两项或多项功能中，一个输入端口可以重复使用。比如，自动程序和手动程序不会同时执行，自动和手动这两种工作方式分别使用的输入量就可以分成两组输入。如图 13-5 所示，通过 COM 端的切换，S1、S2 在手动时被接入 X000 及 X001，而 S3、S4 在自动时被接入 X000 及 X001。X010 用来输入自动/手动命令信号，供自动程序和手动程序切换之用。

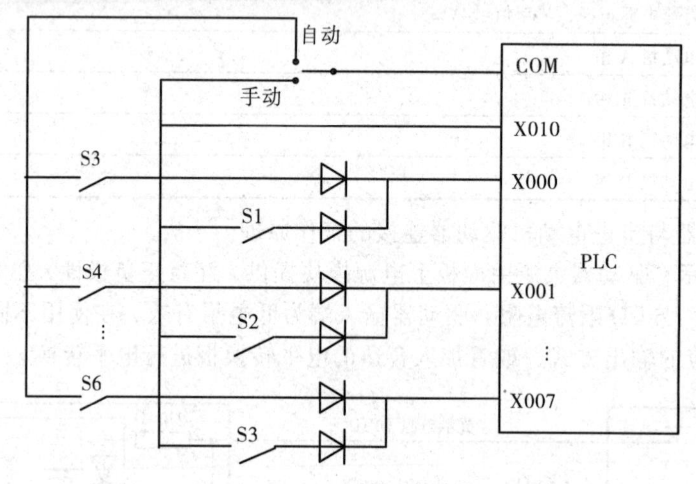

图 13-5　分时分组输入

图 13-5 中的二极管用来切断寄生电路。假设图中没有二极管，系统处于自动状态，S1、S2、S3 闭合，S4 断开，这时电流从 COM 端子流出，经 S3、S1、S2 形成寄生回路流入 X010 端子，使输入位 X001 错误地变为 ON。各开关串联了二极管后，切断了寄生回路，避免了错误的产生。

（2）输入/输出端口的合并。如果外部某些输入信号总是以某种“与或非”组合的整体形式出现在梯形图中，可以将它们对应的触点在可编程序逻辑控制器外部串、并联后作为一个整体输入可编程序逻辑控制器，只占可编程序逻辑控制器的一个输入端口。例如，某负载可在多处启动和停止，可以将多个启动信号并联，将多个停止信号串联，分别送入可编程序逻辑控制器的两个输入端口，如图 13-6 所示。与每一个启动信号和停止信号占用一个输入端口的方法相比，不仅节约了输入点，还简化了梯形图电路。

（3）将信号设置在 PLC 之外。系统的某些输人信号，如手动操作按钮、保护动作后需手动复位的捕继电器 FR 的动断触点等提供的信号，可以设置在可编程序逻辑控制器外部的硬件电路中。如图 13-7 所示，某些手动按钮需要串接一些安全联锁触点，如果外部硬件电路过于复杂，则应考虑仍将有关信号送人可编程序逻辑控制器，用梯形图实现联锁。

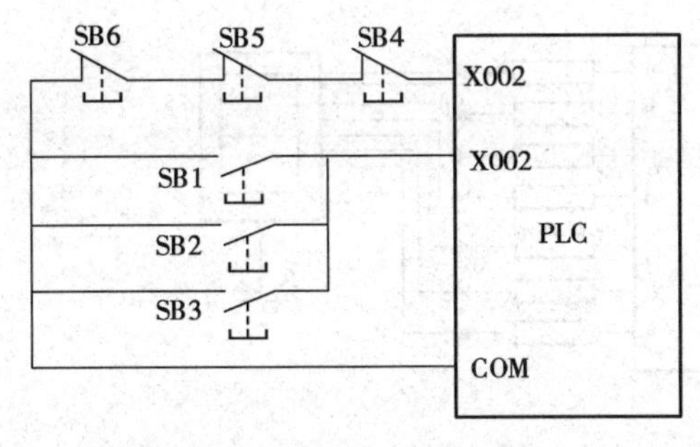

图 13-6 输入触点的合并

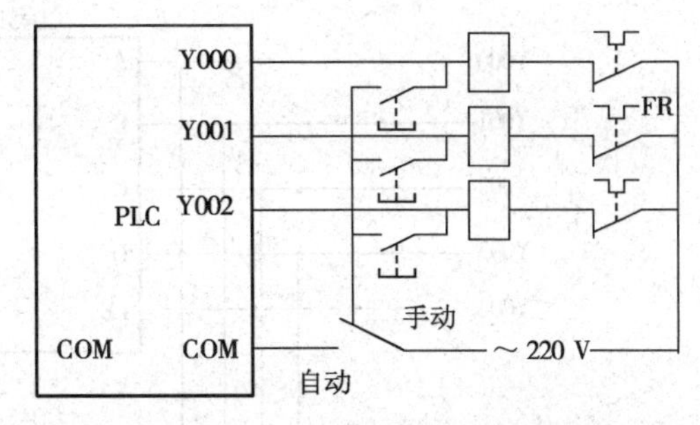

图 13-7 手动按钮接于输出端

（4）拓展计数器功能。利用机内器件及编程扩展输入端口按钮或限位开关配合计数器可以区别输入信号的不同意义，如小车在左限及右限两地间运动控制系统中，将两个限位开关接在一个输入点上，但用计数器记录限位开关被碰撞的次数，可以用判断计数值的奇偶来判断小车是在左限还是在右限是可能的。另外，计数值也可以区分输入的目的，用单按钮控制一台电动机的启停，或控制多台电动机启停的例子也较常见。

2. 输出端口的扩展

（1）输出端器件的合并。在可编程序逻辑控制器输出端口功率允许的条件下，状态完全相同的多个负载并联后，可以共用一个输出端口。例如，在需要用指示灯显示可编程序逻辑控制器驱动的负载（如接触器的线圈）状态时，可以将指示灯与负载并联，并联时负载与指示灯的额定电压应相同，总电流不应超过输出端口负载的允许值。可以选用电流小，工作可靠的 LED（发光二极管）作为指示器件。另一种情况是用一个输出点控制同一指示灯常亮或闪烁，可以表示两种不同的信息，也相当于扩展了输出端口。此外，通过外部的或可编程序逻辑控制器控制的转换开关的切换，一个输出点也可以控制两个或多个不同时工作的负载。

系统中某些相对独立或比较简单部分的控制，可以不进入可编程序逻辑控制器，直接用继电器电路来实现，这样同时减少了可编程序逻辑控制器的输入与输出触点。也可以用接触器的辅助触点来实现可编程序逻辑控制器外部的硬件联锁。

（2）用输出端口扩展输出端口。与前述利用输出端口扩展输入端口类似，也可以用输出端口分时控制一组输出端口的输出内容。比如，在输出端口上接有多位 LED 7 段显示器时，如果采用直接连接，所需的输出端口是很多的。这时可使用图 13-8 所示的电路，利用输出端的分时接通逐个点亮多位 LED 7 段显示器。

在图 13-8 所示的电路中，CD4513 是具有锁存、译码功能的专用共阴极 7 段显示器驱动电路，两个 CD4513 的数据输入端 A～D 共用可编程序逻辑控制器的 4 个输出端口，其中 A 为最低位，D 为最高位。LE 端是锁存使能输入端，在 LE 信号的上升沿将数据输入端输入的 BCD 数据锁存在片内的寄存器中，并将该数译码后显示出来，LE 为低电平时，显示器的数不受数据输入信号的影响。显然，N 位显示器所占用的输出端口数 p=4+N。当 Y004 及 Y005 分别接通时，从 Y000～Y003 输入的数据分送到上下两片 CD4513 中。以上电路最好在晶体管输出的 PLC 中使用，以实现较高的切换速度来减少 LED 的闪烁。

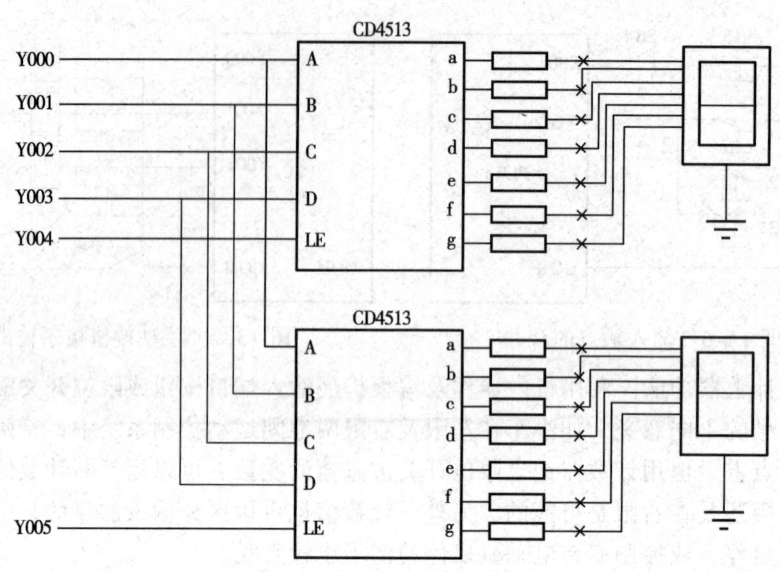

图 13-8　输出端口扩展输出端口

3. PLC 应用的可靠性技术

PLC 是专门为工业生产服务的控制装置，通常不需要采取什么措施就可以直接在工业环境使用。但是，当生产环境过于恶劣，电磁干扰特别强烈，或安装使用不当时，都不能保证 PLC 的正常运行。因此，应注意以下问题：

（1）温度：PLC 要求环境温度在 0～55 ℃。安装时不能放在发热量大的元件附近，四周通风散热的空间应足够大，本单元与扩展单元双列安装时上下要有 30 mm 以上的距离；开关柜上、下部应有通风的百叶窗，防止太阳直接照射。如果环境温度超过 55 ℃，要设法强迫降温。

（2）湿度：为了保证 PLC 的绝缘性能，空气的相对湿度应小于 85 RH（无凝露）。

（3）震动：应使 PLC 远离强烈的震动源。防止振动频率为 10～55 Hz 的频繁或连续振动。当使用环境不可避免震动时，必须采取减震措施，如采用减震胶等。

（4）空气避免有腐蚀和易燃气体，例如氯化氢、硫化氢等。对于空气中有较多粉尘或腐蚀性气体的环境，可将 PLC 安装在封闭性较好的控制室或控制柜中，并安装空气净化装置。

（5）电源 PLC 采用单相工频交流电源供电时，对电压的要求不严格，也具有较强的抗电源干扰能力。对于可靠性要求很高或干扰较强的环境，可以使用带屏蔽层的隔离变压器减少电源干扰。

三、安装与布线

（1）动力线、控制线以及 PLC 的电源线和 I/O 线应分别配线，隔离变压器与 PLC 和 I/O 之间应采用双绞线连接。

（2）PLC 应远离强干扰源，如电焊机、大功率硅整流装置和大型动力设备，不能与高压电器安装在同一个开关柜内。

（3）PLC 的输入与输出最好分开走线，开关量与模拟量信号线也要分开敷设。模拟量信号的传送采用屏蔽线，屏蔽层应一端或两端接地，接地电阻应小于屏蔽层电阻的 1/10。

（4）PLC 基本单元与扩展单元以及功能模块的连接线电缆应单独敷设，以防外界信号干扰。

（5）交流输出线和直流输出线不要用同一根电缆，输出线应尽量远离高压线和动力线。

四、I/O 端的接线

1. 输入接线

（1）输入接线一般不要超过 30 m。但如果环境干扰较小，电压降不大时，输入接线可适当长些。

（2）输入/输出线不能用同一根电缆，输入/输出线要分开。

（3）尽可能采用常开触点形式连接到输入端，使编制的梯形图与继电器原理一致，便于阅读。

2. 输出接线

（1）输出端接线分为独立输出和公用输出。在不同组中，可采用不同类型和电压等级的输出电压，但在同一组中的输出只能用同一类型、同一电压等级的电源。

（2）由于 PLC 的输出元件被封装在印制电路板上，并且连接至端子板，若将连接输出元件的负载短路，将烧毁印制电路板，因此应用熔丝保护输出元件。

（3）采用继电器输出时，所承受的电感性负载的大小，会影响到继电器的工作寿命，因此使用电感性负载时应选择工作寿命较长的继电器。

（4）PLC 的输出负载可能产生干扰，因此要采取措施加以控制。例如，直流输出的续流管保护、交流输出的阻容吸收电路、晶体管及双向晶闸管输出的旁路电阻保护等。

3. PLC 对接地系统的要求

良好的接地是 PLC 安全可靠运行的重要条件。PLC 最好单独接地，如图 13–9（a）所示，与其他设备分别使用各自的接地装置。也可以采用公共接地，如图 13–9（b）所示。但禁止使用串联方式，如图 13–9（c）所示。另外，PLC 的接线应尽量短，使接地点尽量靠近 PLC，同时接地线截面积应大于 2 mm^2。

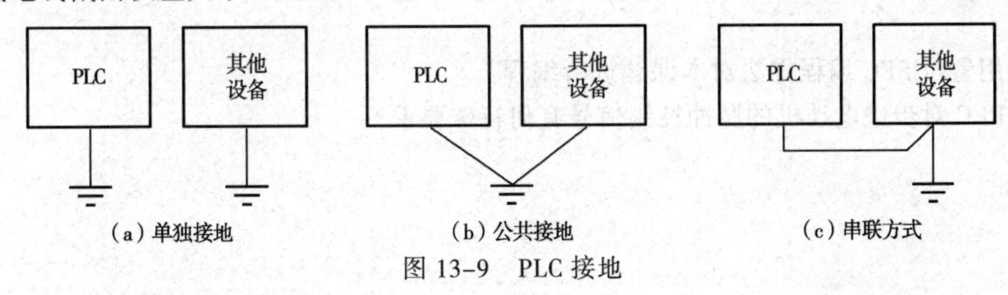

图 13–9　PLC 接地

4. PLC 的外部安全电路

为了确保整个系统能在安全状态下可靠工作，避免由于外部电源故障、PLC 出现的异常、误操作以及误输出造成的重大经济损失和人身伤亡事故，PLC 外部应安装必要的保护电路。

（1）急停电路。对于能够造成用户伤害的危险负载，除了在 PLC 控制程序中加以考虑外，还要设置外部紧急停车电路，这样在 PLC 发生故障时，能将引起伤害的负载和故障设备可靠切断。

（2）保护电路。在正反转等可逆操作的控制系统中，要设置外部电器互锁保护；往复运动和升降移动的控制系统，要设置外部限位保护。

（3）自检功能。可编程序逻辑控制器有监视定时器等自检功能，检测出异常时，输出全部关闭。但当可编程序逻辑控制器的 CPU 出现故障时就不能控制输出。因此，对于能使用户

造成伤害的危险负载，为确保设备在安全状态下运行，需设置机外防护措施。

（4）重大故障的报警和防护。对于易发生重大事故的场所，为了确保控制系统在事故发生时仍能可靠地报警和防护，应将与重大故障有联系的信号通过外电路输出，以使控制系统能够在安全状态下运行。

（5）短路保护。当 PLC 输出控制的负载短路时. 为了避免 PLC 内部的输出元件损坏，应该在 PLC 输出的负载回路中加装熔断器，进行短路保护。

（6）感性输出的处理。PLC 的输出端常常接有感性元件。如果是直流感性元件，应在其两端并联续流二极管；如果是交流元件，应在其两端并联阻容电路，从而抑制电路断开时产生的电弧对 PLC 内部输出的元件的影响。如图 13-10 所示，电阻值可取 50～120 Ω，电容值可取 0.1～0.47 μF, 电容的额定电压应大于电源峰值电压；续流二极管可选用额定电流为 1 A，额定电压大于电源电压的 3 倍。

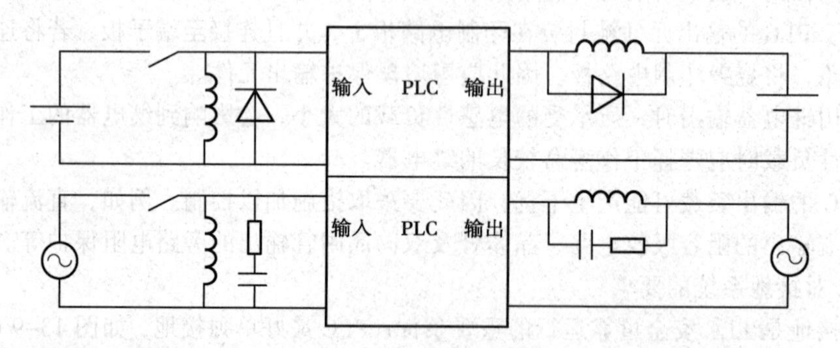

图 13-10　电感负载在交流和直流驱动状态保护原理图

思 考 练 习

1. 用置位 SFC 编程方法对本课题进行编程。
2. PLC 对步进电动机的脉冲控制信号有何特殊要求？

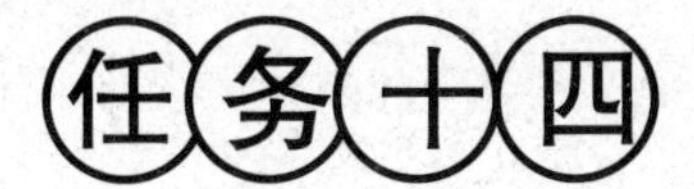

用 PLC 实现 Z3040 摇臂钻床的控制

任务目标

（1）了解传统电气控制与 PLC 控制的相同点与不同点。

（2）熟练分析较为复杂的电气线路。

（3）掌握用 PLC 改造较复杂的继电接触式控制电路，并进行设计、安装与调试。

（4）提高自我学习、信息处理、数字应用等方法能力及与人交流、与人合作、解决问题等社会能力；自查 6S 执行力。

任务描述

一、专业能力训练环节一

摇臂钻床是机械加工中使用比较普遍的设备，它主要用于金属材料的钻孔，属于精密机床。这些孔的轴心线往往要求严格地平行或垂直，相互间的距离也要求很准确。原控制电路为继电器控制，接触触点多、线路复杂、故障多、操作人员维修任务较大，为了克服以上缺点，常用 PLC 控制系统改造原有的继电器控制电路，通过 PLC 的改造，降低了设备故障率，提高了设备使用效率。图 14-1 所示为 Z3040B 摇臂钻床的外形图。它主要由底座、内立柱、外立柱、摇臂、主轴箱、工作台等组成。

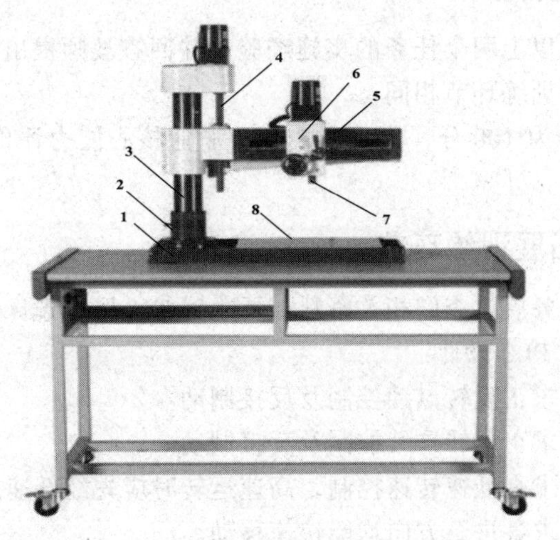

图 14-1　Z3040B 摇臂钻床的外形图

1—底座；2—内立柱；3—外立柱；4—摇臂升降丝杆；5—摇臂；6—主轴箱；7—主轴；8—工作台

1. 要求机械手实现的控制

（1）主轴电动机 M1 的正反转运动；

（2）摇臂升降电动机 M2 的正反转运动；

（3）摇臂夹紧、放松液压电动机 M3 的正反转运动；

（4）完成各种操作之间互锁控制及延时控制；

（5）冷却泵电动机控制。

2. 设计要求

（1）用常用指令来实现 Z3040B 摇臂钻床控制系统设计。

（2）按照控制要求列出 PLC 的输入/输出（I/O）地址分配表，并将设计结果填入表 14-1“专业能力训练环节一”对应的表格（以下相同）。

（3）按照控制要求进行 PLC 的输入/输出（I/O）接线图的设计，并将设计结果填入表 14-1。

（4）按照控制要求进行 PLC 梯形图程序的设计并将设计结果填入表 14-1。

（5）按照控制要求列出 PLC 指令表并将设计结果填入表 14-1。

（6)用 PLC 及 Z3040B 摇臂钻床模拟实训系统实现 Z3040B 摇臂钻床的程序设计与模拟调试，并一次成功。

（7）工时：120min，每超时 5min 扣 5 分。

（8）配分：本任务满分为 100 分，比重占 40%。

二、专业能力训练环节二

用步进指令实现 Z3040B 摇臂钻床控制的程序设计、模拟调试。其他要求同“专业能力训练环节一”，要求将设计结果填入表 14-1“专业能力训练环节二”对应的表格。

（1）工时：120min，每超时 5min 扣 5 分。

（2）配分：本任务满分为 100 分，比重占 40%。

三、职业核心能力训练环节

以小组为单位总结以上两个任务的实施经验，并回答教师提出的问题。经验汇报要求与任务一的职业核心能力训练环节相同。

配分：本任务满分为 100 分，比重占 20%，职业核心能力评价表同任务一的表 1-14～表 1-17。

四、专业能力拓展训练环节

在完成以上基本任务后，查阅相关资料，要求对 T68 卧式镗床进行 PLC 电气改造设计，完成下面 T68 卧式镗床 PLC 设计：

（1）主轴电动机要求正反转点动控制及反接制动。

（2）主轴电动机要求正反转连续控制及反接制动。

（3）主轴电动机要求高低速转速控制，高速运转时应先经低速启动。

（4）进给电动机要求各进给方向均能快速移动。

（5）由于运动部件多，应设有必要的联锁与保护环节。

（6）进行程序录入与调试。

（7）工时：120min，每超时 5min 扣 5 分。

（8）配分：本任务满分为 5 分，为附加分。

一、训练器材

验电笔、万用表、PLC 模拟学习机、连接导线、Z3040B 摇臂钻床实训系统等。

二、预习内容

（1）预习 Z3040B 摇臂钻床工作原理。

（2）预习 PLC 多种设计方法。

（3）预习 PLC 设计在传统继电器接触器电路改造的优点与方法相关知识。

三、训练步骤

1.“专业能力训练环节一”训练步骤

（1）明确“专业能力训练环节一”的要求后，各组成员位在 PLC 学习机上进行 T68 卧式镗床的程序设计、表格填写、T68 卧式镗床装置的模拟调试。调试操作步骤参照任务五。

（2）按下启动按钮，观察 Z3040 摇臂钻床各部分动作过程是否满足控制要求并分析程序的正误。

（3）程序调试成功后按照正确的断电顺序与拆线顺序进行 PLC 外围线路的拆除，并整理好工位，自检 6S 执行情况，填写好表 14-1“专业能力训练环节一”对应的表格，对“专业能力训练环节一”进行评价后，简要小结本环节的训练经验并填入表 14-2，进入“专业能力训练环节二”的能力训练。

表 14-1　笔试回答核心问题

自检 \ 要求	请将合理的答案填入相应表格		扣分		得分	
	专业能力训练环节一	专业能力训练环节二	一	二	一	二
PLC 的输入/输出（I/O）地址分配表						
PLC 的输入/输出（I/O）接线图						
画出顺序功能图						
PLC梯形图程序的设计						

续表

自检 要求	请将合理的答案填入相应表格		扣分		得分	
	专业能力训练环节一	专业能力训练环节二	一	二	一	二
PLC 指令程序的设计						

表 14-2 “专业能力训练环节一”经验小结

经验小结：

（4）实训指导教师对本任务的实施情况进行小结与评价。

2.“专业能力训练环节二”训练步骤

（1）按照“专业能力训练环节二”的要求进行设计，并按照设计要求填写表 14-1“专业能力训练环节二”对应的表格。

（2）参照“专业能力训练环节一”的训练步骤（2）、（3）的要求完成本训练环节的能力训练，对“专业能力训练环节二”进行评价后，简要小结本环节的训练经验并填入表 14-3，进入“职业核心能力训练环节”的能力训练。

表 14-3 “专业能力训练环节二”经验小结

经验小结：

（3）实训指导教师对本任务的实施情况进行小结与评价。

任务评价

（1）专业能力训练环节一、二的评价标准见表 4-6。

（2）职业核心能力评价表同任务一的表 1-14～表 1-17。

（3）个人单项任务总评成绩建议按照表（2-10）进行。

相关知识

一、PLC 程序设计方法

（一）现场经验法

PLC 在控制系统的应用中，外部硬件接线部分较为简单，对被控对象的控制作用，都体现在 PLC 的程序上。因此，PLC 程序设计的质量直接影响控制系统的性能。

现场经验法是根据被控对象对控制系统的要求，利用经验直接设计出梯形图，再进行必要的化简和校验，在调试过程中进行必要的修改。这种设计方法较灵活，设计出的梯形图一般不是唯一的。程序设计的经验不能一朝一夕获得，但熟悉典型的基本控制程序，是设计一个较复杂系统的控制程序的基础。

现场经验法实际是沿用传统继电器系统电气原理图的设计方法，即在一些典型单元电路的基础上，根据被控对象对控制系统的具体要求，不断地修改和完善梯形图。有时需要多次反复调试和修改梯形图，增加很多辅助触点和中间编程元件，最后才能得到一个较为满意的结果。这种设计方法没有规律可遵循，具有很大的试探性和随意性，最后的结果因人而异，不是唯一的。设计所用的时间和设计质量与设计者的经验有很大关系，所以称之为现场经验法。经验设计法要求设计者对电气控制流程和原理比较清楚，是对复杂控制系统进行编程、设计的基础，在 PLC 程序设计过程中占有举足轻重的作用。现场经验法在小车两处卸料的自动控制梯形图的设计，小车在 X003 处装料，并在 X005 和 X004 处轮流卸料，控制流程如图 14-2 所示。

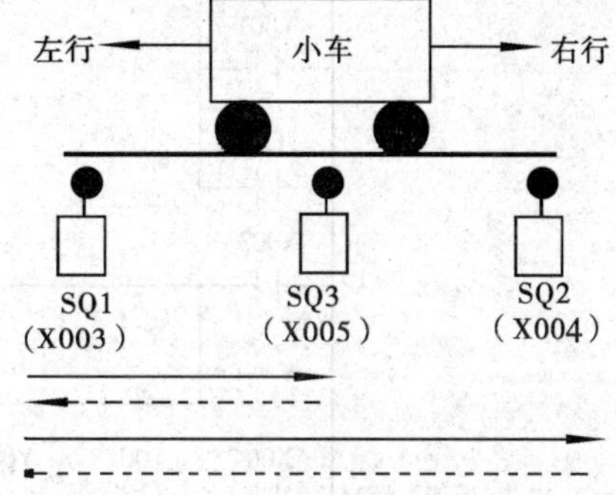

图 14-2　小车两处卸料来回循环

I/O 输入/输出分配见表 14-4。

表 14-4　I/O 输入/输出

开关量输入信号				开关量输出信号			
序号	地址	代号	作用	序号	地址	代号	作用
1	X0	SB1	右行启动	1	Y0	KM1	右行
2	X1	SB2	左行启动	2	Y1	KM2	左行
3	X2	SB3	停止	3	Y2	KM3	装料
4	X3	SQ1	左右限位开关	4	Y3	KM4	卸料
5	X4	SQ2	右左限位开关	/	/	/	/
6	X5	SQ3	中间位置开关	/	/	/	/

小车在一次循环中的两次右行都要碰到 X005，第一次碰到它时停下卸料，第二次碰到它时继续前进，因此应设置一个具有记忆功能的编程元件，区分是第一次还是第二次碰到 X005。

小车在第一次碰到 X005 和 X004 时都应停止右行,所以将它们的常开触点串接在 Y000 的线圈电路中。其中，X005 的触点并联了中间环节 M10 的触点，使 X005 停止右行的作用受到 M10 的约束，M10 的作用是记忆 X005 第几次被碰到，它只在小车第二次右行经过 X005 时起作用。为了利用 PLC 已有的输入信号，用起停电路来控制 M10，它的起动和停止条件分别是 X005 和 X003 为接通（ON）状态，即 M10 在图 14-2 中虚线所示的行程内接通，在这段时间内它的常开触点将 Y000 控制电路中的 X005 的常闭触点短接，因此小车第二次经过 X005 不会停止右行。

为实现两处卸料，将 X004 和 X005 的触点并联后驱动 Y003 和 T11。程序设计如图 14-3 所示。

图 14-3　控制小车两处卸料梯形图

调试时发现小车从 X004 开始左行，经过 X005 时 M10 也被接通，使小车下一次右行到达 X005 时无法停止运行，因此在 M10 的起动电路中串入 Y001 的常闭触点。另外，还发现小车往返经过 X005 时，虽然不会停止运动，但是出现了短暂的卸料动作，将 Y000 和 Y001 的常闭触点串入 Y003 的线圈电路，从而解决了这个问题。

（二）中间继电器顺序控制设计法

中间继电器顺序控制设计法：就是按照生产工艺预先规定的顺序，在各个输入信号的作用下，根据内部状态和时间的顺序，在生产过程中各个执行机构自动有秩序地进行操作。

顺序控制设计法最基本的思想是将系统的一个工作周期划分为若干个顺序相连的阶段，并用编程元件（例如内部辅助继电器 M）来代表各步。步是根据输出量的状态变化来划分的。

顺序控制功能图又称流程图。它是描述控制系统的控制过程、功能和特性的一种图形，顺序控制功能图并不涉及所描述的控制功能的具体技术，它是一种通用的技术语言。

1. 顺序功能图中转换的实现

（1）该转换的前级步必须是“活动步”；

（2）相应的转换条件得到满足。

2. 转换实现应完成的操作

（1）使所有由有向连线与相应转换条件相连的后续步都变为活动步。

（2）使所有由有向连线与相应转换条件相连的前级步都变为不活动步。

（3）绘制顺序功能图时的注意事项：

① 步与步之间不能直接相连，必须用一个转换条件将它们隔开。

② 转换条件与转换条件之间也不能直接相连，必须用一个步将它们隔开；顺序功能图中的初始步一般对应于系统等待起动的初始状态，这一步可能没有输出，只是做好预备状态。

③ 自动控制系统应能多次重复执行同一工艺过程，因此在顺序功能图中一般应有由步和有向连线组成的闭环，应从最后一步退回初始步，系统停止在初始状态。

④ 在顺序功能图中，必须用初始化脉冲 M002 的常开触点作为转换条件，将初始步预置为活动步，否则因顺序功能图中没有活动步系统将无法工作。

二、Z3040B 摇臂钻床工作原理

图 14-4 所示为 Z3040B 摇臂钻床的外形图。它主要由底座、内立柱、外立柱、摇臂、主轴箱、工作台等组成。摇臂钻床适用于各种零件的钻孔、铰孔、镗孔及攻螺纹等加工，主轴和进给有较宽的调速范围。钻床采用了 4 台电动机拖动，即主轴电动机 M2、摇臂升降电动机 M4、立柱松开液压泵电动机 M3 及冷却泵电动机 M1。

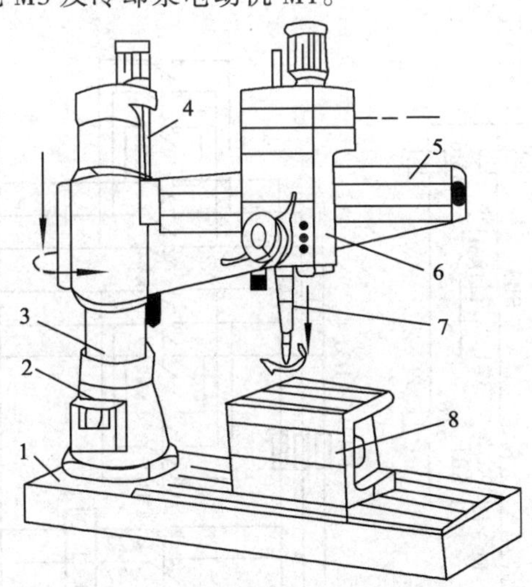

图 14-4　Z3040B 摇臂钻床的外形图

1—底座；2—内立柱；3—外立柱；4—摇臂升降丝杆；5—摇臂；6—主轴箱；7—主轴；8—工作台

Z3040 摇臂钻床电气控制原理图如图 14-5 所示。

1. 主电路分析

主电动机 M2 和冷却泵电动机 M1 都只需单方向旋转，所以用接触器 KM1 和 KM6 分别控制。立柱夹紧松开电动机 M3 和摇臂升降电动机 M4 都需要正反转，所以各用两只接触器控制。KM2 和 KM3 控制立柱的夹紧和松开；KM4 和 KM5 控制摇臂的升降。KH－Z3040B 型摇臂钻床的 4 台电动机只用了两套熔断器作短路保护。只有主轴电动机具有过载保护。

KH-Z3040B 型摇臂钻床立柱的夹紧和放松动作有指示标牌指示。接通机床电源，使接触器 KM 动作，将电源引入机床，然后按压立柱夹紧或放松按钮 SB1 和 SB2。如果夹紧和松开动作与标牌的指示相符合，就表示三相电源的相序是正确的。

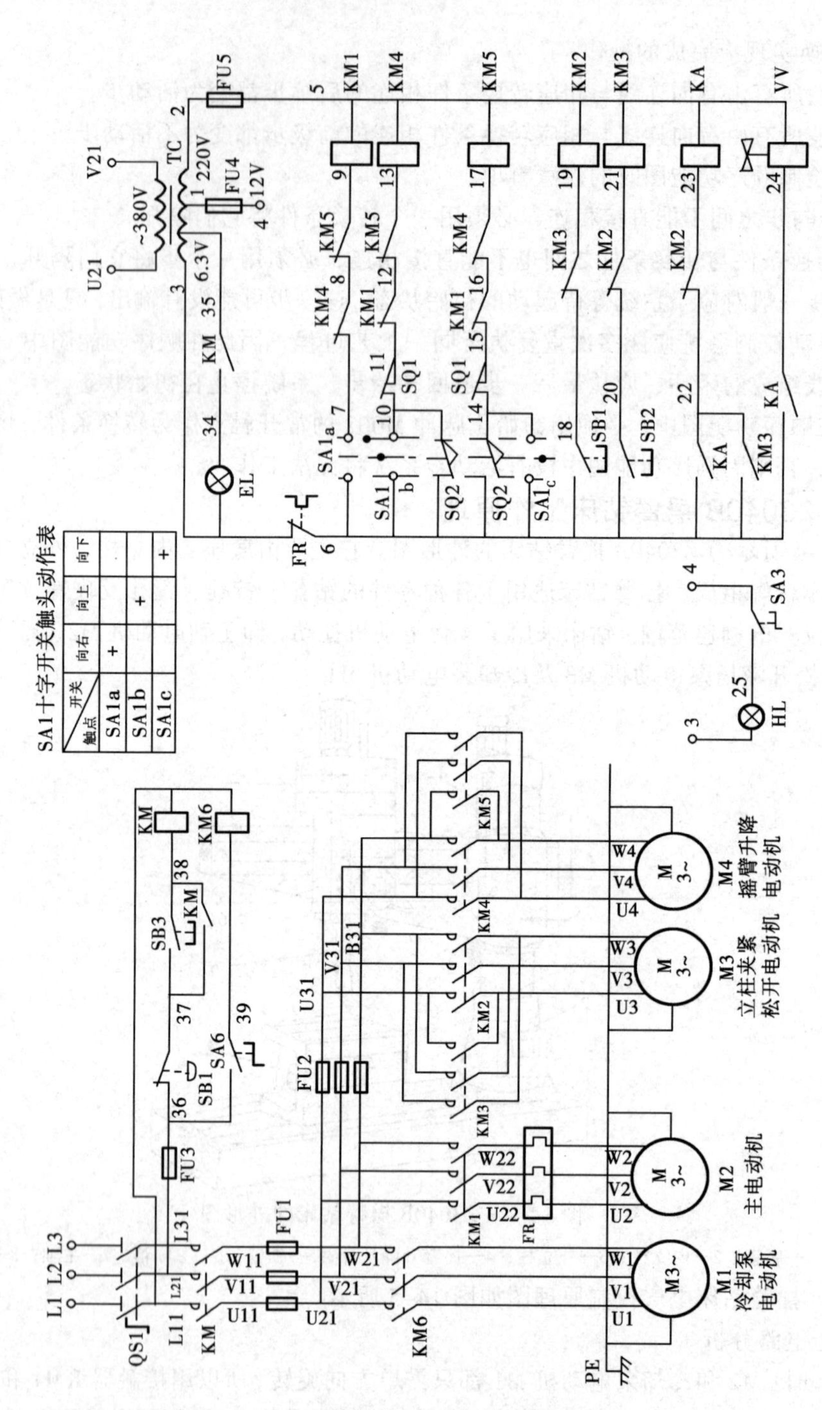

图 14-5　Z3040 摇臂钻床电气控制原理图

2. 控制电路分析

电源接触器和冷却泵的控制。按下按钮 SB3，电源接触器 KM 吸合并自锁，把机床的三相电源接通。按 SB4，KM 断电释放，机床电源即被断开。KM 吸合后，转动 SA6，使其接通，KM6 则通电吸合，冷却泵电动机即旋转。

主轴电动机和摇臂升降电动机控制。采用十字开关操作，控制线路中的 SA1a、SA1b 和

SA1c 是十字开关的 3 个触点。十字开关的手柄有 5 个位置。当手柄处在中间位置时，所有的触点都不通，手柄向右，触点 SA1a 闭合，接通主电动机接触器 KM1；手柄向上，触点 SA1b 闭合，接通摇臂上升接触器 KM4；手柄向下，触点 SA1c 闭合，接通摇臂下降接触器 KM5。手柄向左的位置，未加利用。十字开关的使用使操作形象化，不容易误操作。十字开关操作时，一次只能占有一个位置，KM1、KM4、KM5 三个接触器就不会同时通电，这就有利于防止主电动机和摇臂升降电动机同时起动运行，也减少了接触器 KM4 与 KM5 的主触点同时闭合而造成短路事故的机会。

本机床摇臂的松开，升（或降）、夹紧这个过程能够自动完成。将十字开关扳到上升位置（即向上），触点 SA1b 闭合，接触器 KM4 吸合，摇臂升降电动机起动正转。这时候，摇臂还不会移动，电动机通过传动机构，先使一个辅助螺母在丝杆上旋转上升，辅助螺母带动夹紧装置使之松开。当夹紧装置松开的时候，带动行程开关 SQ2，其触点 SQ2（6-14）闭合，为接通接触器 KM5 作好准备。摇臂松开后，辅助螺母继续上升，带动一个主螺母沿着丝杆上升，主螺母则推动摇臂上升。摇臂升到预定高度，将十字开关扳到中间位置，触点 SA1b 断开，接触器 KM4 断电释放。电动机停转，摇臂停止上升。由于行程开关 SQ2（6-14）仍旧闭合着，所以在 KM4 释放后，接触器 KM5 即通电吸合，摇臂升降电动机即反转，这时电动机只是通过辅助螺母使夹紧装置将摇臂夹紧。摇臂并不下降。当摇臂完全夹紧时，行程开关 SQ2（6-14）即断开，接触器 KM5 就断电释放，电动机 M4 停转。

摇臂下降的过程与上述情况相同。

SQ1 是组合行程开关，它的两对动断触点分别作为摇臂升降的极限位置控制，起终端保护作用。当摇臂上升或下降到极限位置时，由撞块使 SQ1（10-11）或（14-15）断开，切断接触器 KM4 和 KM5 的通路，使电动机停转，从而起到了保护作用。

SQ1 为自动复位的组合行程开关，SQ2 为不能自动复位的组合行程开关。

摇臂升降机构除了电气限位保护以外，还有机械极限保护装置，在电气保护装置失灵时，机械极限保护装置可以起保护作用。

立柱夹紧电动机用按钮 SB1 和 SB2 及接触器 KM2 和 KM3 控制，其控制为点动控制。按下按钮 SB1 或 SB2，KM2 或 KM3 就通电吸合，使电动机正转或反转，将立柱夹紧或放松。松开按钮，KM2 或 KM3 就断电释放，电动机即停止。

立柱的夹紧松开与主轴箱的夹紧松开有电气上的联锁。立柱松开，主轴箱也松开，立柱夹紧，主轴箱也夹紧，当按 SB2 接触器 KM3 吸合，立柱松开，KM3（6-22）闭合，中间继电器 KA 通电吸合并自保。KA 的一个动合触点接通电磁阀 YV，使液压装置将主轴箱松开。在立柱放松的整个时期内，中间继电器 KA 和电磁阀 YV 始终保持工作状态。按下按钮 SB1，接触器 KM2 通电吸合，立柱被夹紧。KM2 的动断辅助触点（22-23）断开，KA 断电释放，电磁阀 YV 断电，液压装置将主轴箱夹紧。

思 考 练 习

1. 比较 PLC 控制与传统电气控制的优点。
2. PLC 在电气控制改造设计中应注意哪些方面？

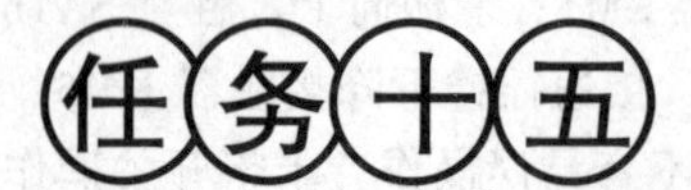

用 PLC 实现变频恒压供水装置的控制

任务目标

（1）了解变频器相关应用及主要参数的设置。

（2）熟练掌握模拟量 A/D、D/A 指令的应用方法。

（3）熟练掌握 PID 运算指令的应用方法。

（4）熟练掌握 PLC 四则运算指令的应用方法。

（5）提高自我学习、信息处理、数字应用等方法能力及与人交流、与人合作、解决问题等社会能力；自查 6S 执行力。

一、专业能力训练环节一

随着社会的进步，能源短缺成为当前经济发展的瓶颈。为了降低系统能耗，改善环保性能，提高系统自动化程度，使之适应现代高层建筑向智能化方向发展的需要，采用 PLC、变频器、压力传感器等控制器件设计高楼恒压变频供水控制系统。如图 15-1 所示为恒压供水模拟控制系统图，对象系统由 4 台不同功率的水泵机组组成，功能上划分为常规变频循环泵（2 台）、消防增压泵（1 台）、休眠水泵（1 台），另外还有一台变频器、一个压力传感器。

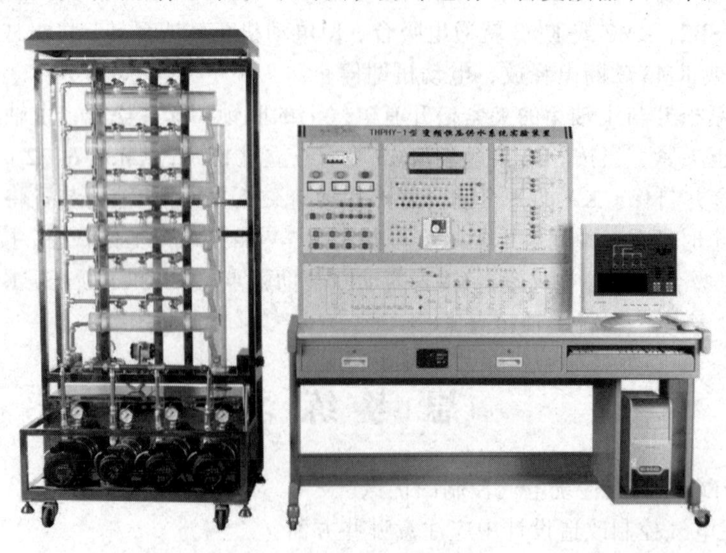

图 15-1　恒压供水模拟控制图

1. 要求恒压供水装置实现的控制

（1）常规恒压供水。系统启动后，常规泵 1 变频运行一直到 50 Hz，如果当前管网压力仍达不到系统需求压力时，将常规泵 1 投入工频运行，然后常规泵 2 变频启动运行，从 0 Hz 上升，直到满足需求压力。如果当前管网压力大于系统需求压力值时，常规泵 2 运行频率下降。当运行频率下降到 0 Hz，当前管网压力仍大于系统需求压力时，将常规泵 2 停止，常规泵 1 投入变频运行，从 50 Hz 向下调整，直到满足需求压力。

（2）休眠泵控制。当系统时间进入休眠时间范围（如 23:00—6:00）后，休眠泵启动，常规泵停止。管网压力在休眠压力的偏差范围内时，只有休眠泵运行。特殊情况下的用水量增加，当管网压力低于休眠压力下限时，系统进入休眠唤醒状态，常规泵投入工作，控制压力稳定在需求压力值的附近；而当用水量开始下降，管网压力高于休眠设定数值上限时，休眠唤醒恢复，再次进入休眠状态，即只有休眠泵工作。

（3）消防泵控制。当消防信号发生时，系统其他状态均停止，系统强制将其切换到消防状态，只用于控制消防水泵工作。消防泵以工频状态工作，提供最大的消防水压力。

2. 设计要求

（1）用一般梯形图实现恒压供水控制系统设计。

（2）按照控制要求列出 PLC 的输入/输出（I/O）地址分配表，并将设计结果填入表 15-1“专业能力训练环节一”对应的表格（以下相同）。

（3）按照控制要求进行 PLC 的输入/输出（I/O）接线图的设计，并将设计结果填入表 15-1。

（4）按照控制要求进行 PLC 梯形图程序的设计并将设计结果填入表 15-1。

（5）按照控制要求列出 PLC 指令表并将设计结果填入表 15-1。

（6）用 PLC 及滚珠丝杆机械手模拟实训系统实现机械手的程序设计与模拟调试，并一次成功。

（7）工时：240min，每超时 5min 扣 5 分。

（8）配分：本任务满分为 100 分，比重占 40%。

二、专业能力训练环节二

用步进指令实现变频恒压供水的程序设计、模拟调试。其他要求同“专业能力训练环节一”，要求将设计结果填入表 15-1“专业能力训练环节二”对应的表格。

（1）工时：240min，每超时 5min 扣 5 分。

（2）配分：本任务满分为 100 分，比重占 40%。

三、职业核心能力训练环节

以小组为单位总结以上两个任务的实施经验，并回答教师提出的问题。经验汇报要求与任务一的职业核心能力训练环节相同。

配分：本任务满分为 100 分，比重占 20%，职业核心能力评价表同任务一的表 1-14～表 1-17。

四、专业能力拓展训练环节

在完成以上基本任务后，完成下面变频恒压供水 PLC 设计：

1. 要求恒压供水装置实现的控制

（1）分时段控制。生活用水在一天内往往存在着若干个用水高峰和用水低谷区间，如夜间休

息期间，一般用水量最少；而6:00—7:00，11:00—13:00，17:00—19:00为起床、午饭和晚饭时间，用水量较大，其余时间用水量一般。为了适应生活供水中的压力流量波动特性，以及其他一些特殊应用，对此要求系统提供以上3个时段的压力给定控制，以满足用户的需要，并能起到节水和节能的作用。

（2）延时控制。为了防止压力偶然波动导致电动机在工频和变频之间频繁动作，要求对采样压力信号进行滤波处理，完成PLC设计。

（3）复位。

2. 设计要求

（1）按照控制要求列出PLC的输入/输出（I/O）地址分配表。

（2）按照控制要求进行PLC的输入/输出（I/O）接线图的设计。

（3）按照控制要求进行PLC梯形图程序的设计。

（4）按照控制要求列出PLC指令表并将设计。

（5）用PLC及恒压供水装置实现上述要求的程序设计与模拟调试，并一次成功。

（6）工时：120min，每超时5min扣5分。

（7）配分：本任务满分为5分，为附加分。

一、训练器材

验电笔、万用表、PLC模拟学习机、连接导线、变频恒压供水实训系统等。

二、预习内容

（1）预习变频恒压供水工作原理。

（2）预习变频器相关参数设置方法。

（3）预习变频器模拟量输入/输出相关知识原理。

（4）预习PLC四则运算指令编程方法。

（5）预习PLC PID指令编程方法。

三、训练步骤

1. “专业能力训练环节一”训练步骤

（1）实训指导教师简要说明“专业能力训练环节一”的要求后，学生各就各位在PLC学习机上进行恒压供水的程序设计、表格填写、变频恒压供水装置的模拟调试。调试操作步骤参照任务五。

（2）按下启动按钮，观察恒压供水各部分动作过程是否满足控制要求并分析程序的正误。

（3）程序调试成功后按照正确的断电顺序与拆线顺序进行PLC外围线路的拆除，并整理好工位，自检6S执行情况，填写好表15-1“专业能力训练环节一”对应的表格，待实训指导教师对自己的“专业能力训练环节一”进行评价后，简要小结本环节的训练经验并填入表15-2，进入“专业能力训练环节二”的能力训练。

表 15-1　笔试回答核心问题

自检 要求	请将合理的答案填入相应表格		扣分		得分	
	专业能力训练环节一	专业能力训练环节二	一	二	一	二
PLC 的输入/输出（I/O）地址分配表						
PLC 的输入输出（I/O）接线图						
画出顺序功能图						
PLC梯形图程序的设计						
PLC 指令程序的设计						

表 15-2　“专业能力训练环节一”经验小结

经验小结：

（4）实训指导教师对本任务的实施情况进行小结与评价。

2. “专业能力训练环节二”训练步骤

（1）按照“专业能力训练环节二”的要求进行设计，并按照设计要求填写表 15-1“专业能力训练环节二”对应的表格。

（2）参照“专业能力训练环节一”的训练步骤（2）、（3）的要求完成本训练环节的能力训练，对“专业能力训练环节二”进行评价后，简要小结本环节的训练经验并填入表 15-3，进入职业核心能力训练环节的能力训练。

表 15-3　“专业能力训练环节二”经验小结

经验小结：

（3）实训指导教师对本任务的实施情况进行小结与评价。

3. “职业核心能力训练环节”训练步骤

职业核心能力的训练步骤与训练要求同任务一，之后的专业能力拓展训练的步骤自拟。

（1）专业能力训练环节一、二的评价标准见表15-4。

表15-4　专业能力训练一、二的评价标准

序号	主要内容	考核要求	评分标准	配分	扣分		得分	
					一	二	一	二
1	变频器电路设计	① 根据要求进行变频器主电路设计 ② 根据课题需要正确设置变频器相关	① 主电路功能不完整或不规范扣5～10分 ② 主电路不会设计扣20分 ③ 不能正确设置变频器参数，每个参数扣3分	20				
2	程序输入	① 指令输入熟练正确 ② 程序编辑、传输方法正确	① 指令输入方法不正确，每提醒一次扣5分 ② 程序编辑方法不正确，每提醒一次扣5分 ③ 传输方法不正确，每提醒一次扣5分	15				
3	系统模拟调试	① PLC外部模拟接线符合功能要求 ② 调试方法合理正确 ③ 正确处理调试过程中出现故障	① 错、漏接线，每处扣5分 ② 调试不熟练，扣5～10分 ③ 调试过程原理不清楚，扣5～10分 ④ 带电插拔导线，扣5～10分 ⑤ 不能根据故障现象正确采取相应处理方法扣5～20分	25				
4	通电试车	系统成功调试	① 一次试车不成功扣20分 ② 两次试车不成功扣30分 ③ 三次试车不成功扣40分	40				
5	安全生产	① 正确遵守安全用电规则，不得损坏电器设备或元件 ② 调试完毕后整理好工位	① 违反安全文明生产规程、损坏电器元件扣5～40分 ② 操作完成后工位乱或不整理扣10分	倒扣				
备注	各项内容最高分不得超过额定配分		合计	100				
额定时间240分	开始时间		结束时间		考评员签字		年　月　日	

（2）职业核心能力评价表同任务一的表1-14～表1-17。

（3）专业拓展能力训练评价标准见表15-4。

（4）个人单项任务总评成绩建议按照表2-10进行。

一、变频恒压供水装置介绍

1. 变频器简介

变频技术是应交流电动机无级调速的需要而产生的。变频器是通过对电力半导体器件的通断控制将电压和频率固定不变的交流电（工频）电源变换为电压或频率可变的交流电的电能控制装置。对于交—直—交型的变频器来说，为了产生可变的电压和频率，首先要把工频50 Hz的交流电源变换成直流电(DC)，再转换成各种频率的交流电，最终实现对电动机的调速运行。变频器中逆变部分是使用电力电子器件。从20世纪60年代开始，电力电子器件经历了SCR（晶闸管）、GT0（门极可关断晶闸管）、BJT（双极型功率晶体管）、MOSFET（金属氧化物场效应管）、SIT（静电感应晶体管）、SITH（静电感应晶闸管）、MGT(MOS控件晶体管晶MCT(MOS 控制晶闸管)、IGBT（绝缘栅双极型晶体管）、HVIGBT（耐高压绝缘栅双极型晶闸管）的发展过程，电力电子器件的更新促进了电力电子变换技术的不断发展。20世纪70年代开始，脉宽调制(PWM)调速研究引起了行业人士的高度重视。到20世纪80年代，作为变频技术核心的PWM模式通过不断地开发得出诸多优化模式，其中以鞍形波VVVF模式效果最佳。20世纪80年代后半期，美、日、德、英等发达国家的VVVF变频器已投入市场并获得广泛应用。变频调速技术是现代电力传动技术的重要发展方向，随着电力技术的发展，交流变频技术从理论到实际逐渐走向成熟。变频器不仅调速平滑、范围大、效率高、启动电流小、运行平稳，而且节能效果明显。因此，交流变频调速越来越广泛地应用于冶金、纺织、印染、烟机生产线及楼宇、供水等领域。变频器的优点如下：

（1）调速范围宽：变频器的词速范围很宽，能适应各种调速设备的要求，很多变频器生产厂家的变频器的频率范围为0.5～400 Hz。

（2）控制精度高：常用的变频器的数字设定分辨率≤±0.01%,模拟设定分辨率≤±0.2%。

（3）动态特性好：常用的低压变频器的逆变多采用快速的自关断器件IGBT,且采用SPWM（脉宽调制）调节控制方式。

（4）控制模式先进：变频器输出的电压和频率受控于变频器的主控板上的CPU,有的还采用双CPU结构，调节速度快，调速系统的动态性能好。

（5）控制功能很强：适合多种不同性质的负载和不同的控制系统，通过端子及转换电路可与各种频率信号接口，如0～10 V、4～20 mA等。此外，还可通过输入端子完成正反转控制、多段速控制等多种操作。

（6）负载能力强：通过合理调整，实现转矩提升、转矩限定功能及电流限定等功能，可满足重转矩（重载）启动。运行中负载变化也不会引起跳闸等事故，变频器的CPU会自动根据设定的参数及检测的信号进行高速计算，使输出转矩满足生产设备的需求。

（7）保护功能很强：变频器有多种保护功能，对过压、欠压、过流、过载、过热均能通过CPU进行高速计算并作出保护，且能对发生故障的原因进行记录。

2. 主电路设计

在某变频恒压供水系统中有4台水泵电动机M1、M2、M3、M4，其中M1、M2为常规泵，

工作在变频循环方式，它们会工作在变频和工频两种状态，M3 为休眠泵，M4 为消防泵，主电路图如图 15-2 所示。

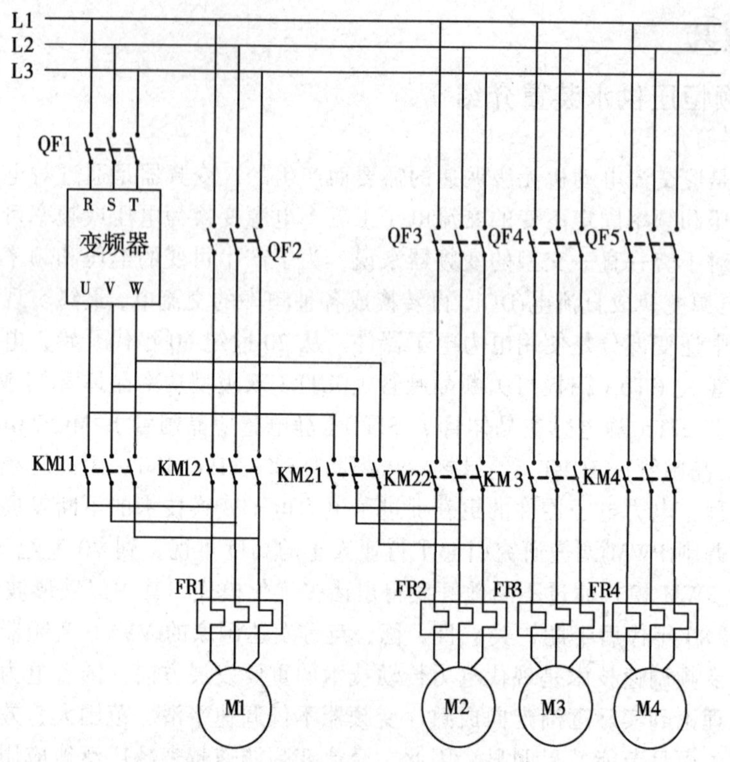

图 15-2　变频器电气主接线图

变频器输出与工频旁路之间使用带机械连锁装置的交流接触器，以防止变频器输出与工频电源之间引起短路而损坏变频器及相关设备。变频器输出 U、V、W 应与工频旁路电源 L1、L2、L3 相序一致。否则，在电动机变频向工频切换过程中，会因切换前后相序的不一致而引起电动机转向的突然反向，容易造成跳闸甚至损坏设备。主电路中一台变频器起动控制两台电动机，为解决变频器在两个水泵电路之间的切换和变频与工频运行之间的切换问题，每台电动机需要两个交流接触器，KM11 接通时，#1 泵通过变频器运行控制；KMl2 接通时，#1 泵与工频电源接通并运行。同理，#2 泵的两个交流接触器分别为 KM21 和 KM22。KM3、KM4 交流接触器分别控制休眠泵和消防泵。

变频器内部有电子热保护开关，但应注意电动机的工频旁路中应有相应的过流保护装置，4 只热过载保护器 FR1 ~ FR4 分别用于对 4 台水泵的电动机实施过流保护。本课题实训采用三菱 FR-E500 变频器，主要参数设置如下：

Pr.1 ——“上限频率”。

Pr.2 ——“下限频率”。

Pr.38 ——“5V(10V)输入时频率”。

Pr.73 ——“0 ~ 5V/0 ~ 10V 选择”。0 对应 0 ~ 5V，10 ~ 10V。

Pr.79 ——“操作模式选择”，设定值 4，外部信号输入。

Pr.128——“选择 PID 控制”，设定参数 20，对于压力等的控制。PID 负作用。

Pr.133——“PU 设定的 PID 控制设定值”，设定值 50%。

Pr.902——“频率设定电压偏置”，设定值 0V，设定频率 0 Hz。

Pr.903——“频率设定电压增益”，设定值 5V，设定频率 50 Hz。

二、PLC 四则运算指令

FX_{2N}系列 PLC 中设置了四则运算指令，其中主要包括：ADD（BIN 加法）、SUB（BIN 减法）、MUL（BIN 乘法）、DIV（BIN 除法）等指令。

四则运算会影响 PLC 内部相关标志继电器。其中，M8020 是运算结果为 0 的标志位，M8022 是进位标志位，M8021 是借位标志位。

1. BIN 加法运算指令 ADD

二进制加法运算指令的助记符、功能号、操作数和程序步数等指令概要如表 15-5 所示。

表 15-5　二进制加法指令概要

BIN 加法运算指令		操作数	程序步
P	FNC20　ADD ADD(P)	←S1，S2→ K,H / KnX / KnY / KnM / KnS / T / S / D / V,Z ←D→（KnY～V,Z）	ADD ADD(P)　7 步 (D)ADD (D)ADD(P) 13 步
D			

指令格式：FNC20　ADD　[S1]　[S2]　[D]

FNC20　ADDP　[S1]　[S2]　[D]

FNC20　DADD　[S1]　[S2]　[D]

FNC20　DADDP　[S1]　[S2]　[D]

S1 数据类型为 K,H；K_nX；

指令功能：

ADD 是 16 位的二进制加法运算指令，将源操作数[S1]中的数与[S2]中的数相加，结果送目标操作数[D]所指定的软元件中。

DADD 是 32 位的二进制加法运算指令，将源操作数[Sl+1][S1]中的数与[S2+1][S2]中的数相加，结果送目标操作数[D+1][D]所指定的软元件中。

[S1]、[S2]操作数范围：K，H，KnX，KnY，KnM，KnS，T，C，D，V，Z。

[D]操作数范围：KnX，KnY，KnM，KnS，T，C，D，V，Z。

【例 15-1】　ADD 功能指令的应用，如图 15-3 所示。

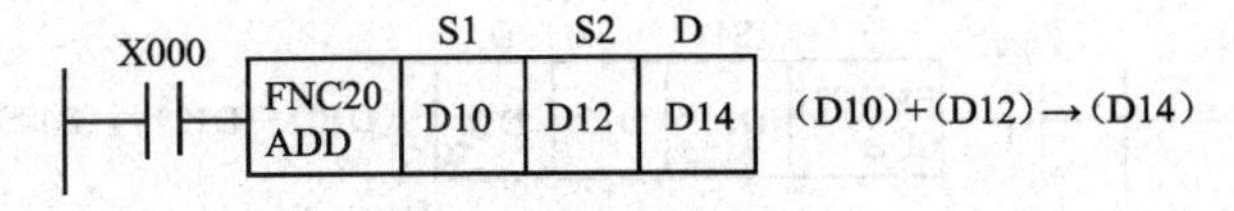

图 15-3　加法功能指令 ADD

程序说明：图 15-3 为加法运算 ADD 的梯形图，X000 为 ON 时，执行 ADD 指令，D10 中的二进制数加上 D12 中的数，结果存入 D14 中。

注意事项：

（1）两个数据进行二进制加法后传递到目标处，各数据的最高位是正(0)、负(1)的符号位，这些数据以代数形式进行加法运算。

（2）运算结果为 0 时，0 标志全动作。如果运算结果超过 32767(16 位运算)或-2147493647

（32 位运算）时，进位标志动作。如果运算结果不满 32767（16 位运算）或-2 147 493 647（32 位运算）时，借位标志会动作。

（3）进行 32 位运算时，字软元件的低 16 位侧的软元件被指定，紧接着上述软元件编号后的软元件将作为高位。为防止编号重复，建议将软元件指定为偶数编号。

（4）可以将源和目标指定为相同的软元件编号。这时，如果使用连续执行型指令 ADD、(D)ADD，则每个扫描周期的加法运算结果都会发生变化，请务必注意。

（5）如使用 ADDP 加法指令，在每出现一次 X0 由 OFF~ON 变化时，D10 的内容都会加 1，在此情况下零位、借位、进位的标志都会动作。

2. BIN 减法运算指令 SUB

二进制减法运算指令的助记符、功能号、操作数和程序步数等指令概要如表 15-6 所示。

表 15-6　二进制减法运算指令概要

BIN 加法运算指令		操作数	程序步
P	FNC21　SUB SUBP	S1, S2：K,H　KnX　KnY　KnM　KnS　T　S　D　V,Z D：KnY　KnM　KnS　T　S　D　V,Z	SUB SUB　7 步
D			(D) SUB (D) SUB　13 步

指令格式：FNC21　SUB　[S1]　[S2]　[D]

FNC21　SUBP　[S1]　[S2]　[D]

FNC21　DSUB　[S1]　[S2]　[D]

FNC21　DSUBP　[S1]　[S2]　[D]

指令功能：

SUB 是 16 位的二进制减法运算指令，将源操作数[S1]中的数减去[S2]中的数，结果送目标操作数[D]所指定的软元件中。

DSUB 是 32 位的二进制减法运算指令，将源操作数[S1+1][S1]中的数减去[S2 +1] [S2]中的数，结果送目标操作数[D+1][D]所指定的软元件中。

[S1]、[S2]操作数范围：K，H，KnX，KnY，KnM，KnS，T，C，D，V，Z。

[D]操作数范围：KnX，KnY，KnM，KnS，T，C,D，V，Z。

【例 15-2】　SUB 功能指令的应用，如图 15-4 所示。

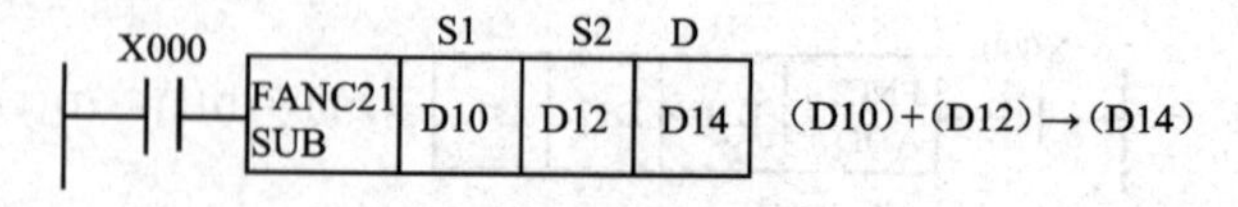

图 15-4　减法功能指令 SUB

程序说明：图 15-4 为减法运算 SUB 的梯形图，对应的指令为 SUB D10 D12　D14。X000 为 ON 时，执行 SUB 指令。

注意事项：

（1）两个数据进行二进制减法后传递到目标处，各数据的最高位是正(0)、负(1)的符号位这些数据以代数形式进行加法运算。

（2）标志位的动作与 ADD 指令相同。

（3）如使用 ADDP 加法指令，在每出现一次 X0 由 OFF—ON 变化时，D10 的内容都会减 1，在此情况下能得到各种标志。

3. BIN 乘法运算指令 MUL

二进制乘法运算指令的助记符、功能号、操作数和程序步数等指令概要如表 15-7 所示。

表 15-7　二进制乘法运算指令概要

BIN 加法运算指令		操作数	程序步
P D	FNC22 MUL MUL(P)	S1,S2: K,H KnX KnY KnM KnS T S D V,Z D: KnY KnM KnS T S D V,Z 只限于16位　可指定	MUL MUL(P)　7 步 (D)MUL (D)MUL(P) 13 步

指令格式：FNC22　MUL　　[S1]　　[S2]　　[D]

FNC22　MULP　　[S1]　　[S2]　　[D]

FNC22　DMUL　　[S1]　　[S2]　　[D]

FNC22　DMULP　　[S1]　　[S2]　　[D]

指令功能：

MUL 是 16 位的二进制乘法运算指令，将源操作数[S1]中的数乘以[S2]中的数，结果送目标操作数[D+1][D]中。

DMUL 是 32 位的二进制乘法指令，将源操作数[S1+1][S1]中的数乘以[S2 +1][S2]中的数，结果送目标操作数[D+3][D+2][D+1][D]中。

[S1]、[S2]操作数范围：K，H，KnX，KnY，KnM，KnS，T，C，D，V，Z。

16 位乘法运算进[D]操作数范围：KnX，KnY，KnM，KnS，T，C，D，V，Z。

32 位乘法运算进[D]操作数范围：KnX，KnY，KnM，KnS，T，C，D。

【例 15-3】　功能指令的应用，如图 15-5 所示。

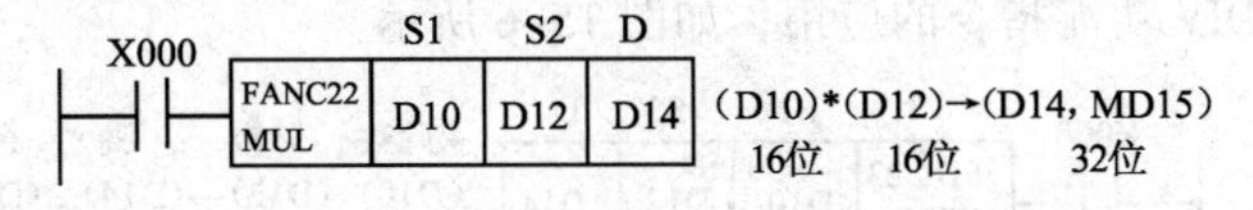

图 15-5　乘法功能指令 MUL

程序说明：图 15-5 所示为 16 位乘法运算 MUL 的梯形图，对应的指令为 MUL　D10　D12　D14。X0 为 ON 时，执行 MUL 指令。

注意事项：

（1）两个数据进行二进制乘法后，以 32 位数据形式存入目标处。

（2）各数据的最高位是正(0)、负(1)的符号位。

（3）这些数据以代数形式进行加法运算。

其他注意事项：

（1）在 32 位运算中，目标地址使用位软元件时，只能得到低 32 位的结果，不能得到高 32 位的结果，请向字元件传送一次后再进行运算。

（2）即使是使用字元件时，也不能一下子监视 64 位数据的运算结果。

（3）这种情况下，建议进行浮点运算。

（4）不能指定 Z 作为[D]。

4. BIN 除法运算指令 DIV

二进制除法运算指令的助记符、功能号、操作数和程序步数等指令概要如表 15-8 所示。

表 15-8　二进制除法运算指令概要

BIN 加法运算指令		操　作　数	程序步
P D	FNC23 DIV DIV (P)	S1,S2：K,H　KnX　KnY　KnM　KnS　T　S　D　V,Z D：KnY　KnM　KnS　T　S　D（只限于16位）；V,Z（可指定）	DIV DIV (P)　7 步 (D) DIV (D) DIV(P) 13 步

指令格式: FNC23　DIV　[S1]　[S2]　[D]

FNC23　DIVP　[S1]　[S2]　[D]

FNC23　DDIV　[S1]　[S2]　[D]

FNC23　DDIVP　[S1]　[S2]　[D]

指令功能：

DIV 是 16 位的二进制除法指令，将源操作数[S1]中的除以[S2]中的数，商送[D]中，余数送[D+1]中。

DDIV 是 32 位的二进制除法指令，将源操作数[S1+1][S1]中的数除以[S2+1][S2]中的数，商送[D+1][D]中，余数送[D+3][D+2]中。

[S1]、[S2]操作数范围：K，H，KnX，KnY．KnM，KnS，T，C，D，V，Z。

16 位除法运算进[D]操作数范围：KⅡX，KnY，KnM，KnS，T，C，D，V，Z。

32 位除法运算进[D]操作数范围：KnX，KnY，KnM，KnS，T，C，D。

【例 15-4】　DIV 功能指令的应用，如图 15-6 所示。

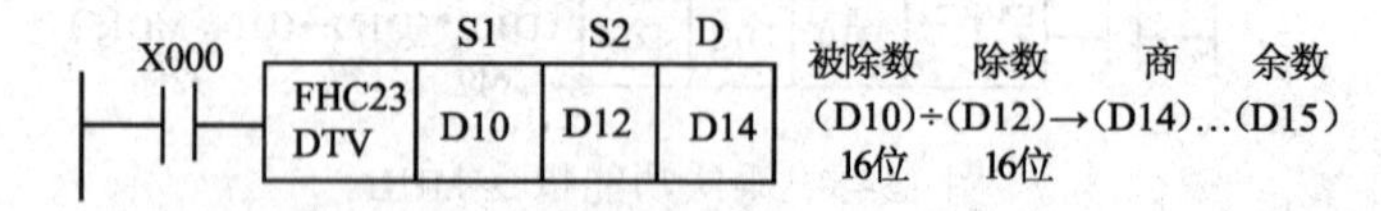

图 15-6　除法功能指令 DIV

程序说明：图 15-6 所示为 16 位除法运算 DIV 的梯形图，对应的指令为 DIV Dl0 D12 Dl4。X0 为 ON 时执行 DIV 指令。

注意事项：

（1）[S1]指定软元件的内容是被除数，[S2]指定软元件的内容是除数，[D]指定软元件和其下一个编号的软元件将存入商和余数。

（2）各数据的最高位是正(0)、负(1)的符号位。

其他注意事项：

（1）被除数内容是由[SI]指定软元件和其下一个编号的软元件组合而成，除数内容是由[S2]指定软元件和其下一个编号的软元件组合而成，其商和余数存入与[D]指定软元件相接续的4点软元件。

（2）即使使用字元件时，也不能一下子监视64位数据的运算结果。

（3）不能指定Z作为[D]。

三、FX_{0N}-3A 特殊功能模块

FX_{0N}-3A模拟输入模块有2个模拟量输入通道和1个模拟量输出通道。输入通道将接收的电压或电流信号转换成数字值送入到PLC中，输出通道将数字值转换成电压或电流信号输出。

1. FX_{0N}-3A模块功能特点

（1）FX_{0N}-3A的最大分辨率为8位。

（2）在输入/输出方式上，电流或电压类型的区分是通过端子的接线方式决定。两个模拟输入通道可接受的输入为DC 0～10 V、DC 0～5 V或4～20 mA。

（3）FX_{0N}-3A模块可以与FX_{2N}、FX_{2NC}、FX_{1N}、FX_{0N}系列PLC连接使用。与FX_{2N}系列PLC连接使用时最多可以连接8个模块，模块使用PLC内部电源。

（4）FX_{2N}系列PLC可以对模块进行数据传输和参数设定，为T0/FROM指令。

（5）在PLC扩展母线上占用8个I/O点。8个I/O点可以分配给输入或输出。

（6）模拟到数字的转换特性可以调节。

2. FX_{0N}-3A模块的外部接线方式和信号特性

（1）FX_{0N}-3A模块的外部结构及接线方式如图15-7所示。

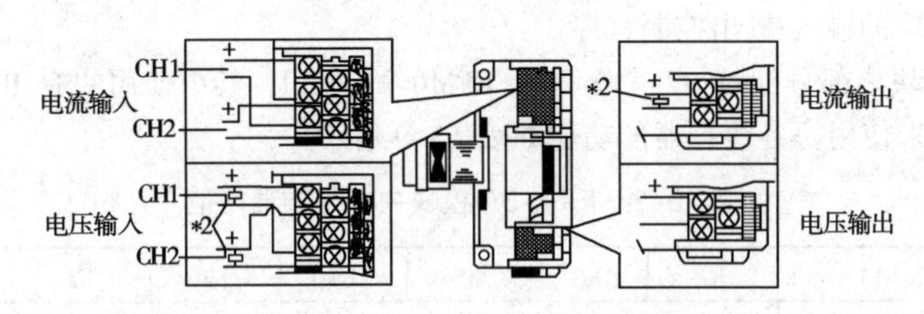

图15-7　FX_{0N}-3A模块外部结构及接线方式

模拟输入通道1有3个接线端子Vinl、Iinl和COM1，电压模拟信号输入时将信号的地分别接Vinl和COM1，电流模拟信号输入时，先将Vinl和Iinl短接再接输入信号，COMl接公共地。模拟输入通道2接线方式同通道l。

要特别注意的是：两个输入通道在使用时必须选择相同类型的输入信号，即都是电压类型或都是电流类型，不能将一个通道作为模拟电压输入而将另一个作为电流输入，这是因为两个通道使用相同的偏值量和增量值。并且，当电压输入存在波动或有大量噪声时，在位置*2处连接一个0.1～0.47 μF的电容。

电压输出时接Vout和COM，电流输出时接Iout和COM。

（2）FX_{0N}-3A模块的信号特性。

图15-8所示为3种不同标准类型模拟输入的转换特性图，数据的有效范围是1～250。

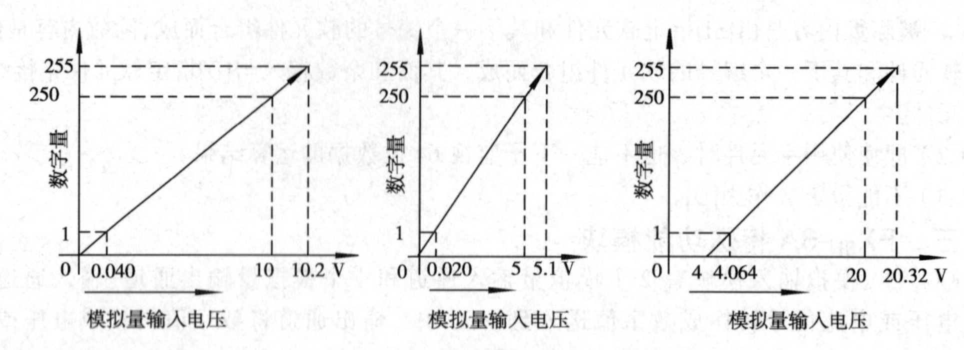

图 15-8　FX_{0N}-3A 模块模拟量输入转换作用

图 15-9 所示为模拟输出的转换特性图，输出数据的有效范围是 1～250，如果输出数据超过 8 位，则只有低 8 位数据有效，高于 8 位的数据将被忽略掉。

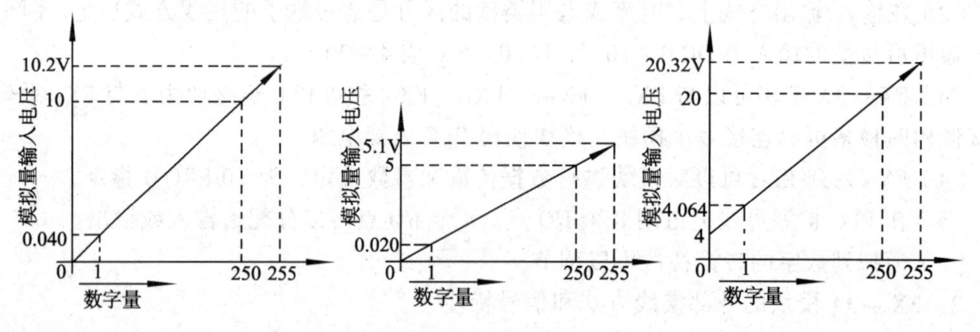

图 15-9　FX_{0N}-3A 模块模拟输出转换特性

FX_{0N}-3A 模块的输入/输出控制程序。

FX_{0N}-3A 模块内部分配有 32 个缓存器 BFM0～BFM3l，其中使用的有 BFM0、BFMl6 和 BFMl7，其余均未使用。各缓存器的功能如表 15-9 所示。

表 15-9　FX_{0N}-3A 模块内部缓存器功能

缓冲存储器编号	b15～b8	b7	b6	b5	b4	b3	b2	b1	b0
0	保留	通过 BFM#17 的 b0 选择 A/D 转换通道的当前值输入数据（以 8 位存储）							
16	保留	D/A 转换通道上的当前值输出数据（以 8 位存储）							
17	保留						D/A 转换启动	A/D 转换启动	A/D 转换通道
1-5,18-31	保留								

说明：BFMl7 各位作用如下：

b0=0 选择模拟输入通道 l；

b0=l 选择模拟输入通道 2；

bl=0→1，启动 A/D 转换处理；

b2=0→1，启动 D/A 转换处理。

模拟输入读取程序。图 15-10 所示程序当中，当 M0 变成 ON 时，从模拟输入通道 1 读取数据；当 M1 变为 ON 时，从模拟输入通道 2 读取数据。

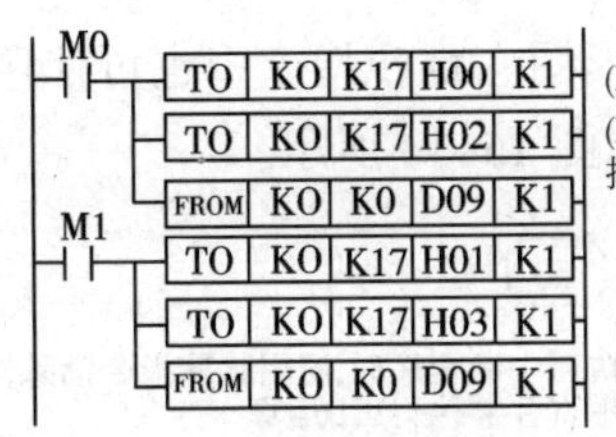

M0
TO K0 K17 H00 K1
TO K0 K17 H02 K1
FROM K0 K0 D09 K1
M1
TO K0 K17 H01 K1
TO K0 K17 H03 K1
FROM K0 K0 D09 K1
(H00)写入BFM#17,选择输入通道1
(H02)写入BFM#17,启动通道1的A/D转换处理读取BFM#0,
把通道1的当前值存入寄存器D0中
(H00)写入BFM#17,选择输入通道1
(H02)写入BFM#17,启动通道1的A/D转换处理读取BFM#0,
把通道1的当前值存入寄存器D0中
图 15-10　模拟输入读取程序

模拟输出程序。图 15-11 所示程序中，需要转换的数据放于寄存器 D02 中，M0 变成 ON 时，将 D02 中的数据送 D/A 转换器转换成相应的模拟量输出。

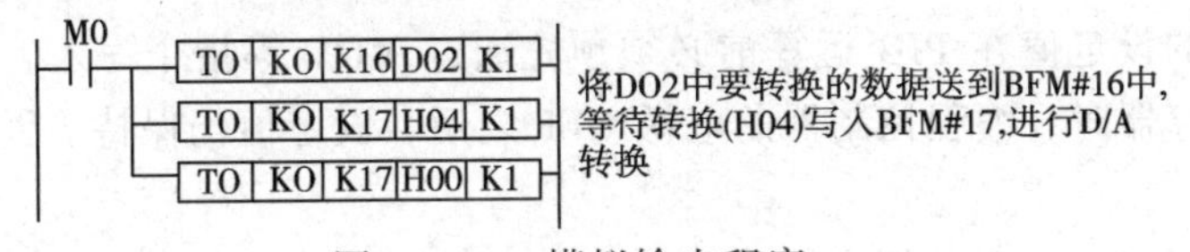

M0
TO K0 K16 D02 K1
TO K0 K17 H04 K1
TO K0 K17 H00 K1
将DO2中要转换的数据送到BFM#16中,
等待转换(H04)写入BFM#17,进行D/A
转换
图 15-11　模拟输出程序

四、PID 指令应用

1. PID 运算指令含义

PID 运算指令的助记符、功能号、操作数和程序步数等指令格式如下：

指令格式：PID　S1　S2　S3　D。

指令功能：主要用于进行 PID 控制的运算指令。达到取样时间的 PID 指令在其后扫描时进行 PID 运算。其中，S1、S2、S3、D 均为 16 位数据类型。

Sl：设定目标值(SV)。PID 调节控制外围设备所要达到的目标，需要外围设定输入。

S2：测定值(PV)。通常由安装于控制设备中的传感器转换来的数据。

S3：设定控制参数。PID 内部工作及控制用寄存器，共占用 25 个数据寄存器。

D：输出值寄存器。PID 运算输出结果。一般使用非断电保持型。

【例 15-5】　图 15-12 所示为压力调节 PID 运算指令的梯形图。

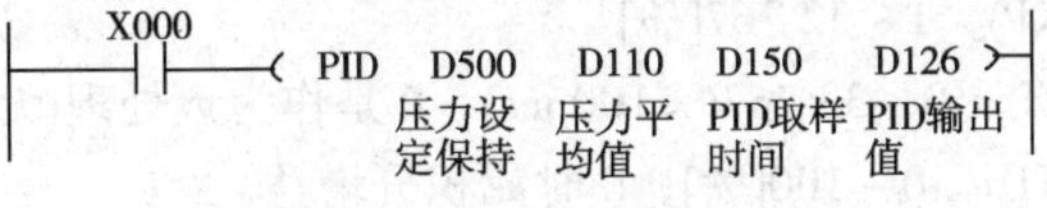

X000
PID D500 D110 D150 D126
压力设定保持
压力平均值
PID取样时间
PID输出值
图 15-12　PID 指令

程序说明：图 15-12 中，当 X000 为 0N 时，执行 PID 指令。当 X000 为 OFF 时，不执行 PID 指令。在指令中共使用了 28 个数据寄存器，这是应该注意的地方。

注意：

（1）对于 D 请指定非断电保持的数据寄存器。若指定断电保持的数据寄存器时，在可编程序逻辑控制器运行时，务必清除保持的内容。

（2）需占用自 S3 起始的 25 个数据寄存器。本例中占用 D150 ~ D174。

（3）PID 指令可同时多次执行(环路数目无限制)，但请注意运算使用的 S3 或 D 软元件号不要重复，如图 15-13 所示。

M8002
RST
D···
D 中为指定的断电保持区内的数据寄存器元件号
图 15-13　断电保持数据寄存器处理方法

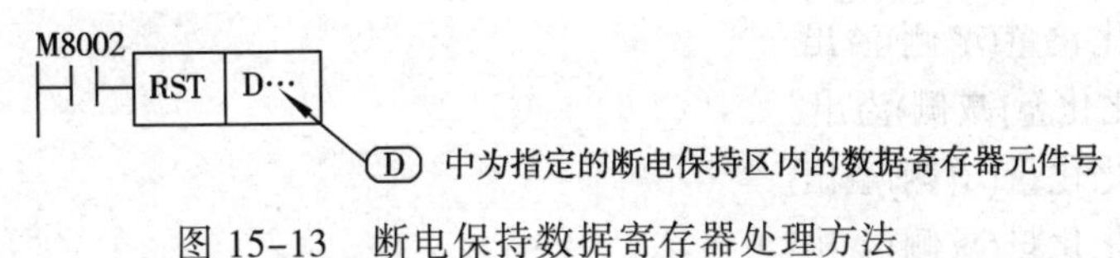

（4）PID 指令在定时器中断、子程序、步进梯形图、跳转指令中也可使用，在这种情况下，执行 PID 指令前，请先清除 S3+7 后再使用，如图 15-14 所示。

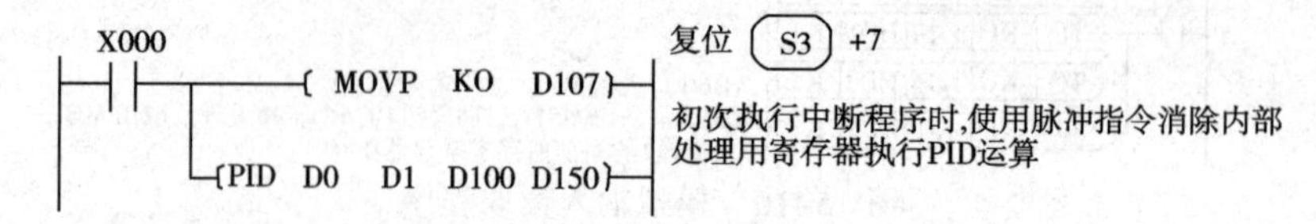

图 15-14　PID 参数清除操作

2. PID 内部参数设定意义

控制用参数的设定值在 PID 运算前必须预先通过 MOV 等指令写入。另外，指定断电保持区域的数据寄存器时，编程控制器的电源 OFF 之后，设定值仍保持。因此，不需进行再次写入。

下面简要说明 PID 占用数据寄存器的功能：

Sl：取样时间(Ts)，1～32 767(ms)。

S1+l：动作方向(ACT)。

bit0：0—正动作；1——逆动作。

bitl：0—输入变化量报警无效；1——输入变化量报警有效。

bit2：0—输出变化量报警无效；1——输出变化量报警有效。

bit3：不可使用。

bit4：0—自动调谐不动作；l——执行自动调谐。

bit5：0—输出值上下限设定无效；1——输出值上下限设定有效。

bit6 ~ bitl5　不可使用。

另外，不要使 bit5 和 bit2 同时处于 ON。

S3+2：输入滤波常数(α)，0 ~ 99[%]，0 时没有输入滤波。

S3+3：比例增益(KP)，1 ~ 32 767[%]。

S3+4：积分时间(TI)，0 ~ 32 767(×100 ms)，0 是作为∞处理(无积分)。

S3+5：微分增益(KD)，0 ~ 100[%]，0 时无积分增益。

S3+6：微分时间(TD)，0 ~ 32 767(×100 ms)，O 时无微分处理。

S3+7 ~ S3+19：PID 运算的内部处理占用。

S3+20：输入变化量(增侧)报警设定值，0 ~ 32 767(S3+1<ACT>的 bitl=1 时有效)。

S3+21：输入变化量(减侧)报警设定值，0 ~ 32 767(s3+1<ACT>的 bitl=1 时有效)。

S3+22：输出变化量(增侧)报警设定值，0 ~ 32 767(s3+1<ACT>的 bit2=1，bit5=0 时有效)，另外输出上限设定值-32 768 ~ 32 767(S3+1<AcT>的 bit2=0，bit5=l 时有效)。

S3+23：输出变化量(减侧)报警设定值，0 ~ 32 767(S3+1<ACT>的 bit2=l，bit5=0 时有效)。另外，输出下限设定值-32 768 ~ 32 767(S3+1<ACT>的 bit2=0，bit5=1 时有效)。

S3+24：报警输出(S3+l<ACT>的 bitl=0，bit2=1 时有效)。

bit0 输入变化化量(增侧)溢出。

bitl 输入变化化量(减侧)溢出。

bit2 输入变化化量(增侧)溢出。

bit3 输入变化化量(减侧)溢出。

说明：S3+20～S3+24 在 S3+1<AcT>的 bitl=l、bit2=l 时将被占用，不能用做以上功能。

3. PID 的几个常用参数的输入

（1）使用自动调谐功能。此时将 S1+l 动作方向寄存器(ACT)的值设为 H10 即可，其他参数不用设置。

（2）不执行自动调谐功能时，要求求得适合于控制对象的各参数的最佳值。这里必须求得 PID 的 3 个常数[比例增益(KP)、积分时间(TI)、微分时间(TD)]的最佳值。但这一过程非常复杂，要实验若干次以后才能得到较好的效果。有关参数的计算方式可参阅相关 PID 参数整定技术。

（3）采用经验法进行参数输入。在 PID 控制要求不是很高的情况下，可以在运行过程中逐步修改，以提高控制效果。如上述项目中采用的就是经验值，比例增益(KP)设为 10，积分时间(TI)为 200，微分时间(TD)为 50，在运行过程中可以改变相应数据，以观察控制效果。

思考练习

1. 在变频器运行产生故障时设计声光报警，按故障解除按钮 1 次，关闭声音报警，持续按故障解除按钮 10 s，关闭报警指示。

2. 总结 PLC 模拟量输入/输出的编程规律。